高等学校软件工程专业系列教材

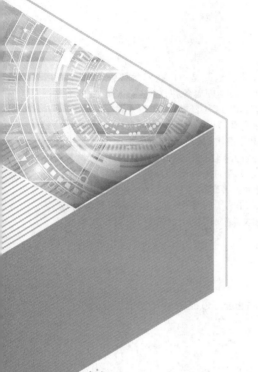

U0211446

软件工程导论与项目案例教程

微课视频版

◎ 吴彦文 主编

清华大学出版社

北京

内 容 简 介

在时代的浪潮下，人工智能将"软件工程"课程渲染得缤纷多彩。这既是一门技术学课程，又是一门管理学课程；既需要有丰富的理论知识，又需要有实践操作的动手能力。随着各种科技与工具软件的不断涌现，又使得该课程的教学可以不断地注入新的教学方式、新的编程学习模式与新的实践方式等。

本书共 11 章，系统地介绍了软件工程的概念、模块、技术与实践，涉及从可行性研究到集成式开发实践的完整过程。在每章主体内容前增加了知识导图、趣味小知识等模块，从而以多视角来引导读者进行相关内容的学习；通过每章丰富而有趣的项目案例强调理论与实践的结合；在阅读体验上，关注初学者的感受，以多图少字的方式力求清晰简明；章末引出深度思考以激发读者的拓展阅读兴趣。此外，每章均配有丰富的配套资源，包括各种平台与工具软件的应用技巧等，可作为读者理解相关内容的"神兵利器"。

本书兼顾了理论性、实用性和方向性，具有知识点讲解深入浅出、实践操作取材于实际项目等特点，可作为全国高等院校计算机、电子信息工程、信息管理等相关专业本科生、研究生的教材，也可以用作想要了解软件工程领域用户的快速入门读物。

图书在版编目（CIP）数据

软件工程导论与项目案例教程：微课视频版/吴彦文主编.—北京：清华大学出版社，2023.1（2024.1重印）
高等学校软件工程专业系列教材
ISBN 978-7-302-61461-6

Ⅰ.①软… Ⅱ.①吴… Ⅲ.①软件工程－高等学校－教材 Ⅳ.①TP311.5

中国版本图书馆 CIP 数据核字(2022)第 136117 号

责任编辑：陈景辉 薛 阳
封面设计：刘 键
责任校对：焦丽丽
责任印制：沈 露

出版发行：清华大学出版社
  网 址：https://www.tup.com.cn,https://www.wqxuetang.com
  地 址：北京清华大学学研大厦 A 座 邮 编：100084
  社 总 机：010-83470000 邮 购：010-62786544
  投稿与读者服务：010-62776969，c-service@tup.tsinghua.edu.cn
  质量反馈：010-62772015，zhiliang@tup.tsinghua.edu.cn
  课件下载：https://www.tup.com.cn,010-83470236
印 装 者：三河市天利华印刷装订有限公司
经 销：全国新华书店
开 本：185mm×260mm 印 张：18 字 数：438 千字
版 次：2023 年 1 月第 1 版 印 次：2024 年 1 月第 3 次印刷
印 数：3001～4000
定 价：59.90 元

产品编号：096567-01

前　言

党的二十大报告强调"必须坚持科技是第一生产力、人才是第一资源、创新是第一动力，深入实施科教兴国战略、人才强国战略、创新驱动发展战略，开辟发展新领域新赛道，不断塑造发展新动能新优势"。

软件工程是一门指导计算机软件开发和维护的工程学科。软件工程的主体是软件，其开发过程具有工程属性，若开发过程没有章法逻辑，必然会导致软件产品质量低劣、成本攀升、进度不可控、软件维护困难等问题。简单性和模块化是软件工程的基石，工程思想是软件工程的灵魂。

在全球化、互联网和新经济时代，软件已成为经济发展的"火车头"，是制造强国和数字经济建设的关键支撑。而真正具有战略意义的生产要素是人才，因此本书依循向社会输送高质量复合型工程人才的思路编写，融"教、学、践、创"于一体，采用了基于案例驱动的软件工程实践任务框架。基于上述思路，在使用本书的过程中，读者初窥门径就能体验在实际的软件开发中将会面临的问题和挑战：如何描述需求？如何实现系统？如何安排项目排期？

本书主要内容

本书共分为 11 章，设计体系遵循教育部"新工科"工程技术人才"实基础、精专业、强实践、重创新、懂管理"的育人理念。全书涵盖软件工程基础知识、软件分析与设计、软件实现、软件测试、软件项目管理、软件开发实践和应用工具拓展等方面的内容。

第 1 章绪论，涵盖了软件工程概述、软件工程学习者阶段性知识与能力框架和全书实践任务预览。

第 2 章可行性分析，介绍了可行性研究，包括项目立项、可行性研究的方法与工具。以 Visio 软件为例，详解了流程图的绘制过程。

第 3 章需求分析，描述了需求分析的步骤和结构化分析方法。以机票预订系统需求分析报告为例，从数据、功能、性能三个维度展示了需求文档的书写流程与规范。

第 4 章软件设计，介绍了软件设计的步骤、面向对象的软件设计方法——UML 和 UML 的主要建模工具 Rational Rose。借助在线选修课程管理系统设计案例，展现了用例模型和 UML 图的构建方法。

第 5 章 UI 设计，总结了界面的设计原则和交互设计的操作技巧。采用基于 Axure 的高保真 Web 原型图设计案例和基于 Kitten 的交互设计案例进行讲解，带领读者快速入门交互设计。

第 6 章软件数据库设计，介绍了数据库系统、关系数据库管理系统、MySQL 和结构化查询语言 SQL。此外，介绍了数据库管理工具 Navicat for MySQL 的基本操作。

第 7 章软件实现,介绍了软件实现、编码技术和开发实践过程。基于此,设计了应用海龟编辑器的人脸识别算法实战案例和应用微信开发者工具的记事本小程序开发实战案例,辅助读者快速上手开发实践。

第 8 章软件测试,归纳了软件测试常用的方法和工具,重点介绍了自动化测试工具 Selenium。基于此,设计了单元测试实战和自动化网页资料单选实战,帮助读者快速熟练使用测试工具。

第 9 章项目管理,介绍了项目管理的相关概念及应用,设计了多个实践案例,模拟了项目管理中的关键步骤,以帮助读者快速理解项目管理的基本流程和技术应用。

第 10 章软件工程实践,引导读者以案例贯穿软件工程开发全流程的方式,实践了"湖北省青少年运动员竞赛注册管理信息系统"项目和"疫情地图小程序"项目,从而驱动读者自主探索软件开发的工具和过程。

第 11 章软件工程中的"黑科技"工具,拓展了一些科技狂潮下应用于软件工程实践的"黑科技"工具,激发读者欣赏科技之美,追求创造科技之美。

本书特色

(1) 有的放矢,学习脉络清晰。

本书写作思路清晰、目标明确、体例规整,每章章首均配有"本章简介""知识导图""学习目标"三大模块内容,便于读者梳理学习脉络和明确学习方向。同时,各章内容相对独立,读者可以根据自身的不同需求,适当地调整自己的学习内容和节奏。

(2) 学以致用,符合市场需求。

通过配备大量的项目实战案例,力求做到知识体系与市场需求的紧密结合。在理论教学的同时,对不同职位主流的实用工具和工作流程模式进行介绍,带领读者从工业化的角度感受软件工程的实践项目,以满足软件专业学生毕业后各种职位的工作需求。

(3) 化繁为简,降低学习门槛。

本书较好地解决了软件工程内容复杂冗长的问题,注重优化读者的阅读友好性,尽量减少常规、复杂的文字表述,以大量的图片展示、项目实战案例和配套的电子资源来编写本书,旨在引导学生在实践中理解和掌握理论知识的具体含义并灵活运用。

(4) 趣味性强,启发探索式学习。

本书对部分章选择性地引入"趣味小知识""知识拓展""休息一会儿""深度思考""材料阅读"模块化学习内容,根据教学经验,建议性地提供学生在课堂外需要自行探索和学习的知识网站链接,注重培养读者探索式的学习能力和自主学习的能力。

(5) 实用工具,便于快速入门。

本书更新了大量广受好评、广泛应用的前沿技术开发工具,如在线 IDEA、深度学习主流 SDK 等,对其使用方法和操作步骤讲解清晰,便于读者使用软件工程实践工具,旨在帮助读者摆脱传统的代码环境搭建难等困境,实现快速入门相关技术的实践。

配套资源

为便于教学,本书配有微课视频(110 分钟)、教学课件、教学大纲、教学进度表、教学设计、习题题库。

(1) 获取微课视频方式：读者可以先刮开并扫描本书封底的文泉云盘防盗码，再扫描书中相应的视频二维码，观看视频。

本书部分需要彩色展示的图片以电子版提供，请读者扫描下方二维码获取。

彩色图片

(2) 其他配套资源可以扫描本书封底的"书圈"二维码，回复本书的书号后即可下载。

读者对象

本书可作为全国高等院校计算机、电子信息工程、信息管理等相关专业本科生、研究生的教材，也可用作想要了解软件工程领域用户的快速入门读物。

本书由华中师范大学吴彦文教授担任主编，其中第 1～8 章由吴彦文编写，第 9、11 章由葛迪编写，第 10 章由马艳梅编写，编程猫实践案例部分由李天驰参与编写；华中师范大学物理科学与技术学院的邵风华、徐景琛、褚雯琪、龚雪武、马艺璇、陈康、何华卿对本书的配套素材做了大量整理和制作工作。在此一并表示诚挚的谢意。

由于作者水平有限，本书难免存有疏漏和不足，恳请读者朋友和同行专家提出宝贵意见，以便再版时及时修正。

作　者

2022 年 10 月

目　录

第 1 章　软件工程绪论

【本章简介】

软件工程是计算机领域的一门专业基础课,它对于培养学生的软件素质、提高学生的软件开发能力与软件项目管理能力具有重要意义。本章重点介绍软件工程的基本概念,其中包括软件的内涵、软件危机的产生、软件危机的表现及原因、软件工程的发展历程等相关内容,并总结软件危机的产生原因、软件工程的发展过程以及典型的软件工程方法等;紧接着介绍软件生命周期及开发模型,具体包括瀑布模型、原型模型、增量模型、螺旋模型以及喷泉模型;通过分析软件工程的学科特点,引出软件工程的知识体系和学科能力;由于软件工程的学习与实践密不可分,本章提出了实践任务要求并且概述了相关实践工具。

【知识导图】

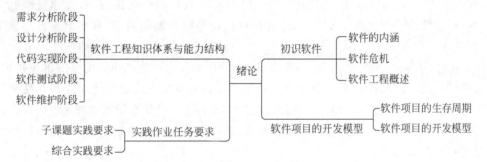

【学习目标】

- 了解软件的相关概念。
- 掌握软件项目的生存周期和软件开发模型。
- 理解软件工程知识体系与学科能力内涵。
- 了解实践作业任务要求,熟悉相关实践工具。

 趣味小知识

1982 年,某银行进入信托某商业领域,并规划发展某信托软件系统。项目原定预算2000 万美元,开发时程 9 个月,预计于 1984 年 12 月 31 日之前完成,后来至 1987 年 3 月都未能完成该系统,期间已投入 6000 万美元。美国银行最终因为此系统不稳定而不得不放弃,将 340 亿美元的信托账户转移出去,失去了 6 亿美元的信托生意商机。

IBM 公司研发初期的 OS/360,共约 100 万条指令,经费达数亿美元,而结果却令人沮丧,错误多达 2000 个以上,系统根本无法正常运行。OS/360 系统的负责人 Brooks 这样描述开发过程的困难和混乱:"像巨兽在泥潭中垂死挣扎,挣扎得越猛,泥浆沾得越多陷入更深,最后没有一只野兽能够逃脱淹没在泥潭中的命运。"

人们认识到中大型软件系统与小型软件有着本质性差异:大型软件系统开发周期长、费用昂贵、软件质量难以保证、生产率低,它们的复杂性已远超出人脑能直接控制的程度,大型软件系统不能沿袭工作室的开发方式,就像制造小木船的方法不能生产航空母舰一样。

1.1 初识软件

1.1.1 软件的内涵

软件是计算机系统中与硬件相互依存的另一部分,它是由计算机程序、数据、文档以及服务组成的完整集合。概括地说:**软件=程序+数据+文档+服务**。其中,程序是按事先预定的功能性能等要求设计和编写的指令序列;数据为进行通信、解释和处理而使用的数据结构和信息表示;文档是与程序开发、维护和使用有关的图文材料;服务是提供的现场维护、技术支持、技术培训及变更管理等业务活动。

1.1.2 软件危机

1. 软件危机的产生

20世纪60年代以前,计算机刚刚投入实际使用,软件的规模比较小,文档资料通常也不存在,很少使用系统化的开发方法,设计软件往往等同于编制程序,基本上是自给自足的私人化软件生产方式。

20世纪60年代中期,大容量、高速度计算机的出现,使计算机的应用范围迅速扩大,同时,高级语言的出现和操作系统的发展又引起了计算机应用方式的变化。这些都使得软件开发规模急剧扩大,软件系统的复杂程度也越来越高,软件可靠性问题愈加突出。原来的个人设计、个人使用的软件模式不再能满足要求,迫切需要改变软件生产方式,提高软件生产率,软件危机开始爆发。

之后,计算机科学家正式讨论软件危机问题,并提出"软件工程"一词。人们开始研究软件生产的客观规律性,建立与系统化软件生产相关的原则、方法、技术和工具,以期达到降低软件生产成本、改进软件产品质量和提高软件生产率水平的目标。

2. 软件危机的表现

软件危机是指落后的软件生产方式无法满足迅速增长的计算机软件需求,从而导致软件开发与维护过程中出现一系列严重问题的现象。软件危机的具体表现包括以下几个方面。

(1) 软件开发进度难以控制。

软件开发进度难以控制,拖延工期现象并不罕见,这种现象降低了软件开发组织的信誉。

(2) 软件开发成本难以控制。

软件开发成本难以控制,投资一再追加,往往是实际成本比预算成本高出一个数量级。而为了赶进度和节约成本所采取的一些权宜之计又往往损害了产品的质量,从而不可避免地会引起用户的不满。

（3）产品功能难以满足。

开发人员和用户之间很难沟通、矛盾很难统一。往往是软件开发人员不能真正了解用户的需求，而用户又不了解计算机求解问题的模式和能力，双方无法用共同熟悉的语言进行交流和描述。在双方互不充分了解的情况下，就仓促上阵设计系统，匆忙着手编写程序，这种"闭门造车"的开发方式必然导致最终的产品不符合用户的实际需要。

（4）软件产品质量无法保证。

软件是逻辑产品，质量问题很难以统一的标准度量，因而造成质量控制困难。软件产品并不是没有错误，而是盲目监测很难发现错误，隐藏的错误往往是造成重大事故的隐患。

（5）软件产品难以维护。

软件产品本质上是开发人员的代码化的逻辑思维活动，他人难以替代。除非是开发者本人，否则很难及时检测，排除系统故障。

（6）软件缺少合适的文档资料。

文档资料是软件必不可少的重要组成部分。缺乏必要的文档资料或者文档资料不合格，将给软件开发和维护带来许多严重的困难和问题。

3. 产生软件危机的原因

（1）用户需求不明确。

用户需求主要体现在：在软件开发出来之前，用户自己也不清楚软件开发的具体需求；用户对软件开发需求的描述不精确，可能有遗漏、有二义性，甚至有错误；在软件开发过程中，用户又提出修改软件开发功能、界面、支撑环境等方面的要求；软件开发人员对用户需求的理解与用户本来愿望有差异。

（2）缺乏正确的理论指导。

软件开发过程是复杂的逻辑思维过程，其产品极大程度地依赖于开发人员高度的智力投入。由于过分地靠程序设计人员在软件开发过程中的技巧和创造性，加剧了软件开发产品的个性化，也是产生软件开发危机的一个重要原因。

（3）软件开发规模越来越大。

随着软件开发应用范围的增大，软件开发规模愈来愈大。大型软件开发项目需要组织一定的人力共同完成，而多数管理人员缺乏开发大型软件系统的经验，多数软件开发人员又缺乏管理方面的经验。各类人员的信息交流不及时、不准确，有时还会产生误解。软件开发人员不能有效地处理大型软件开发的全部关系和各个分支，因此容易产生疏漏和错误。

（4）软件开发复杂度越来越高。

软件开发不仅是在规模上快速地发展扩大，而且其复杂性也急剧增加。软件开发产品的特殊性和人类智力的局限性导致人们难以处理"复杂问题"。"复杂问题"的概念是相对的，一旦人们采用先进的组织形式、开发方法和工具提高了软件开发效率和能力，新的、更大的、更复杂的问题又摆在了人们的面前。

4. 软件工程的诞生

为了避免和解决软件开发中再出现软件危机，不仅需要标准规范的技术措施，更要有强有力的组织管理保障。各方面密切配合、齐抓共管，切实以软件工程的方法和规程进行运作，才能确保软件质量和信息化的健康发展。

软件工程的主要对象是大型软件。软件工程研究的内容主要包括软件质量保证和质量评价，软件研制和维护的方法、工具、文档，用户界面的设计以及软件管理等。软件工程的最终目的是摆脱手工生产软件的状况,逐步实现软件研制和维护的自动化。

1.1.3 软件工程概述

1. 软件工程的定义

软件工程是一门指导进行计算机软件开发和维护的工程学科,涉及计算机科学、工程科学、管理科学等多学科,主要研究如何应用软件开发的科学理论和工程技术来指导大型软件系统的开发。

1983年,IEEE给出的定义为:"软件工程是开发、运行、维护和修复软件的系统方法。"主要思想是强调在软件开发过程中需要应用工程化原则的重要性。

概括来说,软件工程涵盖了工程原理、技术方法和管理技术。其中,工程原理用于制定规范、设计范型、评估成本及确定权衡;技术方法用于构建模型与算法;管理技术用于计划、资源、质量、成本等管理。

2. 软件工程的发展历程

随着计算机软件从简单地用于数值计算到广泛应用于各行各业,软件工程的发展经历了结构化开发软件工程、面向对象开发软件工程、构件化开发软件工程、网构技术软件工程和智能化开发软件工程五个阶段。

(1) 结构化开发软件工程阶段。

20世纪60年代末,人们主要采取"生产作坊"的开发方式,软件开发效率低下,产品质量低劣,引发了"软件危机"。为解决这些问题,1968年北大西洋公约组织(NATO)第一次提出"软件工程"的概念,核心是将软件工程纳入工程化的轨道,保证软件开发的质量和效率,被称为第一代软件工程。

(2) 面向对象开发软件工程阶段。

20世纪80年代中到90年代,以Smalltalk为代表的面向对象程序设计语言相继推出,面向对象的方法和技术得到发展。软件工程研究的重点从程序设计语言转移到面向对象的分析和设计,其核心是CASE工具和环境的研发。面向对象方法通过设计模式、软件体系结构和体系结构描述语言以及UML技术得到进一步发展,这一阶段又称为第二代软件工程。

(3) 构件化开发软件工程阶段。

20世纪90年代,随着软件规模和复杂度不断增大,为了降低生产成本,适应需求变化,软件复用和构件技术受到关注。软件构件可封装高密度的、高复杂度的业务逻辑,软件系统的开发可通过使用现成的、可复用的软件构件组装完成,无须全部重新构造,以此达到提高效率和质量,降低成本的目的,这一阶段又称为第三代软件工程。

(4) 网构技术软件工程阶段。

2000年左右,互联网逐渐发展为一种全球泛在的计算基础设施,形成一个互联网计算平台,此时网构软件技术得到发展。网构软件包括一组分布于环境下各个节点的、具有主体化特征的软件实体,以及一组用于支撑这些软件实体以各种交互方式进行协同的连接子,具备自主性、协同性、情景性、涌现性和演化性,这一阶段又称为第四代软件工程。

(5) 智能化开发软件工程阶段。

2010年以后,以深度学习为代表的人工智能迅猛发展,智能化开发软件工程泛指将演化计算、机器学习、深度学习等人工智能新技术应用于软件工程领域,解决围绕软件全生命周期的各种典型软件工程任务(如代码生成、软件测试与缺陷定位、自动修复等),以提高软件的质量和开发效率。2020年以后,随着云原生的普及,容器化、微服务化、虚拟化成为许多云技术产品的基础性技术。这一阶段又称为第五代软件工程。

3. 软件工程开发方法

在软件开发的过程中,软件开发方法是关系到软件开发成败的重要因素。软件开发方法就是软件开发所遵循的办法和步骤,以保证所得到的运行系统和支持的文档满足质量要求。

软件开发的基本方法包括结构化方法、面向对象方法、面向构件方法和面向行业领域方法等,本书鉴于篇幅原因,仅介绍结构化方法和面向对象方法。

(1) 结构化方法。

结构化方法是较传统的软件开发方法。结构化的基本思想可以概括为自顶向下、逐步求精,采用模块化技术和功能抽象将系统按功能分解为若干模块,从而将复杂的系统节解为若干子系统,子系统又可以分解为更小的子任务,最后的子任务都可以独立编写成子程序模块。模块内部由顺序、选择和循环等基本控制结构组成。

这些模块功能相对独立,接口简单,使用维护非常方便。所以,结构化方法是一种非常有用的软件开发方法,是其他软件工程方法的基础。

但是,由于结构化方法将过程和数据分离为相互独立的实体,因此开发的软件可复用性较差,在开发过程中要使数据和程序始终保持相容也很困难。这些问题通过面向对象方法能得到很好的解决。

(2) 面向对象方法。

面向对象方法是针对结构化方法的缺点,为了提高软件系统的稳定性、可修改性和可重用性而逐渐产生的。面向对象方法最开始主要用在程序编码中,之后又逐渐出现了面向对象的分析和设计方法,是当前软件开发方法的主要方向。

面向对象方法的出发点和基本原则,主要体现在开发软件的过程中,尽可能模拟人类习惯的思维方式,将客观世界的实体抽象成程序语言中的封装对象,它主要有以下几个特点。

① 认为客观世界是由各种对象组成的,任何事物都是对象。

② 把所有对象都划分为各种对象类,每个类定义一组数据和一组方法。

③ 按照子类与父类的关系,把若干对象类组成一个层次结构的系统。

④ 对象彼此之间仅能通过传递消息相互联系。

面向对象方法的主要优点是使用现实的概念抽象地思考问题,从而自然地解决问题,保证软件系统的稳定性、可重用性以及良好的维护性。但是面向对象方法也不是十全十美的,在实际的软件开发中,常常要综合地应用结构化方法和面向对象方法。

1.2 软件项目的开发模型

1.2.1 软件项目的生存周期

软件生存周期是指一个软件从定义、开发、使用和维护,直到最终被废弃所经历的漫长时期。软件工程采用的生命周期方法是从时间角度对软件开发和维护的复杂问题进行分解,通常软件生存周期至少包括以下5个阶段。

(1) 问题定义阶段。

要求系统分析员与用户进行交流,弄清"用户需要计算机解决什么问题",然后提出关于"系统目标与范围的说明",提交用户审查和确认。

（2）可行性研究阶段。

从经济、技术、法律及软件开发风险等方面分析确定系统是否值得开发，及时停止不值得开发的项目，避免人力、物力和时间的浪费。

① 技术可行性：主要解决的问题是通过使用现有的技术能否实现这个系统。

② 经济可行性：主要解决的问题是这个系统的经济效益能否超过它的开发成本。

③ 操作可行性：主要解决的问题是系统的操作方式在这个用户组织内能否可行。

④ 法律可行性：主要确定本项目法律上有无纠纷等。

（3）需求分析阶段。

需求分析的主要任务是要项目开发人员清楚用户对软件系统的全部需求，并用"需求规格说明书"的形式准确地表达出来。

（4）开发阶段。

开发阶段由软件设计、实现和测试 3 个阶段组成。

① 软件设计：软件设计的主要任务是将需求分析转换为软件的表现形式。

概要设计：确定系统设计方案、软件的体系结构和软件的模块结构。

详细设计：确定软件系统模块结构中的每个模块完整而详细的算法和数据。

② 实现：根据选定的程序设计语言完成源程序的编码。

编码的主要任务是由程序员依据模块设计说明书，用选定的程序设计语言对模块算法进行描述，即转换成计算机可接受的程序代码，形成可执行的源程序。

③ 测试：对编码后的源代码进行测试。

通过各种类型的测试，找出软件设计中的错误并改正错误，确保软件的质量。典型的测试方法有针对软件功能的黑盒测试和针对软件源码的白盒测试。

（5）维护阶段。

在软件运行期间，通过各种必要的维护措施使系统改正错误或修改扩充功能使软件适应环境变化，以延长软件的使用寿命和提高软件的效益。软件维护有以下 4 种类型。

① 改正性维护：诊断和改正在使用过程中发现的软件错误；

② 适应性维护：修改软件以适应环境的变化；

③ 完善性维护：根据用户的要求改进或扩展软件，使之更完善；

④ 预防性维护：修改软件，为将来的维护做准备。

1.2.2 软件项目的开发模型

软件开发模型是指软件开发全部过程、活动和任务的框架结构。根据软件开发工程化及实际需要，软件生存周期的划分有所不同，形成了不同的软件开发模型，或称软件生存周期模型。

1. 瀑布模型

瀑布模型是将软件生存周期的各项活动规定为按固定顺序而连接的若干阶段工作，形如瀑布流水，最终得到软件产品。瀑布模型的核心思想是按工序将问题化简，将功能的实现与设计分开，便于分工协作，它将软件生存周期划分为制订计划、需求分析、软件设计、程序编写、软件测试和运行维护 6 个基本活动。

瀑布模型就是自顶向下的结构化开发模型方法，其过程是从上一项活动接收该项活动的工作对象作为输入，利用这一输入实施该项活动应完成的内容，给出该项活动的工作成果,并作为输出传给下一项活动。同时评审该项活动的实施,若评审通过,则继续下一项活动;否则返回前面,甚至更前面的活动。瀑布模型如图1-1所示。

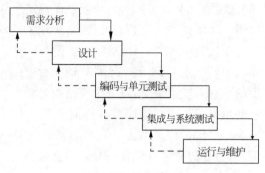

图1-1 瀑布模型

(1) 瀑布模型的优点。

瀑布模型奠定了软件工程方法的基础,流水依赖,便于分工协作。同时,瀑布模型为项目提供了按阶段划分的检查点,有复审质量保证。

(2) 瀑布模型的缺点。

瀑布模型是线性的,用户见面晚,从而增加了开发风险,瀑布模型的突出缺点是不适应用户需求的变化。

(3) 适用范围。

瀑布模型适合于系统需求明确的小系统。

2. 原型模型

正确的需求定义是系统成功的关键。但是许多用户在开始时,往往不能准确地描述他们的需要,软件开发人员需要反复地和用户交流信息,才能全面、准确地了解用户的需求。在用户实际使用了目标系统以后,通过对系统的执行、评价,使用户更加明确对系统的需求。此时用户常常会改变原来的某些想法,对系统提出新的需求,以便使系统更加符合他们的实际需要。

原型模型是在开发真实系统之前,构造一个原型,实现客户或未来的用户与系统的交互,用户或客户对原型进行评价,进一步细化待开发软件的需求。通过逐步调整原型使其满足客户的要求;第二步则在第一步的基础上开发客户满意的软件产品。原型模型如图1-2所示。

(1) 原型模型的优点。

原型方法打破了瀑布模型方法的僵化,让开发过程之间和开发过程中的主客体之间提前融合。原型模型缩短了开发周期,加快了工程进度,降低了工程成本。

(2) 原型模型的缺点。

原型模型所选用的开发技术和工具不一定符合主流的发展,快速建立起来的系统结构加上连续修改可能会导致产品质量低下。

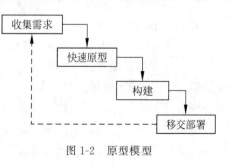

图1-2 原型模型

(3) 适用范围。

原型模型适合于预先不能确切定义需求的软件系统的开发。

3. 增量模型

增量模型也称为渐增模型,融合了瀑布模型的基本成分和原型模型的迭代特征,该模型采用随着日程时间进展而交错进行的线性序列,每个线性序列产生软件的一个可发布的"增量"。当使用增量模型时,第一个增量往往是核心的产品,实现了基本的需求,但很多补充的特征还没有发布。客户对每个增量的使用和评估都作为下一个增量发布的新特征和功能,这个过程在每个增量发布后不断地重复,直到产生最终的完善产品为止。

增量模型是把待开发的软件系统模块化,将每个模块作为一个增量组件,从而分批次地分析、设计、编码和测试这些增量组件。增量模型本质上是迭代的,但与原型模型不一样的是其强调每一个增量均发布一个可操作产品。早期的增量是最终产品的"可拆卸"版本,但提供了为用户服务的功能,并且还提供了评估的平台。增量模型如图1-3所示。

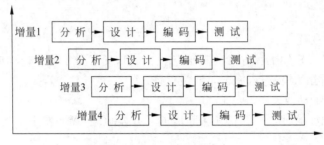

图 1-3　增量模型

(1) 增量模型的优点。

增量模型在较短的时间内向用户提交有用的工作产品,解决一些急用功能。同时,增量模型提高了系统的可维护性,整个系统由构件集成,当需求变更时只变更部分部件,而不必影响整个系统。

(2) 增量模型的缺点。

由于在加入构件时,必须保证不破坏已构造好的系统部分,这需要软件具备开放式的体系结构。增量模型的灵活性使其适应需求变化的能力大大优于瀑布模型和快速原型模型,但也很容易退化为边做边改模型,从而使软件过程的控制失去整体性。

(3) 适用范围。

增量模型适合于软件需求不明确、设计方案有一定风险的项目。

4. 螺旋模型

软件开发几乎总要冒一定的风险,例如,产品交付给用户之后用户可能对产品不满意,到了预定的交付日期软件可能还未开发出来,实际的开发成本可能超过了预算,关键的开发人员离岗,产品投入市场之前竞争对手发布了一个功能相近、价格更低的软件等。因此,在软件开发过程中必须及时识别和分析风险,并且采取适当措施以消除或减少风险的危害。

螺旋模型是一种演化软件开发过程模型,它兼顾了快速原型的迭代特征以及瀑布模型的系统化与严格监控特征。螺旋模型最大的特点在于引入了其他模型不具备的风险分析,使软件在无法排除重大风险时有机会停止,以减小损失。同时,在每个迭代阶段构建原型是螺旋模型用以减小风险的途径。螺旋模型如图1-4所示。

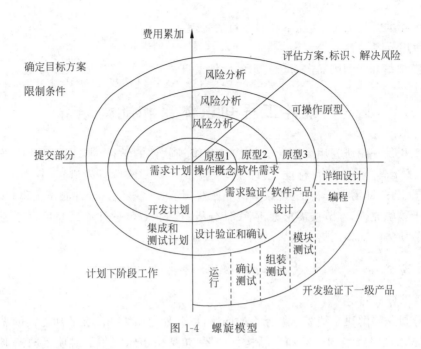

图 1-4　螺旋模型

（1）螺旋模型的优点。

螺旋模型具有设计上的灵活性，可以在项目的各个阶段允许其变更。同时，以小的分段来构建大型系统使成本计算变得简单容易。此外，客户始终参与每个阶段的开发，保证了项目不偏离正确方向以及项目的可控性。

（2）螺旋模型的缺点。

螺旋模型很难让用户确信这种演化方法的结果是可以控制的，况且该模型建设周期长，软件技术发展比较快，所以经常出现开发结束后的软件和当前的技术水平有了较大的差距，从而无法满足当前用户的需求等问题。

（3）适用范围。

螺旋模型适合于内部软件开发的大规模软件项目。

5. 喷泉模型

喷泉模型是一种以用户需求为动力，以对象为驱动的模型。喷泉模型克服了瀑布模型不支持软件重用和多项开发活动集成的局限性，可使开发过程具有迭代性和无间隙性。喷泉模型在各个开发阶段是重叠的，因此不利于项目的管理。此外，这种模型要求严格管理文档。喷泉模型如图 1-5 所示。

（1）喷泉模型的优点。

喷泉模型对生命周期各阶段的区分变得不重要，不明显了。喷泉模型分析阶段得到的对象模型也适用于设计阶段和实现阶段，提高了软件项目开发效率，节省了开发时间。

（2）喷泉模型的缺点。

喷泉模型的开发过程过分无序，面向对象范型本身要求经常对开发活动进行迭代或求精。同时，在开发过

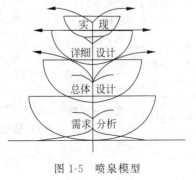

图 1-5　喷泉模型

程中需要大量的开发人员,因此不利于项目的管理。

(3) 适用范围。

喷泉模型适合于利用面向对象技术的软件项目。

1.3 软件工程知识体系和能力培养

软件工程是一门研究用工程化方法构建和维护软件的学科,涉及程序设计语言、数据库、软件开发工具、系统平台、标准、设计模式等方面。按照实际开发进程,软件工程又可细分为 5 个子工程,即需求分析工程、设计分析工程、代码实现工程、软件测试工程和软件维护工程。鉴于篇幅原因,本节按需求分析、设计分析、代码实现、软件测试和项目管理的顺序,介绍各环节所需的知识图谱与能力结构。

1.3.1 需求分析阶段所需的知识图谱与能力结构

(1) 需求分析的定义。

需求分析是要解决系统需求做什么的问题,以此界定系统功能和非功能性的需求内容。需求指的是由项目产生的产品和产品构件需要,包括由组织征集的对项目的需求,通俗地说,就是使用者真心想要的。需求管理的目的是确保各方对需求的理解一致;管理和控制需求变更;从需求到最终产品的双向跟踪。

通过软件需求分析,能把软件功能和性能的总体概念描述为具体的软件需求规格说明,进而建立软件开发的基础。后续章节将主要介绍需求分析的步骤、需求分析方法和基于案例的软件需求分析。

(2) 需求分析所需的知识图谱。

需求分析需要掌握的知识主要分为需求分析知识储备、需求分析方法和需求分析实践三个方面,这三个方面又各自含有基础、中阶、高阶三个层级,如表 1-1 所示。

表 1-1 需求分析知识图谱示意

知识类目	需求分析——知识层级		
	Level1 基础知识	Level2 中阶知识	Level3 高阶知识
需求分析知识储备	能掌握需求分析相关概念,包括需求分析的步骤、原则和内容	能根据一款软件系统,简单拆解出其功能模块满足了哪些需求	能根据想解决的问题,进行简单的需求分析,判断需求的合理性
	能理解软件需求的定义,明白需求的几类划分方法,以及划分的依据	能区别功能性需求和非功能性需求、系统需求和软件需求等区别	能根据一款软件系统,倒推出它满足的需求,并实现需求的归类
需求分析方法(以结构化分析方法为例)	能熟悉结构化分析方法及表达工具,如数据流图、数据字典的概念	能理解软件系统的数据流图和数据字典,明确数据走向	能分析业务完成数据流图的设计,并提供关于数据的描述信息
	能明确描述数据的模型和层次结构,如实体-关系图、层次方框图等	能使用结构化分析图形工具,绘制出简单的信息管理系统对应的数据模型	能设计一款软件系统,表达其数据的层次结构图,并输出系统的模块结构图

知识类目	需求分析——知识层级		
	Level1 基础知识	Level2 中阶知识	Level3 高阶知识
需求分析实践	能明确需求案例的分析步骤,熟悉需求分析人员进行业务规则、业务范围、业务流程等的技术分析方法,掌握需求说明书的写作格式规范	能根据一款软件系统,拆解其功能要求和性能要求。分析该系统总的业务流程图和子系统功能业务流程图,完成系统数据流图、数据字典和逻辑模型的设计	能设计一款软件系统,综合分析项目背景和任务目标,基于此设计提出合理需求。对照软件需求说明书的内容要求,输出其软件需求说明书

（3）需求分析所需的能力结构。

需求分析需要的能力主要分为需求分析素质、需求分析能力和需求思维力,如表 1-2 所示。

表 1-2　需求分析能力结构示意

能 力 框 架	能 力 项 目	能 力 定 义
需求分析素质	好奇心	尝试新鲜事物,研究像素级别的体验和结构
	执行力	长期操作,不断反思,输出优秀的需求文档
	分析能力	解释需求的背景,兼顾服务用户和商业价值
需求分析能力	用户调研	了解用户反馈,确认需求,跟进未来优化
	原型设计	用设计工具,绘制 UML 图和产品原型图等
	演讲表达	需求评审阶段与用户、开发、测试等达成一致
需求思维力	前瞻力	掌握行业情报,分析用户变化,明确市场定位
	洞察力	分析用户散乱的需求,从中提炼核心需求
	思考力	判断需求的优先级,合理分配资源

（4）需求分析的实践工具。

在需求分析阶段可用的工具较多,例如面向通用软件设计的 Microsoft Visio 和 ProcessOn,如表 1-3 所示。

表 1-3　需求分析实践工具

工　具	说　明
	Microsoft Visio 是 Windows 操作系统下运行的流程图软件。这是一款负责绘制流程图和示意图的软件,也是一款便于人们就复杂信息、系统和流程进行可视化处理、分析和交流的软件。同时,Visio 支持将文件保存为 SVG、DWG 等矢量图形通用格式
	ProcessOn 是一个面向垂直专业领域的作图工具和社交网络,支持绘制思维导图、流程图、UML、网络拓扑图、组织结构图、原型图、时间轴等

1.3.2　设计分析阶段所需的知识图谱与能力结构

（1）设计分析的定义。

在完成对软件系统的需求分析之后,接下来需要进行的是软件系统的设计分析。软件设计往往被分成两个阶段进行。首先是前期概要设计,用于确定软件系统的基本框架;然后是在概要设计基础上的后期详细设计,用于确定软件系统的内部实现细节。

概要设计也称为总体设计,其基本目标是能够针对软件需求分析中提出的一系列软件问题,概要地回答如何解决。例如,软件系统将采用什么样的体系架构?需要创建哪些功能模块?模块之间的关系如何?数据结构如何?软件系统需要什么样的网络环境提供支持?需要采用什么类型的后台数据库?

详细设计是将概要设计产生的功能模块进一步细化,形成可编程的程序模块,然后设计程序模块的内部细节,包括算法、数据结构及各程序模块间的接口信息,并设计模块的单元测试计划。详细设计可以采用结构化的设计方法,采用结构化的程序流程图、N-S图、过程设计语言(PDL)等工具进行描述,也可以采用面向对象的设计方法。

概要设计是在用户和详细设计之间架起桥梁,将用户目标与需求转换成具体界面设计解决方案的重要阶段。因此,概要设计的主要任务是把需求分析得到的系统扩展用例图转换为软件结构和数据结构。详细设计的主要任务是完成"详细设计规格说明书"(或称"模块开发卷宗")和单元测试计划书等详细设计文档。

(2) 设计分析所需的知识图谱。

设计分析需要掌握的知识主要分为软件设计知识储备、软件设计方法和软件案例实践三个方面,这三个方面又各自含有基础、中阶、高阶三个层级,如表 1-4 所示。

表 1-4 设计分析知识图谱

知识类目	设计分析——知识层级		
	Level1 基础知识	Level2 中阶知识	Level3 高阶知识
软件设计知识储备	能掌握三种软件设计类型:面向对象、面向过程和面向数据的方法	能根据一款软件系统的功能特点,判断出合适的软件设计方法	能运用面向对象的软件设计方法,提高代码的质量和效率
	能明确软件设计的两个阶段,首先进行概要设计,然后进行详细设计	掌握概要设计确定框架的过程和详细设计实现细节的方法	能根据一款软件的需求说明书,完成其概要设计和详细设计的示意图
软件设计方法	明确 UML 图的四大类型,掌握九类图的功能属性,包括用例图、类图、状态图、构件图等	能掌握 UML 建模工具的使用,完成 Rational Rose 的下载和配置,熟悉操作	能根据软件功能,采用 UML 图设计软件系统的整体结构,实现功能模块的划分
设计案例实践	能明确系统设计的设计步骤,掌握概要设计说明书的写作格式规范	能根据软件需求说明书确定的功能,设计软件系统的整体结构,划分功能模块	能根据概要设计确定模块的接口设计和数据结构,形成具体方案

(3) 设计分析所需的能力结构。

设计分析需要的能力主要分为软件设计素质、软件设计能力和设计方法论,如表 1-5 所示。

表 1-5　设计分析能力图谱

能力框架	能力项目	能力定义
软件设计素质	同理心	软件设计依循设计原则,操作合理
	学习能力	掌握工具描述语言、数据库设计的方法
	细致严谨	确定每个模块数据结构的设计
软件设计能力	审美能力	功能模块的划分符合使用习惯,操作方便
	数据能力	设计数据指标体系,挖掘规律以优化系统
	文字表达	用文字表述软件系统各个部分的具体设计方法
设计方法论	顶层设计	建立目标系统的整体结构模型
	逻辑思维	设计模块之间的层次结构、调用关系和接口
	结构性思维	实现功能模块的细化

（4）设计分析的实践工具。

在设计分析阶段可用的工具较多,例如面向对象软件设计的 Rational Rose 和具体界面设计软件 Axure,如表 1-6 所示。

表 1-6　设计分析实践工具

工　具	说　明
Rational Rose	Rational Rose 软件是一种面向对象的统一建模语言的可视化建模工具,用于可视化建模和公司级水平软件应用的组件构造。软件设计师使用 Rational Rose,使用拖放式符号的程序表中的有用的案例元素(椭圆)、目标(矩形)和消息/关系(箭头)设计各种类,来创造(模型)一个应用的框架
axure	Axure 软件的原型操作易于理解,只需要掌握一些基本的功能命令,就可以进行规范、美观的原型设计了,相比其他设计软件,更加高效、动态。同时,Axure 软件支持"共享设计",不同的设计人员可对同一个原型执行各自的设计任务

1.3.3　代码实现阶段所需的知识图谱与能力结构

（1）代码实现的定义。

代码实现作为软件工程的一个阶段,任务是把详细设计说明书转换为用程序设计语言编写的程序。然而在编程中遇到的问题,如程序设计语言的特性、程序设计风格会对软件的质量,对软件的可靠性、可读性、可测试性和可维护性产生深刻的影响,因此源程序应具有良好的结构性和程序设计风格。

（2）代码实现所需的知识图谱。

代码实现需要掌握的知识主要分为软件实现知识储备、编码技术和代码实践三个方面,这三个方面又各自含有基础、中阶、高阶三个层级,如表 1-7 所示。

（3）代码实现所需的能力结构。

代码实现需要的能力主要分为开发素质、开发能力和架构方法论,如表 1-8 所示。

（4）代码实现的实践工具。

在代码实现阶段可用的工具较多,例如数据库设计软件 Navicat for MySQL 和集成开发软件如微信开发者工具和海龟编辑器,如表 1-9 所示。

表 1-7   代码实现知识图谱

知识类目	代码实现——知识层级		
	Level1 基础知识	Level2 中阶知识	Level3 高阶知识
软件实现知识储备	能理解软件实现的过程与任务,了解软件实现的准则和策略等	能掌握程序设计语言、结构化程序设计方法和软件实现的集成与发布	能掌握编程规范,编写的源程序应具有良好的结构性
编码技术	能理解不同的编程语言和编程风格会对软件质量造成的影响	能掌握微信开发者工具、海龟编辑器等工具的基本操作,熟悉开发流程	能通过微信开发者工具、海龟编辑器等工具编写简单的功能模块
代码实践	能理解第 7 章实战案例中微信小程序的项目结构和实现过程	能调用如海龟编辑器等运行简单的算法,理解调用库和步骤过程	能设计合理的算法提高程序效率,降低程序复杂度,实现代码优化

表 1-8   代码实现能力结构

能 力 框 架	能 力 项 目	能 力 定 义
开发素质	耐心	通过实践比较,使用最优方法实现功能模块
	主动学习	快速学习和使用新的编程语言和技术框架
	交付意识	按照排期表实现需求,输出产出结果
开发能力	编程思路	熟知编程基础,提出系统实施的计划和设想
	解决问题	出现运行错误后,主动解决,找到错误根源
	代码优化	选择合适的算法和数据结构,提高程序质量
架构方法论	系统性思维	考虑系统的扩展性、安全性和稳定性等
	抽象能力	根据业务内容进行系统分解、服务划分等
	设计能力	完成技术选型、架构搭建和规范制定等

表 1-9   代码实现实践工具

工 具	说 明
	Navicat for MySQL 是一套管理和开发 MySQL 或 MariaDB 的主流方案,它为数据库管理、开发和维护提供了直观而强大的图形界面。Navicat 主要用于 SQL 的创建工具或编辑器、数据模型工具、数据传输,并支持大部分最新的功能,包括表、视图、函数或过程、事件等
	微信开发者工具集成了公众号网页调试和小程序调试两种开发模式。使用公众号网页调试,开发者可以调试微信网页授权和微信 JS-SDK;使用小程序调试,开发者可以完成小程序的 API 和页面的开发调试、代码查看和编辑、小程序预览和发布等功能
	海龟编辑器是由编程猫为软件初学者所打造的 Python 编辑工具。海龟编辑器能够让学习者以搭积木的方式来学习 Python,从而提高学习兴趣,降低学习难度,真正实现从图形化编程过渡到 Python 编程

1.3.4 软件测试阶段所需的知识图谱与能力结构

(1) 软件测试的定义。

软件测试是保证软件可靠性的主要手段,其根本任务是发现并改正软件中的错误,软件测试通常分为单元测试、集成测试和验收测试三个阶段。软件测试方法各有所长,每种方法都能设计出一组有用的例子,能发现某一种类的错误,但可能不容易发现另一类的错误。因此,在实际测试中,综合使用各种测试方法。

测试设计方案是测试阶段的关键技术问题,常用的方法有白盒法和黑盒法。黑盒法有边界值分析、等价类划分和错误排测法等。通常先用黑盒法设计基本的测试用例,再用白盒法补充一些必要的用例。

(2) 软件测试所需的知识图谱。

软件测试需要掌握的知识主要分为软件测试知识储备、测试方法和测试实践三个方面,这三个方面又各自含有基础、中阶、高阶三个层级,如表1-10所示。

表 1-10　软件测试知识图谱

知识类目	软件测试——知识层级		
	Level1 基础知识	Level2 中阶知识	Level3 高阶知识
软件测试知识储备	能理解软件测试的概念、软件测试原则和软件测试过程	能明确软件测试的划分方法和对应的测试类型,不同测试方法的区别和联系	能根据一款软件的需求说明书和设计说明书,完成测试设计
测试方法	明确测试工具分为性能测试工具、自动化测试工具和测试管理工具	能掌握 Selenium 测试工具的使用,完成 Selenium 的下载和配置,熟悉操作	能掌握单元测试框架,通过 Selenium 实现元素定位等功能
测试实践	能理解第8章实战案例的步骤过程、代码实现和测试内容	能运用测试工具实现简单的功能测试,并完成测试报告的编写	能根据测试结果,说明每项缺陷和限制对软件性能的影响,并提出建议

(3) 软件测试所需的能力结构。

软件测试需要的能力主要分为测试素质、测试能力和质量方法论,如表1-11所示。

表 1-11　软件测试能力结构

能力框架	能力项目	能力定义
测试素质	拆解业务	分析业务流程,理清被测数据、架构和模块
	细节管控	结合产品需求和概括性标准,制定验收标准
	务实求真	根据当下情景需要,适当调整科学规则
测试能力	洞察缺陷	发现缺陷、隐性问题、连带问题并定位问题
	测试实施	运用测试工具,设计测试方案,完成精准测试
	测试开发	开发测试工具,构建测试框架平台
质量方法论	团队协作	人员分工合理,督促项目整体进度
	统筹规划	制定测试策略,形成测试流程计划的框架
	归纳复盘	提炼经验,提升测试的质量和效率

(4) 软件测试的实践工具。

在软件测试阶段,将常用的测试工具分为 10 类,分别是:①测试管理工具;②接口测试工具;③性能测试工具;④C/S 自动化工具;⑤白盒测试工具;⑥代码扫描工具;⑦持续集成工具;⑧网络测试工具;⑨App 自动化工具;⑩Web 安全测试工具。下面介绍两款常见的测试工具 Apache JMeter 和 Selenium,如表 1-12 所示。

表 1-12 软件测试实践工具

工 具	说 明
APACHE JMeter™	Apache JMeter 是一款基于 Java 的压力测试工具,主要用来做性能测试。相比 LoadRunner 来说,它内存占用小,免费开源,轻巧方便,无须安装,越来越被大众所喜爱。它可以用于测试静态和动态资源,如静态文件、Java 小服务程序、CGI 脚本、Java 对象、数据库、FTP 服务器等。此外,JMeter 也能够对应用程序做功能/回归测试
Se Selenium	Selenium 是一系列基于 Web 的自动化工具,提供一套测试函数,用于支持 Web 自动化测试。函数非常灵活,能够完成界面元素定位、窗口跳转、结果比较,能把 Selenium RC 脚本和 JUnit 单元测试结合起来,既能涵盖功能测试,又能涵盖数据或后台 Java 类测试,从而构成一个完整的 Web 应用测试解决方案

1.3.5 项目管理所需的知识图谱与能力结构

(1) 项目管理的定义。

软件项目管理是为了使软件项目能够按照预定的成本、进度、质量顺利完成,而对人员、产品、过程和项目进行分析和管理的活动。

软件项目管理的根本目的是让软件项目尤其是大型项目的整个软件生命周期(从分析、设计、编码到测试、维护全过程)都能在管理者的控制之下,以预定成本按期、按质地完成软件以交付用户使用。

(2) 项目管理所需的知识图谱。

项目管理需要掌握的知识主要分为项目管理知识储备、管理工具和案例实践三个方面,这三个方面又各自含有基础、中阶、高阶三个层级,如表 1-13 所示。

表 1-13 项目管理知识图谱

知识类目	项目管理——知识层级		
	Level1 基础知识	Level2 中阶知识	Level3 高阶知识
项目管理知识储备	能理解项目管理的相关概念、项目管理流程和项目管理计划	能根据项目管理类别,按阶段制定项目的计划、任务分解结构和人物责任矩阵	能根据一项实际项目,设计合理的甘特图展示活动列表和时间刻度
管理工具	能熟悉项目管理过程中用到的多款常用软件,并区分它们的功能特点	能掌握如 TAPD 和禅道项目管理工具的使用,完成下载和配置,熟悉操作	能通过项目管理工具的看板和主要功能列表,实现项目管理简单功能
案例实践	能理解第 9 章实战案例一的步骤过程,使用 Excel 绘制甘特图	能理解第 9 章实战案例二的步骤过程,使用 TAPD 进行需求管理	能理解第 9 章实战案例三的步骤过程,使用禅道进行 Bug 管理

（3）项目管理所需的能力结构。

项目管理需要的能力主要分为管理素质、管理能力和组织影响力，如表 1-14 所示。

表 1-14　项目管理能力结构

能力框架	能力项目	能力定义
管理素质	主人翁精神	热爱管理的项目，实现对同伴和管理者的承诺
	对内沟通	有效传达思想、信息，能说服团队统一目标
	抗压心态	以积极的心态迎接挑战，能推动问题最终解决
管理能力	项目规划	制定版本计划，通过迭代实现项目目标
	对外谈判	通过谈判技巧，形成共赢的交付方案
	项目管理	控制项目成本，确保项目质量
组织影响力	团队建设	激励项目同伴，带头冲锋陷阵
	知识传承	总结普遍性解决方案，起到指导示范作用
	人才培养	分享知识信息、资源信息，以期共同提高

（4）项目管理的实践工具。

绝大部分团队在工作中都有个共识："1+1＞2"，做好团队协作才能发挥价值。使用团队协作类的项目管理工具可以大幅提高工作效率。技术团队在工具方面协作需要的功能较多，包括项目管理、代码管理、成员管理、权限管理、任务管理、文件管理、缺陷管理等。这么多功能需求看起来很复杂，但又缺一不可。下面介绍两款常见的项目管理工具：Git 和 GitHub，如表 1-15 所示。

表 1-15　项目管理实践工具

工　具	说　明
	Git 是一套开源版本控制系统，可帮助开发者在确定最终版本之前定期修改代码，从而获得理想的运行效果。这套版本控制系统能够保存每一项更改，允许多人协作并提供更改及贡献。所有代码副本皆可随时查看。另外，Git 也可同步团队编码工作，且妥善管理文件内容冲突
	GitHub 是一项 Git 库托管服务。其类似于面向软件项目的 Dropbox，只是专门用于存储代码。在上传项目时，用户需要将其选定为公开还是私有。使用者可以在 GitHub 上找到志同道合的好友、进行项目共享等。其社区规模庞大，而项目本身的体量则更为可观

1.4　实践作业任务要求

马克思主义唯物辩证法中关于认识论的著名哲学论点谈到认识过程包括两次飞跃，从实践到认识，又从认识到实践。第一次飞跃解决的是认识世界、形成思想的问题，第二次飞跃解决的是改造世界、实现思想的问题。

软件工程是一门综合学科，强调的是对软件的理解、行之有效的开发、跟踪进度并且保证质量。单纯的阅读理论，如果没有一定的实践基础是很难理解现实中的问题的。为了解决这一问题，本书安排了大量的实践环节。实践课题的引入对提高学生素质，促进软件工程专业的发展具有重要的现实意义。

实践作业需紧密联系软件的生命周期,涵盖计划、开发、运行三个阶段,以加强学生对信息收集、方案设计和项目实施的整体把控。实践作业的目的在于培养学生的动手动脑能力、沟通协作能力和整体思维能力。因此,学生需要对实践作业的难度系数做好心理预期,克服走捷径的思维惰性,勤加思考,动手实操。

视频讲解

1.4.1 子课题实践要求

确定实践课题是开展综合实践活动的第一步。为了加强学生对软件工程各个阶段的掌握情况,提高完成实践作业的可操作性,本书提供了 11 个子课题实践作业。

实践课题一 可行性研究

实验目标:根据所选案例,完成可行性案例分析并提交可行性研究文档。

实验要求:

(1) 掌握软件工程的问题调研方法和问题分析方法。

(2) 理解可行性研究的基本概念和具体步骤。

(3) 培养从技术可行性、经济可行性、操作可行性等方面对系统软件的评估能力。

实践课题二 需求分析

实验目标:根据所选案例,完成需求案例分析并提交需求分析文档。

实验要求:

(1) 理解需求分析的基本概念和需求规格说明书的结构。

(2) 掌握结构化分析方法和过程,具体包括数据流图、数据字典、加工逻辑的描述。

(3) 掌握面向对象的分析方法,具体包括对象模型、动态模型、功能模型、基本的面向对象分析过程。

实践课题三 软件设计

实验目标:设计一个软件系统,完成设计说明书。

实验要求:

(1) 掌握软件概要设计的基本原理、软件结构图、面向数据流的设计方法。

(2) 掌握软件详细设计的基本任务、详细设计描述法和面向对象的设计方法。

(3) 培养运用软件工程原理、方法与技术进行软件系统设计实践能力。

实践课题四 编码实现

实验目标:根据系统架构,完成软件系统的搭建。

实验要求:

(1) 了解命名规范原则、注释原则、编码风格原则和版本管理原则。

(2) 掌握数据库模式设计和实现。

(3) 掌握软件开发编译器工具的使用。

实践课题五 软件测试

实验目标:编写测试计划,设计测试用例,运用测试工具进行自动测试。

实验要求:

(1) 掌握测试方法,包括静态测试与动态测试、黑盒测试与白盒测试。

(2) 掌握软件工程项目的测试流程。

(3) 掌握测试工具和测试管理工具的使用。

实践课题六　UML 建模设计实例

实验目标：针对所选系统进行模型分析和设计。

实验要求：

(1) 掌握 UML 建模原则和 UML 中的关系。

(2) 掌握用图形描述系统的静态结构和系统行为的方法。

(3) 掌握 UML 建模工具的使用。

实践课题七　用户界面设计实例

实验目标：设计所选系统的用户界面。

实验要求：

(1) 掌握用户界面设计的原则、用户界面设计的流程。

(2) 设计任务流程，体验界面设计背后对用户心理和用户行为的思考。

(3) 掌握界面设计工具的使用。

实践课题八　数据库设计实例

实验目标：设计所选系统的数据库。

实验要求：

(1) 掌握数据库的设计原则。

(2) 建立数据库，使之有效存储数据，满足系统的应用需求。

(3) 掌握数据库设计工具和数据库可视化管理工具的使用。

实践课题九　项目管理实例

实验目标：基于工具进行源代码版本管理。

实验要求：

(1) 对所选系统的源代码进行版本管理。

(2) 培养项目过程控制和项目管理能力。

(3) 掌握项目管理工具的使用。

实践课题十　软件工程项目实战

实验目标：根据实际项目进行需求分析、功能模块设计。

实验要求：

(1) 培养根据实际项目进行需求分析的能力。

(2) 培养进行架构设计的能力。

实践课题十一　软件工程小技巧实例

实验目标：基于 Baidu SDK 实现对话情绪分析。

实验要求：

(1) 掌握 SDK 管理容器操作。

(2) 熟悉 SDK 调用流程。

(3) 举一反三：尝试阿里巴巴、腾讯等公开的人工智能 SDK 使用。

以上课程实践作业可由学生单人完成，也可由学生组成 4～6 人团队进行协作式学习，平均每 1～2 周安排一个实践，其中应该包括一定的缓冲时间和复盘时间，具体情况应视学时数和课程进度做出合理安排。

1.4.2　综合实践要求

帮助学生树立工程化意识,达到用工程化思想和方法开发软件,并体会用软件工程的方法开发系统区别于一般程序设计方法的不同之处。本课程实践作业也可以采用课程设计方式,或开展项目综合实践,通过各项任务的拆解,逐一完成单项实践任务。

课程设计要求:以"某省青少年运动员竞赛注册管理信息系统"或"疫情地图小程序"为例,按照软件工程的生命周期,完成软件可行性分析、需求分析、软件设计、编码实现、软件测试及软件维护等软件工程任务,并按要求编写出相应的文档。

课程设计目标:

(1) 提交软件系统,根据完成情况评定等级。

(2) 提交设计报告文档,根据文档的规范性、完整性和流畅性评定等级。

课程设计流程:

(1) 确定选题,根据所设计的系统进行可行性分析,完成开发计划。

(2) 对系统进行需求分析,完成需求分析文档。

(3) 在需求文档的基础上进行软件的概要设计和详细设计,完成软件设计文档。

(4) 遵循上述文档的要求,实现软件。

(5) 编写测试计划,对所实现的系统进行软件测试,完成软件测试报告。

(6) 验收。

 本章小结

本章首先介绍软件的概念,从软件危机的由来、表现与原因引入,然后介绍了软件工程的概念、发展过程和软件工程方法;紧接着介绍了软件工程的生存周期和开发模型;再接着介绍了软件工程的知识体系,分别从需求分析、设计分析、代码实现、软件测试和项目管理五个环节进行概述,继而从个人素质、知识能力和方法论三个维度总结软件工程各个阶段所需的能力结构;最后,对软件工程实践工具和实践考评方法进行阐述。

知识拓展

软件工程这门学科与实践息息相关,实际操作软件工程的相关实践工具能加深对软件开发过程的体会。查找实践工具的官方教程不失为一种便捷高效的学习方式。通过查询实践工具的迅捷安装方式和快速入门方法,读者可以先学会如何使用,在后续的理论学习基础上再去思考实现原理。下面介绍一些常用的软件工程工具类软件官网教程及汉化的学习网站。

1. Visio 官方教程

2. Axure 中文学习网

3. 欧普软件园——Rational Rose 教程

4. Selenium 官方教程

5. 菜鸟教程——Git 教程

休息一会儿

有人是这么评价巴贝奇的:"他如果早出生一百年,也许会成为一门学科的开创者,会经常和牛顿被人一起提起;他如果晚出生一百年,也许会成为像冯·诺依曼、香农那样的计算机领域英雄。而他,却生在了中间的年代。"

巴贝奇是一位数学家,1797 年出生于英国。那时候有计算机吗? 现在来看,一般将计算机称为笔记本或者电脑,但在那个时代,人们将能够计算的机器就称为计算机,例如要计算 24576/24,如果让你心算可能会有点慢,那如果能够提前在计算机中预置一种算法程序,使得人们在输入 24576/24(也就是除数和被除数)的时候机器就能算出结果,那这台机器就称为计算机,最早开始做这个事情的人就是巴贝奇!

将解决问题的方法或者算法编写成计算机可识别的程序的过程就是编程,巴贝奇就是可编程计算机的发明者,在英国一直也更认同巴贝奇是计算机之父,当然相比于冯·诺依曼所发明的计算机,巴贝奇那个时代的计算机是通过齿轮的转动也就是纯机械来计算的,而且使用的是十进制计数,最后还可通过机器将结果打印出来,这个设计是不是非常厉害? 至少在当时这个思路是非常了不得的。

那么巴贝奇的哪些精神促使他成为计算机之父? 这些宝贵的精神财富对我们日后软件工程的学习实践有何启发意义?

材料阅读

鲁班发明锯的故事

相传有一天,鲁班无意中抓了一把山上长的野草,却一下子将手划破了。出于好奇,他摘下一片叶子来细心观察,发现叶子两边长着许多锋利的小细齿。他明白了自己的手就是被这些小细齿划破的。后来,鲁班又看到一条大蝗虫啃吃叶子,两颗大板牙非常锋利,一开一合,很快就吃下一大片。这同样引起了鲁班的好奇心,他抓住一只蝗虫,仔细观察蝗虫牙齿的结构,发现蝗虫的大板牙上同样排列着许多小细齿,蝗虫正是靠这些小细齿来咬断草叶的。

这两件事令他深受启发。他想,如果把砍伐木头的工具做成锯齿状,不是同样会很锋利吗? 砍伐树木也就容易多了。于是他用大毛竹做成一条带有许多小锯齿的竹片,然后到小树上去做实验,结果果然不错。但是竹片比较软,强度比较差,不能长久使用,应该寻找一种强度、硬度都比较高的材料来代替它。

这时鲁班想到了铁片,于是他请铁匠们帮助制作带有小锯齿的铁片,然后到山上继续实践。鲁班和徒弟各拉一端,在一棵树上拉了起来,只见他俩一来一往,不一会儿就把树锯断了,又快又省力,锯就这样发明了。

阅读鲁班发明锯的故事后,请思考以下问题。

学好软件工程需要好奇心的驱使,提出想法继而大胆验证,不断改进创新。优秀的软件项目在开发过程中需要思考和实践。从鲁班发明锯的故事里可以看到好奇心和执行力是完成创造性工作的重中之重,通过上述材料故事,请思考:

（1）在软件工程的学习中如何始终保有好奇心,去优化解决方案?

（2）"行是知之始,知是行之成。"你将如何面对学习中的挫折挑战,积极完成实践任务,确保在软件工程的学习过程中做到知行合一?

【第1章网址】

第2章　可行性分析

【本章简介】

本章首先介绍可行性研究,包括项目立项、可行性研究的内容和步骤;然后介绍可行性分析需要的一些常用软件工具,并以 Visio 为工具详细讲解流程图的绘制过程;最后给出软件开发计划书和需求规格说明书的编写指南,引入实战案例以帮助读者巩固所学知识。

【知识导图】

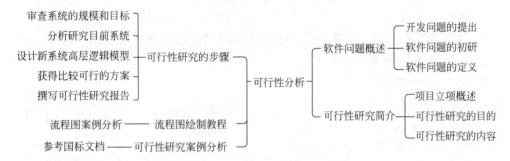

【学习目标】

- 了解软件开发问题从提出到调研的基本流程。
- 理解可行性研究的过程和目的。
- 掌握可行性研究的步骤。
- 掌握流程图的绘制过程。
- 能够依照国标文档,结合可行性研究案例分析,掌握撰写可行性报告的能力。

 趣味小知识

世界上第一台通用计算机 ENIAC 于 1946 年 2 月 14 日在美国宾夕法尼亚大学诞生,发明人是美国人莫克利(John W. Mauchly)和艾克特(J. Presper Eckert)。

美国国防部有些部门用它来进行弹道计算。它是一个庞然大物,用了 18 000 个电子管,占地 170m^2,重达 30t,耗电功率约 150kW,每秒钟可进行 5000 次运算,这在现在看来微不足道,但在当时却是破天荒的。ENIAC 以电子管作为元器件,所以又被称为电子管计算机,是第一代计算机。电子管计算机由于使用的电子管体积很大,耗电量大,易发热,因而工作时间不能太长。

2.1 软件问题概述

2.1.1 开发问题的提出

可行性分析的前提是需要明确软件的需求问题。在进行任务开发之前,通常还需要根据用户提出的实际业务需求,或是根据软件策划人员在进行深入用户调研之后提出的需求,来确认开发问题的总体结构。

首先,策划人员通过与用户沟通并结合实际需要粗略地描述其基本意向,这些内容包含对软件的具体目标、问题范围、功能性能、规模和环境等;然后汇总出一个大概的框架;最后,需要从专业技术方面进行更深层次的细致调研、确认和描述。

2.1.2 软件问题初步调研

初步调研需要确定和澄清的问题包括:软件开发提出的原因、背景、问题、目标、行业属性、社会环境、应用基础、技术条件、时限要求、投资能力等。

(1) 调研的范围。

调研的范围一般划分为七类,在实际中可视具体情况进行调整。

① 用户的组织机构和业务功能。

② 现行系统及业务流程与工作形式。

③ 管理方式和具体业务的管理方法。

④ 数据与数据流程,包括各种计划、单据和报表调研。

⑤ 管理人员决策的方式和决策过程。

⑥ 各种可用资源和要求(限制)条件。

⑦ 目前业务处理过程中需要改进的环节及具体问题。

(2) 调研策略及原则。

① 自顶向下逐步展开的策略。

② 遵从事实的原则。

③ 工程化的工作方式。

④ 全面与重点结合的方法。

⑤ 主动沟通与友好交流。

(3) 调研报告的内容。

① 企事业用户的发展目标及规划(总体目标及具体目标、规划及计划)。

② 组织机构层次(组织结构图)和业务功能。

③ 主要系统流程(系统流程图)及对信息的需求,包括各种计划、单据和报表样品。

④ 现有系统的管理方式、具体业务环节、管理方法、管理人员决策的方式和决策过程。

⑤ 现有系统软硬件的配置、使用效率和存在问题。

⑥现有系统存在的主要具体问题和薄弱环节。

2.1.3 软件问题的定义

问题定义是指在初步调研的基础上,逐步搞清拟研发软件开发的具体问题,并以书面形式对所有问题做出确定性描述的过程,其定义主要从以下几点出发,如图 2-1 所示。不同的软件具有不同的问题定义内容。

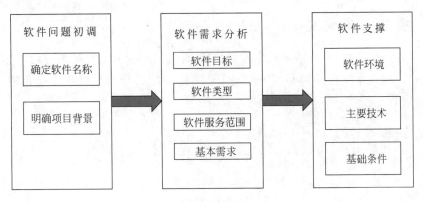

图 2-1　软件定义参考

图 2-1 中的各项定义和详情可以参见表 2-1。

表 2-1　软件问题的定义

软件问题的定义	具 体 内 容
软件名称	项目名称,应与所开发的项目内容相一致
项目背景	软件所服务的行业属性、主要业务及特征
软件目标	按时间划分,可分为长期目标、中期目标和短期目标; 按目标的综合度,可分为总体目标和分项目标; 按性质划分,可分为效能及可靠性目标、功能目标和性能目标
软件类型	从软件的规模上,分为大、中、小和微型软件; 从软件的用途上,分为系统软件、支撑软件和应用软件;从软件的应用类型上,分为工程计算软件、事务处理软件、工业控制软件和嵌入处理软件等
软件服务范围	主要用于确定软件所服务行业及领域的界限,本软件服务的领域用户对象及应用范畴
基本需求	用于明确软件问题定义的主要内容,包括整体需求、功能需求、性能需求和时限要求等
软件环境	包括服务领域、运行环境和外部系统等方面
主要技术	开发软件所需要的主要技术,以及关键技术路线。主要包括描述、规划、分析、建模、设计、编程、测试、集成、切换等相关的软件开发技术,以及软件管理与维护技术、软件度量技术、软件支撑技术等
基础条件	包括软件的业务基础、技术基础和支撑基础等

对问题定义的结果应该形成"问题定义报告",主要由软件策划小组起草,需要经过用户认可,反映软件策划小组和用户对问题的一致认识。目前并没有规范统一的问题定义报告格式。

最终"问题定义报告"主要包括:软件(项目)名称、项目提出的背景、软件目标、项目性质、软件服务范围、基本需求、软件环境、主要技术、基础条件等。

2.2 可行性研究简介

2.2.1 项目立项概述

进行可行性研究时,首先需要确定项目目标,任何一个完整的软件工程项目都是从项目立项开始的。项目立项包括项目发起与论证、项目审核以及项目立项三个过程,如图 2-2 所示。

图 2-2 项目立项的过程

(1) 项目发起与论证:在发起一个项目时,项目发起人需要以书面形式撰写项目发起文档或项目建议书。在文档或建议书中,项目发起人需要阐明该项目的必要性与可行性。该文档其实是初步的可行性研究计划报告书,包括该项目是否值得开发、能否开发、所需资金设备与人力物力等,以此为获得项目立项的基础。

(2) 项目审核:项目在经过技术可行性、经济可行性、市场可行性等分析研究后,还需要报告相关领导或主管部门,接受进一步的审核或获得相关支持。

(3) 项目立项:项目审核通过之后,就可以将项目开发一事向上级主管部门正式备案,在得到领导的批准后,即可将其列入项目计划中。

经过项目发起、项目论证、项目审核和项目立项这三个过程后,一个软件工程项目就正式启动了。

2.2.2 可行性研究的目的

可行性研究的目的就是用最小的代价在尽可能短的时间内确定问题是否能够解决。值得注意的是,可行性研究不是为了解决问题,而是为了探究问题是否值得去解决,这两者存在很大的差异。

可行性研究不能靠主观的猜想,而要依靠客观的分析。必须分析几种主要的可能解决方法的利弊,再结合战略可行性、操作可行性、计划可行性、技术可行性、社会可行性、市场可行性、经济可行性和风险可行性等去思考解决方法的效益,从而判断原定的系统目标和规模是否现实,系统完成后能带来的效益是否大到值得投资开发这个系统的程序。

2.2.3 可行性研究的内容

可行性研究需要从多个方面进行评估,主要包括战略可行性、操作可行性、计划可行性、技术可行性、社会可行性、市场可行性、经济可行性和风险可行性等,其定义如表 2-2 所示。

表 2-2　可行性研究内容定义

内　容	定　义
战略可行性	主要从整体的角度考虑项目是否可行
操作可行性	主要考虑系统是否能够真正解决问题;系统一旦安装后,是否有足够的人力资源来运行系统;用户若对新系统具有抵触情绪,是否导致操作不可行;人员的可行性等问题
计划可行性	主要估计项目完成所需的时间,并评估项目的时间是否足够
技术可行性	主要考虑项目使用技术的成熟程度;与竞争者的技术相比,所采用技术的优势及缺陷;技术转换成本;技术发展趋势及所采用技术的发展前景;技术选择的制约条件等
社会可行性	主要考虑项目是否满足所有项目涉及者的利益;是否满足法律或合同的要求等
市场可行性	主要包括研究市场的发展历史与发展趋势,本产品和同类产品的价格分析;统计当前市场的总额及竞争对手所占的份额,产品消费群体特征、消费方式及影响市场的因素分析;分析竞争对手的市场状况;分析竞争对手在研发、销售、资金和品牌等方面的实力;分析自己的实力等
经济可行性	主要是把系统开发和运行所需要的成本与得到的效益进行比较,进行成本效益分析
风险可行性	主要是考虑项目在实施过程中可能遇到的各种风险因素,以及每种风险因素可能出现的概率和出险后造成的影响程度

2.2.4　可行性研究的步骤

一个典型的可行性研究的步骤可以归结为以下五步,如图 2-3 所示。

图 2-3　可行性研究的步骤

(1)审核系统的规模和目标。

研究人员需要对《系统目标和范围说明书》进行再审查,阅读和分析已经存在的材料,确认用户需要解决的问题实质,进而明确系统的目标及为了达到这些目标系统所需的各种资源。第一步的关键可以分为以下三点。

① 再次确认新系统的规模和目标。

② 改正含糊不清或不确切的叙述。

③ 再次确认新系统的一切限制和约束。

研究人员要与用户多次沟通,敲定最终的研究方向。

(2)分析研究现行系统。

对于新系统的要求不仅要满足现行系统的基本功能,更需要弥补现行系统的不足之处,所以分析研究现行的系统,对于新系统的改进有很重要的意义。

可以从以下三方面对现行系统进行分析。

可行性分析

① 系统组织结构定义:系统组织结构可以用组织结构图来描述。

② 系统处理流程分析:系统处理流程分析的对象是各个部门的业务流程,可以用系统流程图来描述。

③ 系统数据流分析:系统数据流分析与业务流程密切相关,可以用数据流程图和数据词典来描述。

关于流程图的使用及操作步骤将在案例分析中详细介绍。

(3) 设计新系统的高层逻辑模型。

从较高层次设想新系统的逻辑模型,概括地描述开发人员对新系统的理解和设想。

(4) 获得比较可行的方案。

开发人员可根据新系统的高层逻辑模型提出实现此模型的不同方案。在设计方案的过程中,要从技术、经济等角度考虑各方案的可行性。然后,从多个方案中选择出最合适的方案。

(5) 撰写可行性研究报告。

可行性研究的最后一步就是撰写可行性研究报告,其中,国家标准文档在附件中。此报告包括项目简介、可行性分析过程和结论等内容。

可行性研究的结论一般有以下三种。

① 可以按计划进行软件项目的开发。

② 需要解决某些存在的问题(如资金短缺、设备陈旧和开发人员短缺等)或者需要对现有的解决方案进行一些调整或改善后,才能进行软件项目的开发。

③ 待开发的软件项目不具有可行性,立即停止该软件项目。

上述可行性研究的步骤只是一个经过长期实践总结出来的框架,在实际的使用过程中,它不是固定的,根据项目的性质、特点及开发团队对业务领域的熟悉程度会有些变化。可行性研究报告的编写目的是说明该软件开发项目的实现在技术、经济和社会条件方面的可行性;阐述为了合理地达到开发目标而可能选择的各种方案;说明并论证所选定的方案。具体的可行性报告,其模板格式见本章附件。

2.3 实践工具——流程图制作

2.3.1 流程图概述及相关软件介绍

在进行可行性分析时,开发者经常需要绘制各种各样的流程图,通过流程图可以让开发者更加清晰直观地了解不同实体之间的关系。

本节主要介绍流程图制作的相关软件,并选取 Visio 与 Kitten 这两款软件来详细讲解流程图的绘制过程。

(1) 绘制符合规范的流程图。

流程图可以简单地描述一个过程,是对过程、算法、流程的一种图像表示,在技术设计、交流及商业简报等领域有广泛的应用。程序流程图是人们对解决问题的方法、思路或算法的一种描述。它的优点如下。

① 采用简单规范的符号,画法简单。

② 结构清晰,逻辑性强。

③ 便于描述,容易理解。

(2) 绘制流程图的主要软件简介。

① Process On 是一套非常完善的在线绘图网站,专门处理交互图形,在可靠性、兼容性、易用性、扩展性、完备性、容错性等多方面均达到了较高的水平。

② SmartDraw 是世界上最流行的商业绘图软件,可以用来画流程图、甘特图、时间图等不同形式的商业图表。SmartDraw 使每个人都能很轻松地绘制具有专业水准的商业图。

③ Axure 主要是用来进行软件原型线框设计的,同时具有流程图功能,简洁易用。

④ Office Visio 是当今最优秀的绘图软件之一,是微软公司推出的非常传统的免费流程图软件。它有助于 IT 和商务专业人员轻松地可视化、分析和交流复杂信息。在 Microsoft Office Excel 2016、PowerPoint 2016、Word 2016 或 Outlook 2016 中都可以绘制流程图。如 PowerPoint 2016,在"插入"选项卡的 SmartArt 中选择"流程""层次结构""循环"或"关系"来绘制流程图。

⑤ Kitten 是由编程猫公司自主研发的一款编程工具,它拥有优秀的运算功能、广泛的第三方类库、开放的生态和庞大的开发者社区,它通过图形化编程培养少儿编程兴趣。

(3) 流程图中使用的符号。

流程图是用图的形式将一个过程的步骤表示出来。使用图形表示算法是一种极好的方法,因为一张图胜过千言万语。流程图包含具有确定含义的符号、简单的说明性文字和各种连线。

通用的流程图符号如图 2-4 所示。

① 开始用六角菱形或圆角矩形或椭圆表示。

② 矩形方框表示具体活动过程。

③ 菱形框表示决策、审核、判断。

④ 结束终止用椭圆表示。

⑤ 平行四边形表示输入/输出。

⑥ 箭头代表工作流方向。

名 称	符 号	名 称	符 号	名 称	符 号
起止框	⬭	多重文档		单向连接线	→
处理框	▭	子流程		双向连接线	↔
判断框	◇	文档		手动输入	
输入/输出框	▱	卡片		数据存储	
或者	⊕	总和	⊗	角色	

图 2-4　流程图符号

另外还规定,流程线从下往上或从右向左时,必须带箭头;除此以外,都可以不画箭头;流程线的走向默认都是从上向下或从左向右。符号内的说明文字尽可能简明,通常按从左向右和从上向下方式书写,并与流向无关。如果说明文字较多,符号内写不完,可使用注解符。若注解符干扰或影响到图形的流程,应在另外一页正文上注明引用符号。

可行性分析

视频讲解

2.3.2 实践工具1——Microsoft Office Visio

1. Visio 的下载与安装

Visio 的全称是 Microsoft Office Visio,是微软公司推出的新一代商业图表绘制软件,其界面友好、操作简单、功能强大。Visio 能够将难以理解的复杂文本和表格转换为一目了然的 Visio 图表,有助于 IT 人员和商务专业人员处理、分析和交流复杂信息。

Visio 图表包括业务流程图、软件界面、网络图、工作流图表、数据库模型和软件图表等,可以直观地记录、设计和了解业务流程以及系统的状态。

虽然 Visio 是 Microsoft Office 软件的一部分,但通常以单独形式出售,并不捆绑于 Microsoft Office 套装中,用户需要单独进行安装。

需要注意的是,在安装 Visio 软件之前,用户需要先安装对应版本的 Office 软件,否则无法安装该软件。Visio 的安装方法分为光盘安装和本地安装,两种安装的步骤一致。下面以本地安装来详细讲解安装 Visio 的具体步骤。

步骤 1:进入 Visio 官网(网址详见本章末二维码)并下载。

步骤 2:双击 setup 文件开始安装。

下载完安装文件后,在安装文件夹中双击 setup 文件,弹出 Microsoft Visio Professional 2013 对话框。在该对话框中,包括"立即安装"和"自定义"两个按钮,单击"立即安装"按钮,则按系统内置的安装方法进行安装。这里,单击"自定义"按钮,进行自定义安装,如图 2-5 所示。

图 2-5　自定义安装

此时,系统将自动展开"安装选项"选项卡,在该选项卡中主要列出了需要安装的组件选项,便于用户选择安装的具体内容和所需磁盘空间,在此将安装所有的组件,如图 2-6 所示。

然后,切换到"文件位置"选项卡,单击"浏览"按钮选择安装位置,或者直接在文本框中输入安装位置。此时,系统会根据安装位置,自动显示安装源所需要的空间,以及驱动器空间,如图 2-7 所示。

在"安装选项"选项卡中,单击"立即安装"按钮,系统会自动将软件安装在默认目录中。

最后,激活"用户信息"选项,在"全名""缩写"和"公司/组织"文本框中输入相应的内容,单击"立即安装"按钮,开始安装 Visio 2013 组件,如图 2-8 所示。

图 2-6　安装选项

图 2-7　文件位置

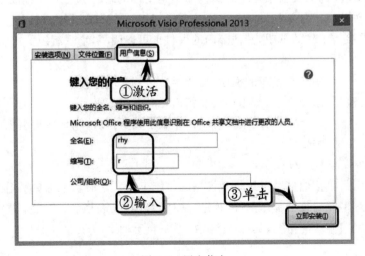

图 2-8　用户信息

安装完成后,即进入 Visio 界面,如图 2-9 所示。

视频讲解

图 2-9　Visio 基本界面

可以看到,右边的白色区域就是画布,而左边的各种各样的图形就是"颜料"。需要构建什么样的模型,首先得在大脑中有个初步的框架,然后在左边去找相应的图形拖至右边。图形中可以添加文字,图形外可以添加连接线,通过这样的组合,就可以得到自己想要的模型图。

视频讲解

2. 流程图绘制案例教程

(1) 组织结构图案例教程。

组织结构图是把企业组织分成若干部分,并且标明各部分之间可能存在的各种关系。这里所说的各种关系包括上下级领导关系(组织机构图)、物流关系、资金流关系和资料传递关系等。所有这些关系都伴随着信息流,这正是调查者所最关心的。要在组织结构图的基础上,把每种内在联系用一张图画出来,或者在组织结构图上加上各种联系符号,以更好地反映、表达各部门间的真实关系。组织结构图不是简单的组织机构表,在描述组织结构图时注意不能只简单地表示各部门之间的隶属关系。组织结构图可以使每个人清楚自己组织内的工作,加强其参与工作的欲望,其他部门的人员也可以明了,增强组织的协调性,它的绘画步骤如图 2-10~图 2-12 所示。

从左边模型仓库中选择相应的模型,拖选至右边,如 2-10 所示。

在相应的模块中添加文字,并用连接线相连,如图 2-11 所示。

这样一来,一个组织结构图的模型就制作完成了,它可以清晰地体现组织内部结构以及人员依属关系,如图 2-12 所示。

(2) 系统流程图案例教程。

系统流程图是概括地描绘系统物理模型的传统工具。它的基本思想是用图形符号以黑盒形式描绘系统里面的每个具体部件(程序、文件、数据库、表格、人工过程等),表达数据在系统各个部件之间流动的情况,其设计方式一般是自上而下的。

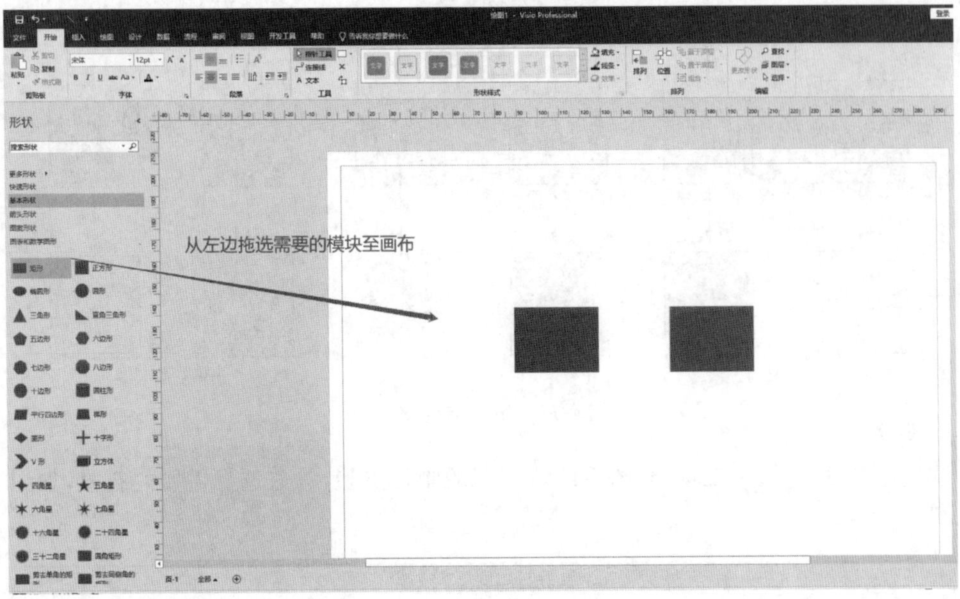

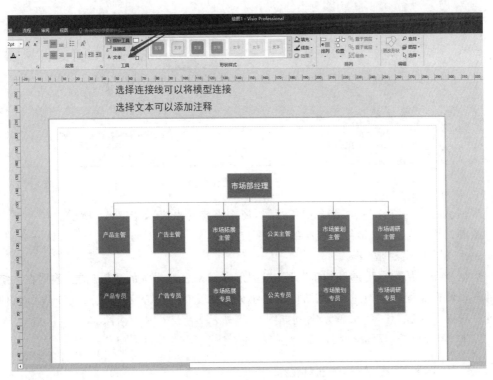

图 2-10 选择图形移至画布

图 2-11 将模型添加文字后连接

可行性分析

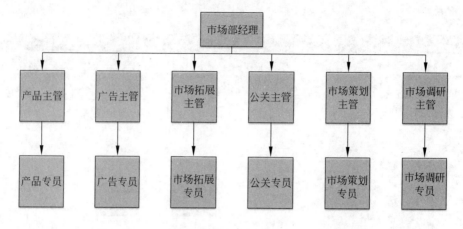

图 2-12　组织结构图示例

这里还是以 Visio 为工具,介绍系统流程图的制作步骤,首先选择需要的符号,如图 2-13 所示。

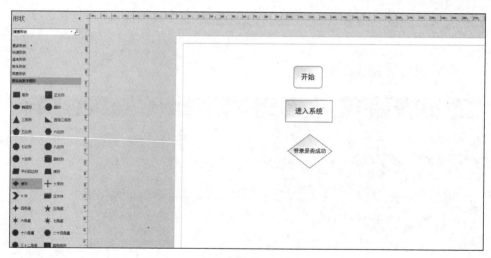

图 2-13　选择需要的符号

根据流程图的符号要求,结合业务逻辑,拖选需要的模块,如图 2-14 所示。

绘制好模型并排版,最终用连接线将它们连接起来,如图 2-15 所示。

(3) 数据流图案例教程。

数据流图是从数据传递和加工角度,以图形方式来表达系统的逻辑功能、数据在系统内部的逻辑流向和逻辑变换过程,是结构化系统分析方法的主要表达工具及用于表示软件模型的一种图示方法,其 Visio 演示案例如图 2-16 所示。

以上即为通过流程图分析现行系统的相关方法。

2.3.3　实践工具 2——Kitten

Kitten 是由编程猫公司推出的一款面向青少儿的图形化编程工具,它不仅能够实现编

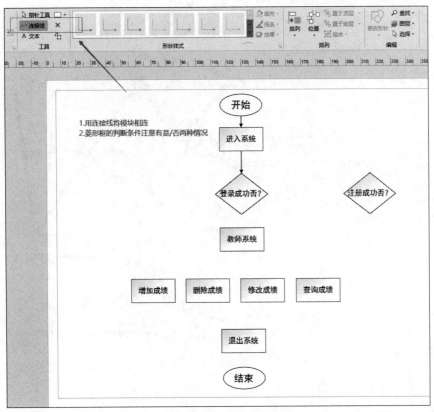

图 2-14 用连接线将它们相连

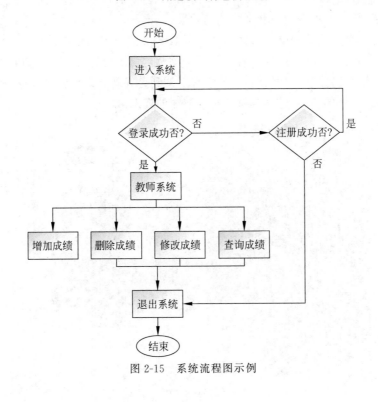

图 2-15 系统流程图示例

第2章

可行性分析

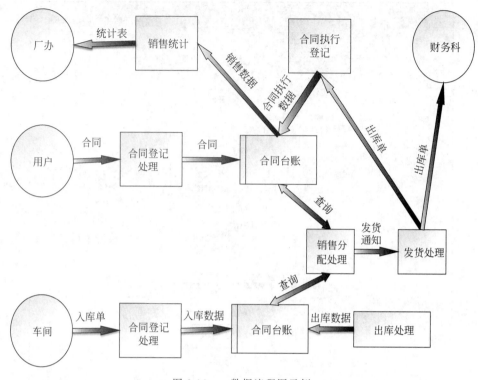

图 2-16　　数据流程图示例

程,还能绘制图形化的流程图。Kitten 操作简单易上手,通过拼积木的形式,将不同的代码块结合在一起,从而实现对卡通动画的控制效果。

下面结合一个少儿编程的逻辑案例来介绍 Kitten 的流程图绘制过程。

如图 2-17 所示,这是编程猫上的一个游戏案例,需要控制图中的小鱼在"海里游泳"。利用鼠标的指针可以控制小鱼的动作,如果它触碰到边界就立即反弹,在没有触碰边界的时候可以给它设置 60°的旋转,这样更符合小鱼游泳的姿态。

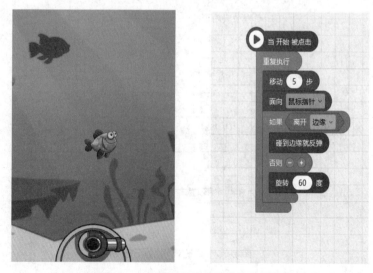

图 2-17　少儿编程案例的简单流程图绘制

2.4　实战案例——编写"AI 学伴" 开发可行性研究报告

【例 2-1】　"AI 学伴"开发可行性研究报告。

本实例需要实现的是"AI 学伴"开发的可行性研究报告。该软件是一款运动 App,采用了游戏化的激励机制,其功能需求主要包括以下几方面。

- 注册登录:最基本的功能,保证用户拥有自己的账户。
- 学伴匹配:用户通过调查问卷的形式获得适合该用户的 AI 学伴。
- 游戏化激励交互:为匹配了 AI 学伴的用户提供多样游戏化的激励交互方式,以促进用户运动兴趣的激发。
- 运动排行榜:通过设置用户与好友间运动时长的排行榜,达到促进用户提升运动时长的目的。
- 学伴个性化:通过设置运动奖励,帮助用户获得站内积分,该积分可为学伴更换服装、零食投递和获得勋章等。

假设某公司将要开发此"AI 学伴"运动 App 软件,你所在的软件开发团队准备接手该项目的开发。但公司要求你先对该项目做一份可行性研究报告,以打动投资者。

案例解析

AI 学伴——游戏化激励运动 App 可行性研究报告

1. 引言

(1)编写目的。

针对该项目的发起,以公司现有的资源来审核该项目是否值得做,是否能够做。通过对该项目的可行性分析,初步拟定该可行性报告。报告中详细指出开发该软件需要面临的问题、风险以及各种解决方案,也预估了该软件面市后可能带来的经济效益。

该可行性研究报告经审核后,交由上级领导审查。

(2)项目背景。

开发软件名称:AI 学伴——游戏化激励运动 App

项目任务提出者:Wu 公司

项目开发者:AI 软件开发团队

用户:有运动需求的客户

项目与其他软件、系统的关系:在如今主流的运动/健身 App 中,缺乏以"AI 学伴"形式指导用户运动的软件。该软件以 AI 学伴搭配游戏化激励,不仅满足了用户对于趣味性、互动性和个性化的需求,还极大地激发了用户运动的兴趣,从而达到提高用户身体素质和健康生活的目的。因此,本软件团队决定开发该软件。

(3)参考资料。

国家标准文档(详见本章附件)。

2. 对现有系统的分析

（1）处理流程和数据流程。

通过对目前市场上运动 App 的分析，将现有的运动软件分为以下 6 个子系统。

① 注册登录系统：个人账户。

② 个人主页界面系统：记录个人信息和个性化设置。

③ 运动健身网购系统：负责购买私教课等。

④ 社交子系统：负责用户与好友社交的模块。

⑤ 数据管理子系统：包括数据库、数据库管理。

⑥ 控制子系统：系统控制。

运动 App 的系统结构图如图 2-18 所示。

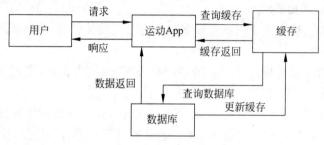

图 2-18　系统结构图

子系统间对于数据处理的协作关系如图 2-19 所示。

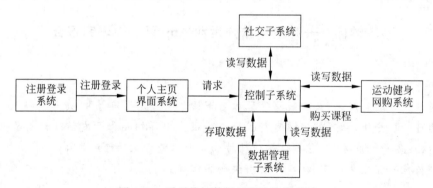

图 2-19　子系统间数据处理的协作关系

（2）用户体验分析。

用户在使用大多数运动健身 App 时，繁杂的课程信息，常规的操作界面让用户无法长时间停留在该 App 上。许多软件为了获利，引入大量的广告弹窗，从而引起用户反感，导致用户流失。

大多数喜欢运动或者下载了运动健身 App 的人，都是充满活力或者渴望充满活力的目标用户，如果对运动 App 的界面修改及功能修改能引入个性化定制的服务，将极大提高用户对该 App 的满意度。

（3）局限性。

现有系统的局限性如下：

① 为了提升经济效益,大量售卖课程的信息在首页营销堆积。

② 缺乏个性化服务。

③ 缺乏游戏化激励。

④ 用户不会长时间停留在现有 App 内,缺乏社交功能和其他能够让用户长时间停留的功能。

3. 系统建议

(1) 对所建议系统的说明。

本系统是基于游戏化激励机制的 AI 学伴运动 App,其功能主要有以下 5 个方面。

① 注册登录:最基本的功能,保证用户拥有自己的账户。

② 学伴匹配:用户通过调查问卷和信息填写等形式获得适合该用户的 AI 学伴,该学伴将以动漫的形象陪伴用户一起锻炼。

③ 游戏化激励交互:为匹配了 AI 学伴的用户提供多样游戏化的激励交互方式,以激发用户的运动兴趣。

④ 运动排行榜:通过设置用户与好友间的运动时长排行榜,达到促进用户提升运动时长的目的。

⑤ 学伴个性化:通过设置运动奖励,帮助用户获得站内积分,该积分可为学伴更换服装、零食投递和获得勋章等。

(2) 处理流程和数据流程。

本系统的处理流程和数据流程如下。

① 用户在注册登录系统发起注册登录请求,请求经过数据库验证。

② 用户在个人主页界面填写信息或问卷调查,数据交给控制子系统,并最终读写在数据库中。

③ 根据问卷调查情况,通过系统的算法为用户匹配最相似的 AI 学伴。

④ 用户每次运动的时长都会记录在后台的用户数据表中,并以定时更新的方式呈现用户运动时长排名。

⑤ 运动时长累计到一定程度,用户表关联的礼物表会获取相应的道具。

⑥ 道具可以反馈给 AI 学伴,通过修改学伴的数据参数,前端页面会渲染出相应的服装。

⑦ 学伴在陪伴用户锻炼的同时,以定时的方式触发鼓励机制。

(3) 改进之处。

本系统主要为功能改进,以个性化的方式帮助用户增加运动的趣味性,改进之处如下。

① 增加了算法匹配用户的私人 AI 学伴。

② 通过游戏化的方式激励用户的运动兴趣。

③ 添加了运动时长反馈游戏道具,帮助用户维持运动的习惯。

④ 添加了社交功能。

⑤ 添加了运动排行榜。

(4) 影响。

以下将说明在建立所建议系统时,预期将带来的影响。

① 对设备的影响。

随着用户的增多,需要适量地增加服务器来维持运行。

② 对软件的影响。

该软件独立,不会影响其他软件的使用。

③ 对用户单位机构的影响。

该软件操作简单易上手,仅需少量人员定期维护使用。

④ 对系统运行过程的影响。

用户操作规程与原系统基本一致。

⑤ 对开发的影响。

* 需要雇佣一些开发人员进行产品开发。
* 需要租借开发人员办公场所。
* 需要一定数量的计算机进行开发。
* 需要建设软件后台监控网站,并建立数据库以提供技术支持。

⑥ 对地点和设施的影响。

无须改造现有设施。

⑦ 对经费开支的影响。

该 App 开发难度适中,开支项主要有开发人员的工资及相应的社会保障开支,开发场所的房租费用,计算机的购买或租赁费用,网站及数据库建设和维护的费用。

(5) 局限性。

由于该 App 刚刚进入市场,需要市场早期推广。

4. 技术可行性分析

(1) 主框架技术基础。

开发框架主要分为前后端开发,根据开发流程,本 App 可以采取前后端分离的开发思路。

其中,后端开发可以选择市面上主流的 Java 编程语言,通过 SpringMVC+SpringBoot+SpringCloud 的开发框架,以微服务的方式来减少服务器的压力和代码相互的依赖。对于像首页、排行榜这种热点数据,可以使用 Redis 添加缓存,帮助缓解数据库压力。数据库的选择可以使用 MySQL 或者 Oracle。

前端开发框架可以选择当下主流的 Vue 或者 React,需要有专门的 UI 设计人员来绘制 AI 学伴的动漫形象以及相关界面。

(2) 缓存技术基础。

目前市面上常用的缓存工具是 Redis,Redis 由 C 语言编写,是一个 key-value 形式的存储系统。Redis 会周期性地把更新的数据写入磁盘或者把修改操作写入追加的记录文件中,并在此基础上实现了 master-slave(主从)同步。

因此,本 App 使用 Redis 来帮助数据库分担压力。

(3) 人员基础。

参与此项目的研发人员均需具有多年 Web 项目研发经验,对开发的相关标准、项目技术条件和开发环境等相当熟悉,具备研发此项目的技术能力。

综上所述,技术可行。

5．投资及效益分析

（1）支出。

运行本 App 所引起的费用开支有人力、设备、空间、支持性服务、材料等项开支总额。

① 基本建设投资。

- 开发本 App 所需的开发软件的使用费。
- 建立本 App 所需的房屋以及周边设施。
- 建立本 App 所需数字通信设备的使用费用。
- 保障本 App 运行与信息安全设备的使用费用。
- 建立本 App 所需数据库管理软件的使用费用。

② 其他一次性支出。

- 本 App 建立时所需研究者的经费。
- 本 App 建立后台监控所需软件服务的费用。
- 本 App 的日常维护开销。
- 本 App 开发时计算机购买或租赁费用。

③ 非一次性支出。

- 本 App 开发人员的工资与奖金。
- 本 App 开发时所需房屋的租赁费用。

（2）收益。

这里所说的收益,表现为开支费用的减少或避免、差错的减少、灵活性的增加、动作速度的提高和管理计划方面的改进等。收益可分为一次性收益和非一次性收益。

① 一次性收益。

政策支持：响应了国家政策《全面健身计划》。

② 非一次性收益。

- 随着用户数量的增多,会增加本产品的市值,从而进一步获取融资。
- 用户好评的增多,也会带来极大的广告收益。

6．社会因素方面的可行性

（1）政策方面的可行性。

本 App 积极响应国家提出的《全面健身计划》,因此受政策鼓励。

（2）法律方面的可行性。

法律方面的可行性问题有很多,包括合同责任、侵犯专利权、侵犯版权等方面陷阱。软件人员通常是不熟悉这些问题的,甚至有可能陷入陷阱。因此,需要由公司相关的法务人员进行指导和监督。对于开发本软件的相关开发工具,需要使用正版软件。对于用户信息的保护,会提示用户是否愿意分享相关的信息,保证用户在知情的情况下进行所有的操作,并且维护用户的信息安全。

（3）使用方面的可行性。

公司应当提供足够的技术团队进行开发,由产品经理分析需求,由技术过硬的工作人员进行开发和维护。在硬件方面,公司需要提供各种外围设备,计算机设备的性能也要能够满足系统的开发,并充分发挥其效应。

7. 结论

通过对此软件系统进行的各方面的可行性分析,可以得出以下结论。

(1) 针对当前市面上缺少个性化的运动App,本软件可以很好地弥补这一点。

(2) 充分分析了喜爱运动的目标群体,提出以游戏化激励的方式来辅助用户运动。

(3) 增强社交功能,增加用户黏性。

(4) 增加运动锻炼的趣味性。

综上所述,基于游戏化激励的AI学伴运动App是一款能够提高用户体验的软件系统,可以立即进行此软件系统的开发。

本章小结

本章先对软件问题的提出和定义做了简要说明,之后介绍了初步调研的细节问题;接着在可行性论证环节,对可行性的目的、步骤、结论依次做了讲解,并且介绍了软件流程图的绘制方法;最后给出一个实践案例,让读者结合国家标准文档,进行可行性研究报告文档的写作学习。

知识拓展

你知道"人工智能之父"是谁吗?

说起人工智能,我们首先想到的就是艾伦·麦席森·图灵。他是英国数学家、逻辑学家,被称为计算机科学之父、人工智能之父,也是著名苹果公司创始人乔布斯最为崇拜的人。1950年,图灵提出了著名的"图灵测试",就是如果计算机能在5min内回答测试者提出的一系列问题,并且有超过30%的回答让测试者误认为是人类所答的,那么就可以说计算机具备了人工智能。到目前为止,还没有一台计算机通过图灵测试。1950年10月,图灵发表论文《机器能思考吗》这一划时代的作品,使图灵赢得了"人工智能之父"的桂冠。

为了纪念图灵对计算机科学发展的巨大贡献,美国计算机协会于1966年设立图灵奖。该奖项一年评比一次,以表彰在计算机领域中做出突出贡献的人。图灵奖被喻为"计算机界的诺贝尔奖",这是历史对这位科学巨匠的最高赞誉。

休息一会儿

安卓系统是由谷歌公司开发的操作系统,它是一种基于Linux的自由及开放源代码的操作系统,主要用在移动设备中,由谷歌公司和开放手机联盟领导及开发。安卓系统最初是由Andy Rubin开发,主要支持手机设备。第一部安卓智能手机在2008年10月发布,后来逐步应用到平板电脑以及其他领域上。安卓手机系统作为谷歌企业战略的重要组成部分,进一步推进了随时随地为每个人提供信息这一目标的实现。安卓手机系统包括操作系统、用户界面和应用程序,以及移动电话工作需要的全部软件,而且不存在以往阻碍产业创新的专有权障碍。安卓手机系统必将推进更好、更快的创新,为移动用户提供不可预知的应用和服务。2011年第一季度,Android在全球的市场份额首次超过塞班系统,跃居全球第一。Android一词最早出现于法国作家利尔亚当发表的科幻小说《未来夏娃》中。Android的Logo是由Ascender公司设计的,诞生于2010年,其设计灵感源于男女厕所门上的图形符号。安卓系统的版本名是按照甜点来命名的,每个安卓版本代表甜点的尺寸越变越大。

【本章附件】

以下为国标(GB/T 8567—2006)所规定的可行性研究报告内容要求。

1 引言

1.1 编写目的

说明编写本可行性研究报告的目的,指出预期的读者。

1.2 背景

说明:

a. 所建议开发的软件系统的名称;

b. 本项目的任务提出者、开发者、用户及实现该软件的计算中心或计算机网络;

c. 该软件系统同其他系统或其他机构的基本的相互来往关系。

1.3 定义

列出本文件中用到的专门术语的定义和外文首字母组词的原词组。

1.4 参考资料

列出用得着的参考资料,如:

a. 本项目的经核准的计划任务书或合同、上级机关的批文;

b. 属于本项目的其他已发表的文件;

c. 本文件中各处引用的文件、资料,包括所需用到的软件开发标准。

列出这些文件资料的标题、文件编号、发表日期和出版单位,说明能够得到这些文件资料的来源。

2 可行性研究的前提

说明对所建议的开发项目进行可行性研究的前提,如要求、目标、假定、限制等。

2.1 要求

说明对所建议开发的软件的基本要求,如:

a. 功能;

b. 性能;

c. 输出如报告、文件或数据,对每项输出要说明其特征,如用途、产生频度、接口以及分发对象;

d. 输入说明系统的输入,包括数据的来源、类型、数量、数据的组织及提供的频度;

e. 处理流程和数据流程用图表的方式表示出最基本的数据流程和处理流程,并辅之以叙述;

f. 在安全与保密方面的要求;

g. 同本系统相连接的其他系统;

h. 完成期限。

2.2 目标

说明所建议系统的主要开发目标,如:

a. 人力与设备费用的减少;

b. 处理速度的提高；

c. 控制精度或生产能力的提高；

d. 管理信息服务的改进；

e. 自动决策系统的改进；

f. 人员利用率的改进。

2.3　条件、假定和限制

说明对这项开发中给出的条件、假定和所受到的限制,如:

a. 所建议系统的运行寿命的最小值；

b. 进行系统方案选择比较的时间；

c. 经费、投资方面的来源和限制；

d. 法律和政策方面的限制；

e. 硬件、软件、运行环境和开发环境方面的条件和限制；

f. 可利用的信息和资源；

g. 系统投入使用的最晚时间。

2.4　进行可行性研究的方法

说明这项可行性研究将是如何进行的,所建议的系统将是如何评价的。摘要说明所使用的基本方法和策略,如调查、加权、确定模型、建立基准点或仿真等。

2.5　评价尺度

说明对系统进行评价时所使用的主要尺度,如费用的多少、各项功能的优先次序、开发时间的长短及使用中的难易程度。

3　对现有系统的分析

这里的现有系统是指当前实际使用的系统,这个系统可能是计算机系统,也可能是一个机械系统,甚至是一个人工系统。

分析现有系统的目的是进一步阐明建议中的开发新系统或修改现有系统的必要性。

3.1　处理流程和数据流程

说明现有系统的基本的处理流程和数据流程。此流程可用图表即流程图的形式表示,并加以叙述。

3.2　工作负荷

列出现有系统所承担的工作及工作量。

3.3　费用开支

列出由于运行现有系统所引起的费用开支,如人力、设备、空间、支持性服务、材料等项开支以及开支总额。

3.4　人员

列出为了现有系统的运行和维护所需要的人员的专业技术类别和数量。

3.5　设备

列出现有系统所使用的各种设备。

3.6　局限性

列出本系统的主要的局限性,例如处理时间赶不上需要,响应不及时,数据存储能力不足,处理功能不够等。并且要说明,为什么对现有系统的改进性维护已经不能解决问题。

4 所建议的系统

用来说明所建议系统的目标和要求将如何被满足。

4.1 对所建议系统的说明

概括地说明所建议系统，并说明在第 2 章中列出的那些要求将如何得到满足，说明所使用的基本方法及理论根据。

4.2 处理流程和数据流程

给出所建议系统的处理流程和数据流程。

4.3 改进之处

按 2.2 条中列出的目标，逐项说明所建议系统相对于现存系统具有的改进。

4.4 影响

说明在建立所建议系统时，预期将带来的影响，包括：

4.4.1 对设备的影响

说明新提出的设备要求及对现存系统中尚可使用的设备须做出的修改。

4.4.2 对软件的影响

说明为了使现存的应用软件和支持软件能够同所建议系统相适应，而需要对这些软件所进行的修改和补充。

4.4.3 对用户单位机构的影响

说明为了建立和运行所建议系统，对用户单位机构、人员的数量和技术水平等方面的全部要求。

4.4.4 对系统运行过程的影响

说明所建议系统对运行过程的影响，如：

A. 用户的操作规程；

B. 运行中心的操作规程；

C. 运行中心与用户之间的关系；

D. 源数据的处理；

E. 数据进入系统的过程；

F. 对数据保存的要求，对数据存储、恢复的处理；

G. 输出报告的处理过程、存储媒体和调度方法；

H. 系统失效的后果及恢复的处理办法。

4.4.5 对开发的影响

说明对开发的影响，如：

A. 为了支持所建议系统的开发，用户需进行的工作；

B. 为了建立一个数据库所要求的数据资源；

C. 为了开发和测验所建议系统而需要的计算机资源；

D. 所涉及的保密与安全问题。

4.4.6 对地点和设施的影响

说明对建筑物改造的要求及对环境设施的要求。

4.4.7 对经费开支的影响

扼要说明为了所建议系统的开发，设计和维持运行而需要的各项经费开支。

4.5 局限性

说明所建议系统尚存在的局限性以及这些问题未能消除的原因。

4.6 技术条件方面的可行性

本节应说明技术条件方面的可行性,如:

A. 在当前的限制条件下,该系统的功能目标能否达到;

B. 利用现有的技术,该系统的功能能否实现;

C. 对开发人员的数量和质量的要求,并说明这些要求能否满足;

D. 在规定的期限内,本系统的开发能否完成。

5 可选择的其他系统方案

扼要说明曾考虑过的每种可选择的系统方案,包括需开发的和可从国内国外直接购买的,如果没有供选择的系统方案可考虑,则说明这一点。

5.1 可选择的系统方案 1

参照提纲,说明可选择的系统方案 1,并说明它未被选中的理由。

5.2 可选择的系统方案 2

按类似 5.1 条的方式说明第 2 个乃至第 3 个可选择的系统方案。

6 投资及效益分析

6.1 支出

对于所选择的方案,说明所需的费用。如果已有一个现存系统,则包括该系统继续运行期间所需的费用。

6.1.1 基本建设投资

包括采购、开发和安装下列各项所需的费用,如:

A. 房屋和设施;

B. ADP 设备;

C. 数据通信设备;

D. 环境保护设备;

E. 安全与保密设备;

F. ADP 操作系统的和应用的软件;

G. 数据库管理软件。

6.1.2 其他一次性支出

包括下列各项所需的费用,如:

A. 研究(需求的研究和设计的研究);

B. 开发计划与测量基准的研究;

C. 数据库的建立;

D. ADP 软件的转换;

E. 检查费用和技术管理性费用;

F. 培训费、旅差费以及开发安装人员所需要的一次性支出;

G. 人员的退休及调动费用等。

6.1.3 非一次性支出

列出在该系统生命期内按月或按季或按年支出的用于运行和维护的费用,包括:

A. 设备的租金和维护费用;

B. 软件的租金和维护费用；

C. 数据通信方面的租金和维护费用；

D. 人员的工资、奖金；

E. 房屋、空间的使用开支；

F. 公用设施方面的开支；

G. 保密安全方面的开支；

H. 其他经常性的支出等。

6.2 收益

对于所选择的方案,说明能够带来的收益,这里所说的收益,表现为开支费用的减少或避免、差错的减少、灵活性的增加、动作速度的提高和管理计划方面的改进等,包括:

6.2.1 一次性收益

说明能够用人民币数目表示的一次性收益,可按数据处理、用户、管理和支持等项分类叙述,如:

A. 开支的缩减包括改进了的系统的运行所引起的开支缩减,如资源要求的减少,运行效率的改进,数据进入、存储和恢复技术的改进,系统性能的可监控,软件的转换和优化,数据压缩技术的采用,处理的集中化或分布化等；

B. 价值的增升包括由于一个应用系统的使用价值的增升所引起的收益,如资源利用的改进,管理和运行效率的改进以及出错率的减少等；

C. 其他如从多余设备出售回收的收入等。

6.2.2 非一次性收益

说明在整个系统生命期内由于运行所建议系统而导致的按月的、按年的能用人民币数目表示的收益,包括开支的减少和避免。

6.2.3 不可定量的收益

逐项列出无法直接用人民币表示的收益,如服务的改进、由操作失误引起的风险的减少、信息掌握情况的改进、组织机构给外界形象的改善等。有些不可确定的收益只能大概估计或进行极值估计(按最好和最差情况估计)。

6.3 收益与投资比

求出整个系统生命期的收益与投资的比值。

6.4 投资回收周期

求出收益的累计数开始超过支出的累计数的时间。

6.5 敏感性分析

敏感性分析是指一些关键性因素如系统生命期长度、系统的工作负荷量、工作负荷的类型与这些不同类型之间的合理搭配、处理速度要求、设备和软件的配置等变化时,对开支和收益的影响最灵敏的范围的估计。在敏感性分析的基础上做出的选择当然会比单一选择的结果要好一些。

7　社会因素方面的可行性

本章用来说明对社会因素方面的可行性分析的结果,包括:

7.1 法律方面的可行性

法律方面的可行性问题很多,如合同责任、侵犯专利权、侵犯版权等方面的陷阱,软件人员通常是不熟悉的,有可能陷入,务必要注意研究。

7.2 使用方面的可行性

例如,从用户单位的行政管理、工作制度等方面来看,是否能够使用该软件系统;从用户单位的工作人员的素质来看,是否能满足使用该软件系统的要求等,都是要考虑的。

8 结论

在进行可行性研究报告的编制时,必须有一个研究的结论。结论可以是:

A. 可以立即开始进行;

B. 需要推迟到某些条件(如资金、人力、设备等)落实之后才能开始进行;

C. 需要对开发目标进行某些修改之后才能开始进行;

D. 不能进行或不必进行(如因技术不成熟、经济上不合算等)。

研究人员在撰写可行性报告后,经过可行性研究,对于值得开发的项目,就要制定软件开发计划,写出软件开发计划书。

【第2章网址】

第3章　需求分析

【本章简介】

本章主要介绍需求分析的任务和步骤、需求分析方法和需求分析规格说明,并在结构化分析方法中详细介绍各种方法的使用场景。通过本章学习,读者可以学习到软件工程中对软件需求的分析要求。

【知识导图】

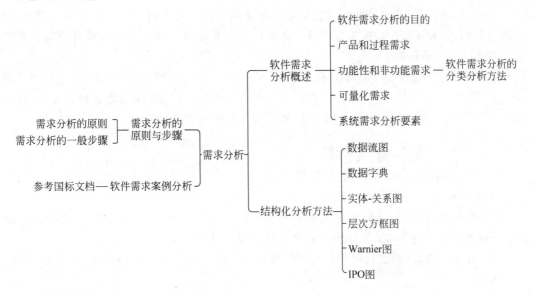

【学习目标】

- 了解软件需求的定义和要求。
- 掌握软件需求分析的步骤。
- 掌握结构化分析的方法。
- 能够依照国标文档,结合需求案例分析,了解并掌握撰写需求报告的能力。

 趣味小知识

纳米机器人的设计与制造,与我们普遍认知的"机器人"大不相同。现今的机器人研发方向多以模仿人类的行为为主,也就是所谓的人型机器人,以精密的机械结构来执行双脚走路,并且能对周遭环境变化做出立即且适当的反应,而这些动作须要有强大的侦测感知装置及高度协调的神经网络作后盾。

3.1 软件需求分析概述

3.1.1 软件需求分析的目的

软件需求分析是软件生存周期中重要的一步,也是最关键的一步。只有通过软件需求分析,才能把软件的功能和性能的总体概念描述为具体的软件需求规格说明,进而建立软件开发的基础。

软件需求分析的目的是解决现实世界的问题,这也是它最基本的特点。因此,软件需求分析是用来解决某个具体问题的。举个例子,使用某款软件的用户可能在使用途中遇到一些问题,例如,公司或组织里的业务流程问题,或者控制某种设备等问题。而在实际中改正软件中存在的缺点、完善用户的功能、理清业务流程、纠正设备等都是非常复杂的。因此,软件需求分析是一个非常重要且复杂的流程,这些需求可能来自一个组织中不同层次的人。另外,在做需求分析时还要考虑软件的运行环境。

软件需求的一个重要特性就是它们是可验证的。验证某个软件的需求非常困难,代价很大。例如,开发呼叫中心模拟软件就必须验证吞吐量需求。软件需求和软件质检人员必须保证软件是可验证的。

需求除了表现出来的行为属性外,还有其他属性。常见的例子包括优先级,它使得资源有限的情况下保证开发的正常进行,使项目进展能被监测。一般的软件需求应该非常明确,以便于判断是否符合软件的要求,方便软件开发周期中的管理。

3.1.2 软件需求分析要素

1. 软件需求分析涉及的内容与要素

软件需求分析涉及的内容与要素较多,主要包括以下四方面。

(1) 在功能方面,需求包括系统要做什么;相对于原系统,目标系统需要进行哪些修改;目标用户有哪些;以及不同用户需要通过系统完成何种操作等。

(2) 在性能方面,需求包括用户对于系统执行速度、响应时间、吞吐量和并发度等指标的要求。

(3) 在运行环境方面,需求包括目标系统对于网络设置、硬件设置、温度和湿度等周围环境的要求,以及操作系统、数据库和浏览器等软件配置的要求。

(4) 在界面方面,需求涉及数据的输入/输出格式的限制及方式、数据的存储介质和显示器的分辨率要求等问题。

2. 软件需求分析的分类分析方法

软件需求分析可以采用下面的分类分析方法。

(1) 产品和过程需求。

产品参数和过程参数有明显的区别。产品参数是待开发软件的要求,例如,软件可以验证一个学生在选一门课之前是否满足选课条件。过程参数本质上是对软件开发的一个限制,例如,要求一个软件使用 Ada 语言编写。这有时被称为过程需求,许多软件都暗含过程需求,验证技术的选择就是一个典型的例子;另一个例子是使用严谨的分析方法(如形式验证方法),它可以用来减少导致低可靠性的错误。过程需求可能是直接由开发组织、客户或者第三方(如安全管理者)提出的。

(2) 功能性和非功能性需求。

功能需求用来描述系统应该做什么,即为用户和其他系统完成的功能、提供的服务。例如,客户登录、邮箱网站的收发邮件、论坛网站的发帖留言等。

非功能性需求是指必须遵循的标准:外部界面的细节、实现的约束条件、质量属性等。非功能需求限定了选择解决问题方案的范围,如运行平台、实现技术、编程语言和工具等。

这些需求的例子如下。

① 硬件、软件和将遵照的通信接口。

② 必须服从公司标准的用户界面。

③ 将被坚持的报告格式。

④ 过程限制,如 ISO 9000 等。

⑤ 基础设施造成的硬件限制。

(3) 量化需求。

应该尽可能清楚地陈述软件需求,避免主观判断的、含糊的及不能验证的软件需求。例如,“呼叫中心的软件要求增加吞吐量、减少错误可能性”,这个需求可量化为“呼叫中心的软件必须增加 20% 的吞吐量,在任何营业时间出现一个致命错误的可能性应低于 1×10^{-8}”等。不管是功能性需求还是非功能性需求,都应该如此,而不能简单地陈述为“软件应该是可靠的,软件应该是用户友好的”这种形式。

3.1.3 系统需求分析要素

系统意味着为了完成某一目标而相互作用的元素的组合。这些元素包括硬件、软件、固件、人、信息、技术、设施、服务和其他系统工程、国际委员会定义的元素。

在一个包含软件组件的系统中,软件需求来源于系统需求。在有些文献中也称系统需求为用户需求。系统需求包括用户需求、其他投资者的需求(如认证机构)和无法确定的人力资源的需求。

需求分析的任务不是确定系统如何完成工作,而是确定系统必须完成哪些工作,也就是对目标系统提出完整、准确、清晰、具体的要求。

(1) 确定目标系统的具体要求。需求分析阶段要确定目标系统的具体要求。

① 确定系统的运行环境要求。系统运行时的硬件环境要求,如外存储器种类、数据输入方式、数据通信接口等;软件环境要求,如操作系统、汉字系统、数据库管理系统等。

② 确定系统性能要求。如系统所需要的存储容量、安全性、可靠性、期望的响应时间(即从终端输入数据到系统后,系统在多长时间内可以有反应并输出结果,这对于实时系统来讲是关系到系统能够被用户接受的重要因素)等。

③ 确定系统功能要求。确定目标系统必须具备的所有功能、系统功能的限制条件和设计约束。

④ 确定接口需求。接口需求描述系统与其环境通信的格式。常见的接口需求有用户接口需求、硬件接口需求、软件接口需求、通信接口需求等。

(2) 建立目标系统的逻辑模型。需求分析实际上就是建立系统模型的活动。

模型是为了理解事物而对事物做出一种抽象、无歧义的书面描述。模型由一组图形符号和组成图形的规则组成。建模的基本目标如下。

① 描述用户需求。

② 为软件的设计奠定基础。

③ 定义一组需求,用以验收软件产品。

模型分为数据模型、功能模型和行为模型。为了理解和表示问题的信息域,建立数据模型;为了定义软件的功能,建立功能模型;为了表示软件的行为,建立行为模型。在分析过程中,可用层次的方式来细分这三个模型,以得出软件实现的具体细节。

3.2 需求分析的原则与步骤

3.2.1 需求分析的原则

需求分析的原则如下。

(1) 必须能表达和理解问题的数据域和功能域。其中,数据域包括数据流、数据内容和数据结构。

(2) 自顶向下逐层分解问题。

(3) 要给出系统的逻辑视图和物理视图。

(4) 逻辑视图给出软件要达到的功能和要处理数据之间的关系,而不是实现的细节。

(5) 物理视图给出处理功能和数据结构的实际表示形式。

3.2.2 需求分析的一般步骤

遵循科学的需求分析步骤可以使需求分析工作更高效,其一般步骤如图 3-1 所示。

图 3-1 需求分析的一般步骤

(1) 获取需求,识别问题。

用户需求分析是软件研发的基石。它是一项复杂而繁琐的工作,需要有经验的需求分析人员从多个角度(如系统功能、系统性能、运行环境、用户习惯、数据隐私等)进行问题分析甚至还可能需要帮助用户一起去优化业务流程。为此,需求分析人员需要通过多种调研分析方法(如问卷调查、访谈、实地操作、原型系统模拟等)来理解当前系统的业务模型和用户对于新系统的期望。

① 问卷调查法:通过开展调查问卷的形式来帮助开发人员理解用户的需求。

根据用户填写的调查问卷的结果分析,需求分析人员可帮助开发人员直接理解用户对于目标系统的需求。这种方法对于调查问卷的设计思路要求很高,需求分析人员可以设计主观和客观两类问卷题目。对于主观类的问卷试题,需求分析人员应当允许用户自由想象,激发用户的思维,使他们能够充分阐述自己对于理想系统的需求;对于客观类的问卷试题,需求分析人员可以预先设定答案,并结合设定的答案与用户的答案进行对比分析。

② 访谈：通过与能够代表用户群体的用户代表单独联络，帮助开发人员直接获取需求。

为了充分利用访谈的价值，在进行访谈之前，需求分析人员需要预先列出访谈的问题列表，以此来推动访谈的进行。预先列出的问题也具有一些要求，这些问题不能过于尖锐，让用户代表不舒服；也不能不具代表性，让访谈失去价值。在访谈结束之后，开发人员可以让用户自由提问，以此来进一步挖掘用户的需求。

③ 实地操作：开发人员从目标用户的视角来体验现有系统，以此更好地了解用户需求。

开发人员可以亲身投入到产品的体验，从用户的视角来感受现有系统。通过这种实地操作的方式，开发人员能够直观地感受到目标系统的优点与缺点，以及新系统应该解决的问题。

④ 原型系统模拟：面对用户对自身需求不够清晰的情况，开发人员可以建立原型系统，来帮助挖掘用户需求。

原型系统即目标系统的一个可操作的模型，在初步获取用户需求后，开发人员会按照这些需求开发出一个原型系统。在开发完毕后，开发人员可以再次找到相关用户，对其开放体验原型系统，如此便可及时获取用户的意见，这套流程如图 3-2 所示。

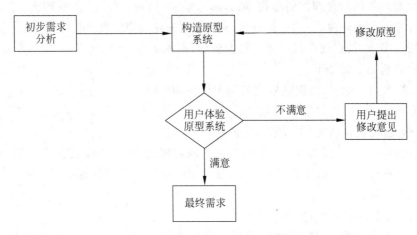

图 3-2 通过原型系统获取需求

（2）分析需求，建立目标系统的逻辑模型。

在明确了用户的需求之后，开发人员对这些需求进行汇总和分析，并从高层建立目标系统的逻辑模型。逻辑模型由一组符号和组织这些符号的规则组成，是对事物高层次的抽象。一般来说，逻辑模型图可以分为数据流图、E-R 图、用例图和状态转换图等，不同的模型之间功能也不同。开发人员通过建立目标系统的逻辑模型，不仅可以重新思考该系统的逻辑过程，还能够进一步认识该系统。

（3）将需求文档化。

获得需求后需求分析人员经过汇总和分析，还需要将这些需求描述出来，以书面的形式更直观地展示需求。

一般来说,对于大型复杂的目标系统,需求分析阶段会输出三个文档:系统定义文档(用户需求报告)、系统需求文档(系统需求规格说明书)和软件需求文档(软件需求规格说明书);对于一些简单的目标系统,需求阶段只需要输出软件需求文档(即软件需求规格说明书)即可。这些输出的文档需要清晰、准确和无歧义,因为这些文档是后续软件设计和软件测试的重要依据。

(4) 需求验证。

需求验证即验证需求阶段的分析成果,需要对需求文档化的书面结果进行验证和分析。该过程是需求分析的最后一步,因此开发人员需要重点检查之前的需求分析是否正确、是否合规、是否完整以及是否有效。需求验证之后,方可继续后续的开发工作。同时,需求评审也是在这个阶段进行的。

视频讲解

3.3　结构化分析方法

结构化分析方法是强调开发方法的结构合理性以及所开发软件的结构合理性的软件开发方法。

结构是指系统内各个组成要素之间的相互联系、相互作用的框架。结构化分析方法提出了一组提高软件结构合理性的准则,如分解与抽象、模块独立性、信息隐蔽等。针对软件生存周期各个不同的阶段,有结构化分析(SA)和结构化程序设计(SP)等方法。它一般利用图形表达用户需求,使用的手段主要有数据流图、数据字典、结构化语言、判定表以及判定树等。结构化分析的步骤如下。

(1) 分析当前的情况,做出映应当前物理模型的 DFD。

(2) 推导出等价的逻辑模型的 DFD。

(3) 设计新的逻辑系统,生成数据字典和基元描述。

(4) 建立人机接口,提出可供选择的目标系统物理模型的 DFD。

(5) 确定各种方案的成本和风险等级,据此对各种方案进行分析。

(6) 选择一种方案。

(7) 建立完整的需求规约。

本节关于各种结构化分析方法绘图所使用的软件为 ProcessOn。ProcessOn 隶属于北京大麦地信息技术有限公司,是一款专业在线作图工具和分享社区。它支持流程图、思维导图、原型图、网络拓扑图和 UML 等多种类型图的绘制。

3.3.1　数据流图

1. 数据流图的概念

视频讲解

数据流图(Data Flow Diagram,DFD)从数据传递和加工角度,以图形方式来表达系统的逻辑功能、数据在系统内部的逻辑流向和逻辑变换过程,是结构化分析方法的主要表达工具及用于表示软件模型的一种图示方法。

数据流图是结构化分析方法中使用的工具,它以图形的方式描绘数据在系统中流动和处理的过程。由于它只反映系统必须完成的逻辑功能,所以它是一种功能模型。在结构化分析方法中,数据流图是需求分析阶段产生的结果。数据流图从数据传递和加工的角度,以图形的方式刻画数据流从输入到输出的移动变换过程。

2. 数据流程图中的主要元素

(1) →：数据流。数据流是数据在系统内传播的路径,由一组成分固定的数据组成。如订票单由旅客姓名、年龄、单位、身份证号、日期、目的地等数据项组成。由于数据流是流动中的数据,所以必须有流向,除了与数据存储之间的数据流不用命名外,数据流应该用名词或名词短语命名。

(2) □：数据源或宿("宿"表示数据的终点),代表系统之外的实体,可以是人、物或其他软件系统。

(3) ○：对数据的加工(处理)。加工是对数据进行处理的单元,它接收一定的数据输入,对其进行处理,并产生输出。

(4) ＝：数据存储。表示信息的静态存储,可以代表文件、文件的一部分、数据库的元素等。

3. 在单张数据流图时,必须注意遵循原则

(1) 一个加工的输出数据流不应与输入数据流同名,即使它们的组成成分相同。

(2) 保持数据守恒。也就是说,一个加工所有输出数据流中的数据必须能从该加工的输入数据流中直接获得,或者说是通过该加工能产生的数据获得。

(3) 每个加工必须既有输入数据流,又有输出数据流。

(4) 所有的数据流必须以一个外部实体开始,并以一个外部实体结束。

(5) 外部实体之间不应该存在数据流。

4. "销售管理系统"案例

下面将结合"销售管理系统"案例按步骤分层作图。

(1) 画出系统的输入/输出,即先画顶层数据流图。

顶层流图只包含一个加工,用以表示被开发的系统,然后考虑该系统有哪些输入数据流、输出数据流,其作用是表明被开发系统的范围以及它和周围环境的数据交换关系。图 3-3 所示为"销售管理系统"的顶层图。

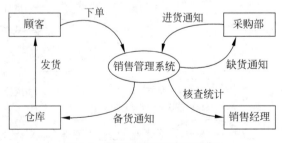

图 3-3 "销售管理系统"顶层图

(2) 画出系统内部,即画下层数据流图。

不再分解的加工称为基本加工。一般将层号从 0 开始编号,采用自顶向下、由外向内的原则。画 0 层数据流图时,分解顶层流图的系统为若干子系统,决定每个子系统间的数据接口和活动关系。

可以用下述方法来确定加工。

第 3 章

需求分析

56

① 在数据流的组成或值发生变化的地方应该画出一个加工图形,用以表示这一变化过程,也可以根据系统的功能决定加工图。

② 确定数据流的方法:用户把若干数据当作一个单位来处理(这些数据一起到达、一起处理)时,可以把这些数据看成一个数据流。

③ 关于数据存储:对于一些以后某个时间要使用的数据,可以组织成为一个数据存储来表示。

图 3-4 所示即为"销售管理系统"的 0 层图。

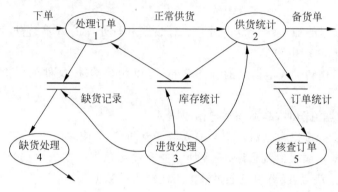

图 3-4 "销售管理系统"0 层图

(3) 画出加工的内部。

把每个加工看作一个小系统,把加工的输入/输出数据流看成小系统的输入/输出流。于是可以像画 0 层图一样画出每个小系统的加工的数据流图。

(4) 画子加工的分解图。

对第(3)步分解出来的数据流图中的每个加工,重复第(3)步的分解过程,直到图中尚未分解的加工都是足够简单的(即不可再分解)。至此,得到一套"销售管理系统"分层数据流图(1 层图),分别如图 3-5(a)~图 3-5(d)所示。

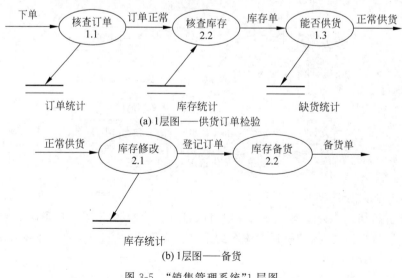

图 3-5 "销售管理系统"1 层图

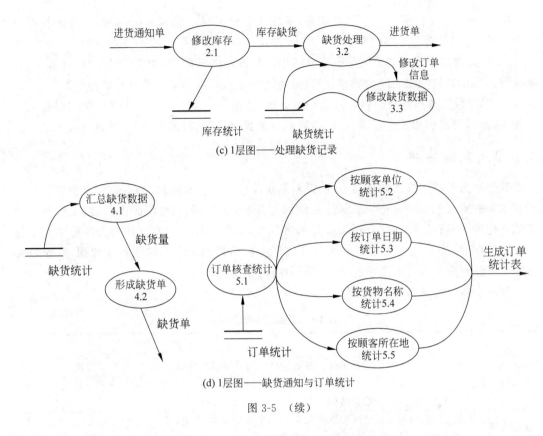

(c) 1层图——处理缺货记录

(d) 1层图——缺货通知与订单统计

图 3-5 （续）

（5）对数据流图和加工编号。

对于一个软件系统,其数据流图可能有许多层,每层又有许多张图。为了区分不同的加工和不同的数据流图子图,应该对每张图进行编号,以便于管理。

① 顶层图只有一张,图中的加工也只有一个,所以不必为其编号。

② 0 层图只有一张,图中的加工号分别是 0,1.0 或者 2.0…。

③ 子图就是父图中被分解的加工号。

④ 子图中的加工号由图号、圆点和序号组成,如 1.12、1.3 等。

（6）注意事项。

① 命名。不论是数据流、数据存储还是加工,恰当的命名都可以使人们易于理解其含义。

② 画数据流而不是控制流。数据流反映系统"做什么",不反映"如何做",因此,箭头上的数据流名称只能是名词或名词短语,整个图中不反映加工的执行顺序。

③ 一般不画物质流。数据流反映能用计算机处理的数据,并不是实物,反映出此加工数据的来源与加工的结果。

④ 每个加工至少有一个输入数据流和一个输出数据流,反映出此加工数据的来源与加工的结果。

⑤ 编号。如果一张数据流图中的某个加工分解成另一张数据流图时,则上层图为父图,直接下层图为子图。子图及其所有的加工都应编号。

⑥ 父图与子图的平衡。子图的输入/输出数据流同父图相应加工的输入/输出数据流必须一致,此即父图与子图的平衡。

⑦ 局部数据存储。如果某层数据流图中的数据存储不是父图中相应加工的外部接口,而只是本图中某些加工之间的数据接口,则称这些数据存储为局部数据存储。

⑧ 提高数据流图的易懂性。注意合理分解,要把一个加工分解成几个功能相对独立的子加工,这样可减少加工之间输入/输出数据流的数目,增加数据流图的可理解性。

3.3.2 数据字典

数据字典是描述数据信息的集合,是对系统中使用的所有数据元素/数据流图中包含的所有元素的定义的集合;是为了描述在结构化分析过程中定义对象的内容时,使用的一种半形式化的工具;是在软件分析和设计的过程中,给程序设计与实现相关人员提供关于数据描述信息的方法。通过数据字典可以查询任何在项目中无法理解的各种数据,从而最大程度地消除开发人员或不同开发小组之间的歧义和交流不畅问题。

数据字典的组成如表 3-1 所示。

表 3-1 数据字典的组成

组 成	说 明
数据项	数据项是不可再分的数据单位。对数据项的描述通常包括以下内容:数据项描述={数据项名,含义说明,别名,数据类型,长度,取值范围,取值含义,与其他数据项的逻辑关系},若干数据项可以组成一个数据结构
数据结构	数据结构反映了数据之间的组合关系。一个数据结构可以由若干数据项组成,也可以由若干数据结构组成,或由若干数据项和数据结构混合组成
数据流	数据流是数据结构在系统内传输的路径。对数据流的描述通常包括以下内容:数据流描述={数据流名,含义说明,数据流来源,数据流去向,组成:{数据结构},平均流量,高峰期流量}
数据存储	数据存储是数据结构停留或保存的地方,也是数据流的来源和去向。对数据存储的描述通常包括以下内容:数据存储描述={数据存储名,含义说明,编号,流入的数据流,流出的数据流组成:{数据结构},数据量,存取方式}
处理过程	数据字典中只需要描述处理过程的说明性信息,通常包括以下内容:处理过程描述={处理过程名,含义说明,输入:{数据流},输出:{数据流},处理:{简要说明}

3.3.3 实体-关系图

1. 实体-关系图概念

实体-关系图(Entity-Relationship Diagram,E-R 图)是指提供了表示实体、属性和关系的方法,用来描述现实世界的概念模型。E-R 方法是实体-关系方法(Entity-Relationship Approach)的简称,是描述现实世界概念结构模型的有效方法。

通常使用 E-R 图来建立数据模型,可把用 E-R 图描绘的数据模型称为 E-R 模型。E-R 图中包含实体(即数据对象)、关系和属性 3 种基本成分,通常用矩形框代表实体,用连接相关实体的菱形框表示关系,用椭圆形或圆角矩形表示实体(或关系)的属性,并用直线把实体(或关系)与其属性连接起来。

人们通常就是用实体、关系和属性这三个概念来理解现实问题的,因此,E-R 模型比较接近人的习惯思维方式。此外,E-R 模型使用简单的图形符号表达系统分析员对问题域的理解,不熟悉计算机技术的用户也能理解它,因此,E-R 模型可以作为用户与分析员之间有效的交流工具。

(1) 实体(Entity)。

具有相同属性的实体具有相同的特征和性质,用实体名及其属性名集合来抽象和刻画同类实体;在 E-R 图中用矩形表示,矩形框内写明实体名,如学生张三丰、学生李寻欢都是实体。如果是弱实体的话,在矩形外面再套实线矩形。

(2) 属性(Attribute)。

实体所具有的某一特性,一个实体可由若干属性来刻画。在 E-R 图中用椭圆形表示,并用无向边将其与相应的实体连接起来,如学生的姓名、学号、性别都是属性。如果是多值属性的话,在椭圆形外面再套实线椭圆。如果是派生属性,则用虚线椭圆表示。

(3) 关系(Relationship)。

数据对象彼此之间相互连接的方式称为关系,也称为联系。联系可分为以下三种类型。

① 一对一联系(1∶1)。

例如,一个部门有一个经理,而每个经理只在一个部门任职,则部门与经理的联系是一对一的。

② 一对多联系(1∶N)。

例如,某校教师与课程之间存在一对多的联系"教",即每位教师可以教多门课程,但是每门课程只能由一位教师来教。

③ 多对多联系($M∶N$)。

例如,学生与课程间的联系("学")是多对多的,即一个学生可以学多门课程,而每门课程可以有多个学生来学。联系也可能有属性。例如,学生"学"某门课程所取得的成绩,既不是学生的属性,也不是课程的属性。由于"成绩"既依赖于某特定的学生又依赖于某门特定的课程,所以它是学生与课程之间的联系"学"的属性。

2. 案例:图书借阅管理系统

数据库要求提供以下服务。

(1) 可随时查询书库中现有书籍的品种、数量与存放位置。所有各类书籍均可由书号唯一标识。

(2) 可随时查询书籍借还情况,包括借书人单位、姓名、借书证号、借书日期和还书日期。

(3) 约定任何人可借多种书,任何一种书可为多个人所借,借书证号具有唯一性。

(4) 当需要时,可通过数据库中保存的出版社的电报编号、电话、邮编及地址等信息向相应出版社增购有关书籍。约定:一个出版社可出版多种书籍,同一本书仅为一个出版社出版,出版社名具有唯一性。

满足上述需求的 E-R 图如图 3-6 所示。

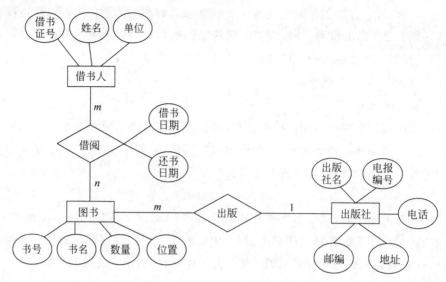

图 3-6　图书馆借书系统 E-R 图

转换为等价的关系模式结构如下。

借书人(借书证号,姓名,单位)

图书(书号,书名,数量,位置,出版社名)

出版社(出版社名,电报编号,电话,邮编,地址)

借阅(借书证号,书号,借书日期,还书日期)

3.3.4　层次方框图

层次方框图是一种用多层次的矩形树状结构描述数据的层次结构。树状结构的顶层是一个单独的矩形框,它代表完整的数据结构,下面的各层矩形框代表这个数据的子集,最底层的各个框代表组成这个数据的实际数据元素。

例如,某计算机公司全部产品的数据结构如图 3-7 所示。这家公司的产品由硬件、软件和服务三类产品组成,硬件产品分为处理机、存储器和外围设置,软件产品分为系统软件和应用软件,服务产品分为软件服务、硬件维修和培训等。

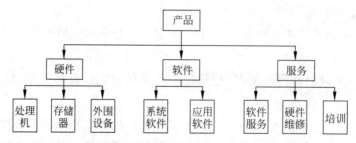

图 3-7　计算机公司产品的数据结构

随着结构的精细化,层次方框图对数据结构也描述得越来越详细,这种模式非常适合需求分析阶段的需要。系统分析员从对顶层信息的分类开始,沿图中每条路径反复细化,直到确定数据结构的全部细节为止。

3.3.5 Warnier 图

Warnier 图的作用和层次方框图的作用基本相同，也用树状结构来描绘数据结构。只不过 Warnier 图的描述手段更多，它还能指出某一类数据或某一数据元素重复出现的次数，并能指明某一特定数据在某一类数据中是否是有条件的出现。在进行软件设计时，从 Warnier 图入手，能够很容易转换成软件的设计描述。

图 3-8 是用 Warnier 图描绘软件产品的例子，并说明了这种图形工具的用法。图中的花括号用来区分数据结构的层次，在一个花括号中的所有名字都属于同一类信息。例如，操作系统、编译程序和软件工具都在系统软件花括号中，都属于系统软件类，而编辑程序、测试驱动程序和设计辅助工具都在软件工具花括号中，都属于软件工具类；异或信息表明一类信息或者一个数据元素在一定条件下才出现，而且在这个符号上、下方的两个名字所代表的数据只能出现一个。例如，一个软件产品可以是系统软件或应用软件，不可能既是系统软件又是应用软件；在一个名字下面（或右边）的括号中的数字（P1、P2、P3、P4 和 P5）表明了这个名字所代表的信息类（或元素）在这个数据结构中出现的次数。

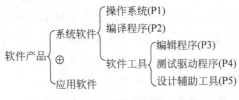

图 3-8　软件产品的 Warnier 图

3.3.6 IPO 图

IPO 图是输入加工输出（Input Process Output）图的简称。在系统的模块结构图形成过程中，产生了大量的模块，在进行详细设计时开发者应为每一个模块写一份说明。IPO 图就是用来说明每个模块的输入、输出数据和数据加工的重要工具。

IPO 图使用的基本符号少而简单，因此很容易掌握。它的基本形式是在左边的框中列出有关的输入数据，在中间的框中列出主要的处理，在右边的框中列出产生的输出数据。处理框中列出了处理的顺序，但是用这些基本符号还不足以精确描述执行处理的详细情况。图 3-9 是一个主文件更新的 IPO 图。

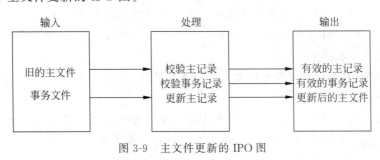

图 3-9　主文件更新的 IPO 图

3.4 实战案例——撰写酒店客房预订系统需求分析报告

案例解析

"酒店客房预订系统"项目的需求分析报告

1. 引言

(1) 编写目的。

在互联网高度普及的当下,传统酒店也升级为数字酒店、智慧酒店了。开发酒店客房预订系统,能够减少人工投入并提高酒店运营效率,让用户能够享受更实惠、更便捷的酒店服务。该系统软件要易学易用,便于管理。

(2) 项目背景。

随着互联网的高速发展和旅游业的逐渐壮大,酒店客房预订也需要逐渐数字化。原始的预订流程通常需要顾客事先查询酒店热线,然后打电话询问是否还有客房以及房费是多少。这种繁琐的流程不仅增加人力成本,还会因其机制的不透明让顾客对酒店的预订服务不满意。显然,酒店与顾客都需要简单而又方便的酒店客房预订系统。

该系统需要具备完整的客房查询、折扣、预订等功能。在这个系统中,顾客可以通过酒店查询功能,查询目的地的酒店信息以及该酒店的客房留存情况,顾客可以通过预订和支付功能来自由选择心仪的酒店和房间。

(3) 参考资料。

国家标准文档(详见本章附件)。

2. 任务概述

(1) 目标。

酒店客房预订系统的总目标:在移动终端普及的当下,开发一个具有开放的体系结构、易扩充且易维护、具有良好人机交互界面的酒店客房预订系统,帮助酒店提升自己的知名度并减少人力投入,也为顾客提供多样化的自由选择方案。

(2) 用户特点。

使用本系统的目标用户为酒店管理者和需要入住酒店的人员。该软件操作应简单易上手,界面舒适且简洁,对用户的教育水平和技术水平没有任何要求,只要会用移动终端便可。

(3) 假定和约束。

普通管理员,只能对数据库中的信息进行查询操作;系统维护人员,可以根据具体需要进行适当的数据管理(增、删、改、查)。

酒店营业人员可以商企提供者的身份在该系统中登记自己需要上报的酒店信息,在管理员对其营业执照等相关信息审核后,酒店信息便可供普通用户浏览并可接受预订。

普通用户在注册完自己的账户后,可在系统内查询目标地点附近的酒店。普通用户在进行身份认证以及平台绑定相关支付渠道后便可预订相关酒店。

3. 酒店客房预订系统业务描述

（1）系统业务流程图描述。

首先分析本系统总的业务流程图，如图 3-10 所示。酒店客房预订系统的主要业务为订房业务、到店入住登记业务和取消订房业务，其业务流程图分别如图 3-11～图 3-13 所示。

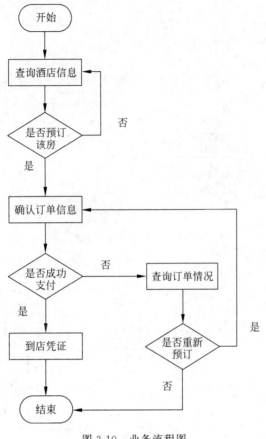

图 3-10　业务流程图

① 订房业务。用户在该系统中自由选择目标地点心仪的酒店和房间，系统用户端的前端界面会展示该类房间是否还有空余。

② 到店入住登记业务。根据支付成功获取的相应凭证，到店登记后即可办理入住手续。

③ 取消订房业务。顾客如果行程有变需要取消已经预订的房间，可在软件上申请退款，如果取消预订的时间未达入住时间，酒店可以免费为其取消，退还全部费用。如果预订时间已过入住时间，则酒店需要收取相应手续费，剩余钱款将退还用户。关于手续费的扣减，酒店方需要电话致电用户，经过对方许可才可以扣减。

（2）酒店客房预订系统的数据需求。

酒店客房预订系统的数据需求包括如下三点。

① 数据录入及处理的准确性和实时性。数据输入准确是数据处理的前提，开发人员在开发时要通过设置规则避免数据不规范，如手机号是 11 位数字，身份证号是 18 位等。数据

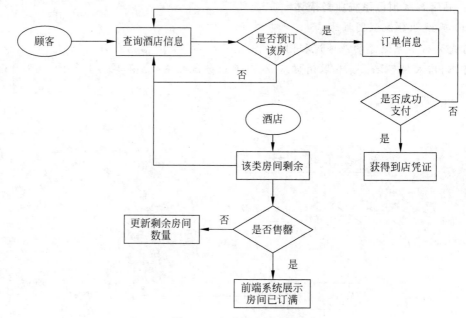

图 3-11 订房业务流程图

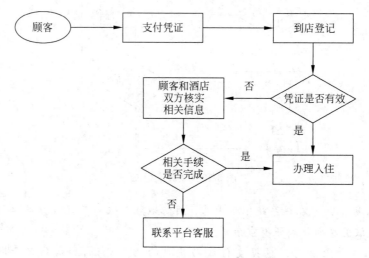

图 3-12 到店入住登记业务流程图

的实时性也需要开发人员来保证,要保证系统能够抗并发,能够承受流量大时的压力。

② 数据的一致性与完整性。系统的数据全部保存在本地或者云端的服务器中,开发人员在开发过程中需要对数据库一致性和完整性有着重考虑。对于输入的数据,要为其定义完整性规则,如果不符合完整性约束,系统应该拒绝该数据。

③ 数据的共享与独立性。整个酒店客房预订系统的数据是被相关使用者共享的。然而,从系统开发的角度来看,共享会给软件设计和软件调试带来困难。因此,应该提供灵活的软件配置,并可通过人工干预的手段进行系统数据的交换。这样,不仅能保障各子系统的独立运行,也能借此增强系统的健壮性。

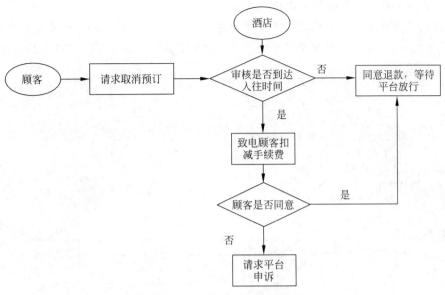

图 3-13　取消订房业务流程图

（3）酒店客房预订系统数据流图。

首先分析系统总的数据流图（如图 3-14 所示），接着本案例仅以系统中的酒店客房预订业务为例展开其数据流图，如图 3-15 所示。

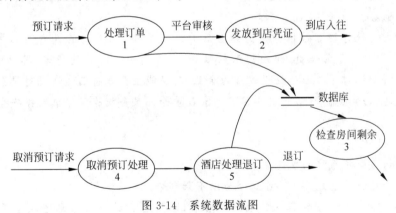

图 3-14　系统数据流图

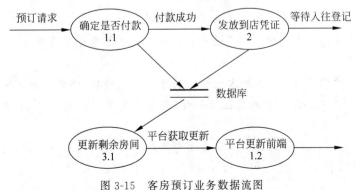

图 3-15　客房预订业务数据流图

需求分析

（4）酒店客房预订系统的逻辑模型。

系统的逻辑方案是指在对现行系统进行分析和优化的基础上,确定新系统的目标、信息流程、总体结构、功能模型以及拟采用的管理模型和信息处理方法等。酒店客房预订系统的逻辑模型如图 3-16 所示。

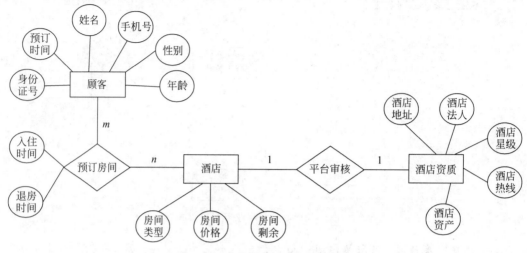

图 3-16　客房预订系统的逻辑模型

4. 酒店客房预订系统的功能要求

（1）功能划分。

根据开发前进行的可行性分析并结合客户所提需求,本系统的开发应该采用 B/S 架构。其中,客户端除了管理员,还应用做权限划分,普通用户作为消费者,其功能主要是浏览、查询、预订和退订等。酒店提供方作为企业,其功能主要是将酒店情况对接系统平台,如上传酒店客房信息、更新价格和更新客房剩余数量等。服务端除了保证数据安全、稳定和一致外,还需要监控和维护。

（2）功能描述。

下面分析各个子系统的功能需求。

客户端子系统的功能要求:可以分为以下六部分。

① 顾客信息的输入:顾客在登录该平台后,会将自己的个人信息填入主页,这部分也是每个系统的基础。

② 顾客信息的存储:将顾客的信息上传到数据库中。

③ 酒店信息的输入和存储:将通过平台资质审核的酒店信息存储在数据库中,方便平台展示酒店情况。

④ 酒店住房的信息传递:在顾客预订了酒店的客房以后,酒店在收到客户付款后就表示该类房间已预订,需要及时更新数据至平台,避免产生预订已满的现象,为其他顾客带来不便。

⑤ 顾客支付功能:平台作为第三方需要先收取顾客预订的房间费用,随后按照一定比例平台收取软件服务费,然后将剩下的费用转给客房提供者。

⑥ 客房退订服务:平台和酒店需要尊重消费者的选择,按照一定的规则为消费者办理

客房退订手续,并将钱款退回消费者。

服务器端的功能要求:通过开发工具和相关网络协定,一套系统的客户端和服务端应当满足实时性、一致性的要求。客户端的用户在前台的一切操作形成的数据,后台服务器的数据库都需要准确记录。

5. 酒店客房预订系统的性能要求

为了保证系统能够持续、安全、稳定、健壮、高效地运行,酒店客房预订系统的性能要求需要满足以下几点。

(1) 系统处理的准确性和及时性。

系统处理的准确性和及时性是系统运行的基石。开发人员在开发系统时就应当考虑将来该系统投入使用时所面临的问题,如并发过大、请求过多和数据库攻击等。开发人员需要具备软件开发经验和过硬的技术,以避免上述问题的产生。

(2) 系统的开放性和系统的可扩充性。

酒店客房预订系统在开发过程中,应该充分考虑以后的可扩充性。开发人员需要具备扎实的设计模式功底,帮助代码实现低耦合和易扩展。

(3) 系统的易用性和易维护性

酒店客房预订系统是直接面向目标用户的,因此开发人员对于每个功能接口的把握要以普通人的视角来审视,不应将功能设计得晦涩难懂,此外,前端的 UI 页面也需要考虑如何将系统设计为用户友好型和用户美观型。

酒店预订系统中涉及的数据是商业机密,系统要提供方便的手段供系统维护人员进行数据的备份、日常的安全管理、系统意外崩溃时数据的恢复等工作。

(4) 系统的标准性。

系统在设计开发和使用过程中涉及很多计算机硬件、软件,所有这些都要符合主流国际、国家和行业标准。例如,在开发中使用的操作系统、网络系统、开发工具都必须符合通用标准。如规范的数据库操纵界面,作为业界标准的 TCP/IP 网络协议及 ISO9002 标准所要求的质量规范等。同时,在自主开发本系统时,要进行良好的设计工作,制订行之有效的软件工程规范,保证代码的易读性、可操作性和可移植性。

(5) 系统的先进性。

目前市面上主流的开发方式有很多,开发人员需要保证系统在以后的某个时期依然具有一定的先进性。这就要求产品经理对市面信息保持敏锐,以及产品经理和开发团队的有效对接。只有保证系统具备先进性,企业和用户才会信赖这款软件。

(6) 系统的响应速度。

一般要求酒店客房预订系统在日常应用中的响应速度为秒级,这就需要开发人员在开发的过程中对应用相应做出要求。此外,酒店客房预订系统还需配备一套监控网页,以此为流量预警、服务熔断等做出及时响应。

6. 酒店客房预订系统的运行要求

酒店客房预订系统中的各个子系统的硬件和软件的配置如下。

(1) 服务器端子系统的运行要求。

系统软件:Linux、Windoos。

数据库管理系统:MySQL 5.7 及以上版本。

硬件要求：Intel Pentium IV 2GHz 及以上，2GB RAM，25GB 以上空闲空间。

（2）客户端子系统的运行要求。

• 普通用户客户端的运行要求。

系统软件：IOS、鸿蒙、安卓。

数据库管理系统：MySQL 5.7 及以上版本。

硬件要求：6GB 以上运行内存。

• 企业客户端的运行要求。

系统软件：Windows 8 及以上版本。

数据库管理系统：MySQL 5.7 及以上版本。

硬件要求：Intel Pentium IV 2GHz 及以上，2GB RAM，25GB 以上空闲空间。

 **本章小结**

本章首先介绍了需求分析的概念，将需求分析拆分为分析用户需求、建立需求原型、分析系统需求和进行需求验证等；接着，详细介绍了结构化分析建模，所谓建模，就是对问题所做的一种符号抽象，并对各个方法的图做了细致介绍；最后，以一个案例实战来帮助读者巩固知识。

知识拓展

需求分析师，是一个类似于技术翻译的工作。需求分析师们将公司业务部门所给予的客户需求进行业务规则、业务范围、业务流程等方面的技术分析后，把这些需求输出成开发工程师看得懂的语言，如常见的 UML，需求规格说明书等。然后在遵守这些基本项目流程要求的基础上，将需求通过软件工程师来得以实现，满足客户的需求。

 **体息一会儿**

人工神经网络是一种应用类似于大脑神经突触连接的结构进行信息处理的数学模型。在工程与学术界也常直接简称为神经网络或类神经网络。神经网络是一种运算模型，由大量的结点（或称神经元）和结点之间的相互连接构成。每个结点代表一种特定的输出函数，称为激励函数（Activation Function）。每两个结点间的连接都代表一个对于通过该连接信号的加权值，称之为权重，这相当于人工神经网络的记忆。网络的输出则依网络的连接方式、权重值和激励函数的不同而不同。而网络自身通常都是对自然界某种算法或者函数的逼近，也可能是对一种逻辑策略的表达。

它的构筑理念是受到生物（人或其他动物）神经网络功能的运作启发而产生的。人工神经网络通常是通过一个基于数学统计学类型的学习方法（Learning Method）得以优化，所以人工神经网络也是数学统计学方法的一种实际应用，通过统计学的标准数学方法能够得到大量的可以用函数来表达的局部结构空间。另一方面，在人工智能学的人工感知领域，通过数学统计学的应用可以来做人工感知方面的决定问题（也就是说，通过统计学的方法，人工神经网络能够类似人一样具有简单的决定能力和简单的判断能力),这种方法比起正式的逻辑学推理演算更具有优势。

【本章附件】

以下为国标(GB/T 8567—2006)所规定的软件需求说明书内容要求。

软件需求说明书

1 引言

1.1 编写目的

说明编写这份软件需求说明书的目的,指出预期的读者。

1.2 背景

说明:

a. 待开发的软件系统的名称。

b. 本项目的任务开发者。

c. 系统还使用 XX 提供的 XX 数据。

1.3 定义

列出本文件中用到的专门术语的定义和外文首字母组词的原词组。

1.4 参考资料

列出用得着的参考资料,如:

a. 本项目的经核准的计划任务书或合同、上级机关的批文;

b. 属于本项目的其他已发表的文件;

c. 本文件中各处引用的文件、资料,包括所需用到的软件开发标准。

列出这些文件资料的标题、文件编号、发表日期和出版单位,说明能够得到这些文件资料的来源。

2 任务概述

2.1 目标

本系统的开发意图、应用目标、作用范围以及其他应向读者说明的有关该软件开发的背景材料。解释被开发软件与其他有关软件之间的关系。如果本软件产品是一项独立的软件,而且全部内容自含,则说明这一点。如果所定义的产品是一个更大的系统的一个组成部分,则应说明本产品与该系统中其他各组成部分之间的关系,为此可使用一张方框图来说明该系统的组成和本产品同其他各部分的联系和接口。

2.2 用户的特点

列出本软件的最终用户的特点,充分说明操作人员、维护人员的教育水平和技术专长,以及本软件的预期使用频度。这些是软件设计工作的重要约束。

2.3 假定和约束

列出进行本软件开发工作的假定和约束,例如经费限制、开发期限等。

3 需求规定

3.1 对功能的规定

用列表的方式(例如 IPO 表即输入、处理、输出表的形式),逐项定量和定性地叙述对软件所提出的功能要求,说明输入什么量、经怎样的处理、得到什么输出,说明软件应支持的终

69

第3章

需求分析

端数和应支持的并行操作的用户数。

3.2 对性能的规定

3.2.1 精度

说明对该软件的输入/输出数据精度的要求,可能包括传输过程中的精度。

3.2.2 时间特性要求

说明对于该软件的时间特性要求,如:

a. 响应时间、更新处理时间的要求;

b. 数据的转换和传送时间的要求;

c. 解题时间的要求等。

3.2.3 灵活性

说明对该软件的灵活性的要求,即当需求发生某些变化时,该软件对这些变化的适应能力,并对于为了提供这些灵活性而专门设计的部分应该加以标明。如:

a. 运行环境及操作方式上的变化;

b. 精度和有效时限的变化;

c. 同其他软件的接口的变化;

d. 计划的变化或改进。

3.3 输入/输出要求

解释各输入/输出数据类型,并逐项说明其媒体、格式、数值范围、精度等。对软件的数据输出及必须标明的控制输出量进行解释并举例,包括对硬拷贝报告(正常结果输出、状态输出及异常输出)以及图形或显示报告的描述。

3.4 数据管理能力要求

说明需要管理的文卷和记录的个数、表和文卷的大小规模,要按可预见的增长对数据及其分量的存储要求做出估算。

3.5 故障处理要求

列出可能的软件、硬件故障以及对各项性能而言所产生的后果和对故障处理的要求。

3.6 其他专门要求

如用户单位对安全保密的要求,对使用方便的要求,对可维护性、可补充性、易读性、可靠性、运行环境可转换性的特殊要求等。

4 运行环境规定

4.1 设备

列出运行该软件所需要的硬设备。说明其中的新型设备及其专门功能,包括:

a. 处理器型号及内存容量;

b. 外存容量、联机或脱机、媒体及其存储格式,设备的型号及数量;

c. 输入及输出设备的型号和数量,联机或脱机;

d. 数据通信设备的型号和数量;

e. 功能键及其他专用硬件。

4.2 支持软件

列出支持软件,包括要用到的操作系统、编译(或汇编)程序、测试支持软件等。

4.3　接口

说明该软件同其他软件之间的接口、数据通信协议等。

4.4　控制

说明控制该软件的方法和控制信号，并说明这些控制信号的来源。

【第 3 章网址】

第 3 章

需求分析

第4章 软件设计

【本章简介】

本章主要介绍了软件设计的相关概念、总体目标及主要工作内容；通过介绍面向对象的软件设计方法 UML，从而引出了 UML 的主要建模工具；作为实践，本章介绍了利用 Rational Rose 进行"在线选修课程管理系统"面向对象的设计案例。

【知识导图】

Rational Rose简介 ┐
Rose的下载与安装 ├─ 本章实践工具 ── Rational Rose ┐
Rose操作界面介绍 ┘   ├─ 软件设计 ┬ 软件设计概述 ┬ 软件设计相关概念
                                                                    │   ├ 软件设计的总体目标
                                                                    │   └ 软件设计的主要内容
本章实战案例 ── 在线选修课程管理系统设计 ┘   └ 面向对象软件设计方法 ┬ UML简介
                                                                       ── UML   └ UML的图

【学习目标】

- 理解软件设计的相关概念和总体目标。
- 理解软件设计的主要内容。
- 熟悉面向对象的软件设计方法——UML。
- 掌握 UML 建模工具的使用。
- 培养实践创新与创新能力，例如，利用 Rational Rose 实现面向对象设计。

 趣味小知识

作为世界最著名的两大 CASE 工具，Rational Rose 和 PowerDesigner 的名声可谓如雷贯耳。Rose 是当时全球最大的 CASE 工具提供商 Rational 的拳头产品，UML 就是由 Rational 公司的三位巨头 Booch、Rumbaugh 和 Jacobson 发明的，后来 Rational 被 IBM 公司收购。所以 Rose 可谓出身名门，嫁入豪族。而 PowerDesigner 也有一段有意思的历史，作者王晓昀是一位中国人，在法国 SDP 软件公司工作时，由于苦觅一个好用的 CASE 工具未果，干脆自己做了个 AMC＊Designor 出来，居然一炮打响，在法国卖得个"巴黎纸贵"，后来 SDP 被 Powersoft 公司收购，同年 Sybase 这只"大黄雀"又吃下了 Powersoft 这只"螳螂"，所以 PowerDesigner 也是惊艳出场，星光四射。由此可见，软件设计工具非常重要。

4.1　软件设计概述

4.1.1　软件设计相关概念

软件设计是从软件需求规格说明书出发,根据需求分析阶段确定的功能设计软件系统的整体结构、划分功能模块、确定每个模块的实现算法以及编写具体的代码,形成软件的具体设计方案。软件设计主要分为面向对象的软件设计、面向过程的软件设计和面向数据的软件设计 3 类,下面将对这 3 种软件设计做简要的介绍。

(1) 面向对象的软件设计。

当今最流行的软件设计方法是面向对象的软件设计。该方法提高了程序代码的可复用性、可扩展性和可维护性。使用面向对象的软件设计方法,缩短了软件的开发周期,降低了软件开发的成本。面向对象的软件设计方法使程序设计较为方便,也是软件开发发展的必然趋势。

(2) 面向过程的软件设计。

面向过程是一种以过程为中心的思想,即使是面向对象的方法也是含有面向过程的思想的,可以说面向过程是一种基础的方法,它考虑的是实际的实现,一般的面向过程是从上往下步步求精,所有面向过程最重要的是模块化思想方法。

(3) 面向数据的软件设计。

① 面向数据的软件设计就是根据问题的数据结构定义一组映射,即把问题的数据结构转换为问题解的程序结构。

② 面向数据的软件设计来源于程序的模块化和功能分解的概念。

③ 面向数据结构的软件设计则侧重于问题的数据结构,不强调模块定义。模块只是设计过程中的副产品,不强调模块的独立性,易于理解,也易于修改。

4.1.2　软件设计的总体目标

软件设计的目标是,获取能够满足软件需求的、明确的、可行的、高质量的软件解决方案。

(1) "明确"是指软件设计模型易于理解,软件构造者在设计方案的实现过程中,无须再面对影响软件功能和质量的技术抉择或权衡。

(2) "可行"是指在可用的技术平台和软件项目的可用资源条件下,采用预定的程序设计语言可以完整地实现该设计模型。

(3) "高质量"是指设计模型不仅要给出功能需求的实现方案,而且要使该方案适应非功能需求的约束。

4.1.3　软件设计的主要内容

一般说来,对于较大规模的软件项目,软件设计往往被分成两个阶段进行。首先是前期概要设计,用于确定软件系统的基本框架;然后是在概要设计基础上的后期详细设计,用于确定软件系统的内部实现细节。

(1) 概要设计。

概要设计也称总体设计,其基本目标是能够针对软件需求分析中提出的一系列软件问题,概要地回答问题如何解决。例如,软件系统将采用什么样的体系构架、需要创建哪些功能模块、模块之间的关系如何、数据结构如何、软件系统需要什么样的网络环境提供支持、需要采用什么类型的后台数据库等。应该说,软件概要设计是软件开发过程中的重要阶段。概要设计的基本过程如图 4-1 所示。

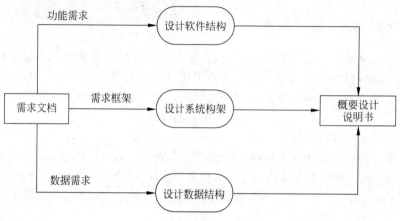

图 4-1　概要设计基本过程

（2）详细设计。

在详细设计阶段,各个模块可以分给不同的人去并行设计。设计者的工作对象是一个模块,根据概要设计赋予的局部任务和对外接口,设计并表达出模块的算法、流程、状态转换等内容。详细设计文档包括模块的流程图、状态图、局部变量及相应的文字说明等,如图 4-2 展示了软件功能结构图的详细设计示意。

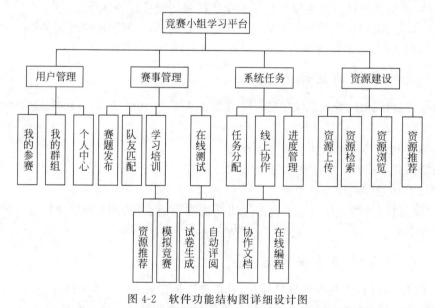

图 4-2　软件功能结构图详细设计图

4.2　面向对象的软件设计方法——UML

4.2.1　UML 简介

UML 是由面向对象方法领域的三位著名专家 Grady Booch,James Rumbaugh 和 Ivar

Jacobson 提出的,标志着面向对象建模方法进入了第三代。UML 具有如下特点。

（1）统一化(Unified)。UML 提取不同方法中的最佳建模技术,采用统一、标准化的表示方式。

（2）用于建模(Modelling)。UML 用于对现实应用和软件系统进行可视化描述,建立起这些系统的抽象模型。

（3）表示语言(Language)。UML 本质上就是一种建模语言,用于支持不同人员之间的交流。它提供了图形化的语言机制,包括语法、语义和语用,以及相应的规则、约束和扩展机制。

4.2.2 主要的 UML 图

UML 从考虑系统的不同角度出发,定义了用例图、类图、对象图、协作图、状态图、活动图、序列图、构件图、部署图 9 种图,如图 4-3 所示。UML 图分为用例视图、设计视图、进程视图、实现视图和拓扑视图。

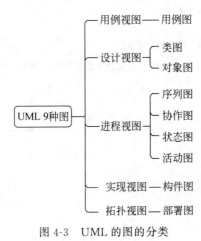

图 4-3　UML 的图的分类

UML 主要图的功能属性如表 4-1 所示。

表 4-1　UML 主要图的功能属性

名　称	功　能	概　述	属　性
用例图	用来表示一个系统的外部执行者以及从这些执行者角度所看到的系统功能	① 是谁用软件(执行者); ② 软件的功能(用例)	静态图
类图	用户根据用例图抽象成类,描述类的内部结构和类与类之间的关系	常见的有以下几种关系:泛化、实现、关联、聚合、组合、依赖	静态图
对象图	描述的是参与交互的各个对象在交互过程中某一时刻的状态	对象图可以被看作类图在某一时刻的实例	静态图
状态图	用来描述一个实体所具有的各种内部状态,以及这些状态如何受事件刺激、通过实施反应式行为而加以改变	对于具有较为复杂状态的实体而言,绘制它们的状态图有助于理解实体内部状态是如何迁移的,进而进一步分析实体的行为	动态图

续表

名 称	功 能	概 述	属 性
活动图	用于描述实体为完成某项功能而执行的操作序列,它刻画了实体的动态行为特征	实体既可以是对象,也可以是软件系统或其部分子系统,抑或是某个软构件	动态图
构件图	用来表示系统中构件与构件之间、类或接口与构件之间的关系图	构件图间的关系表现为依赖关系,定义的类或接口与类之间的关系表现为依赖关系或实现关系	静态图
部署图	描述了系统运行时进行处理的结点以及在结点上活动的构件的配置	强调了物理设备以及之间的连接关系	静态图

4.3 实践工具——Rational Rose

4.3.1 Rational Rose 简介

本章的项目实践主要用 Rational Rose 来实现,以下简称 Rose。Rational Rose 是 Rational 公司出品的一种面向对象的统一建模语言的可视化建模工具,其常见符号的含义如表 4-2 所示。

表 4-2 Rose 常见符号含义

符 号	含 义
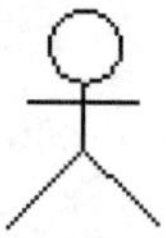	角色
	用例
 NewPackage	类
 NewActivity	活动
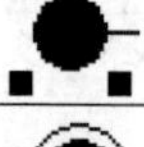	起始状态
	终止状态

4.3.2 Rational Rose 的下载与安装

本节将引导读者完成 Rational Rose 的下载与安装。

(1) 步骤 1:下载 Rational Rose(网址详见本章末二维码)。

下载完成后出现如图 4-4 所示界面。

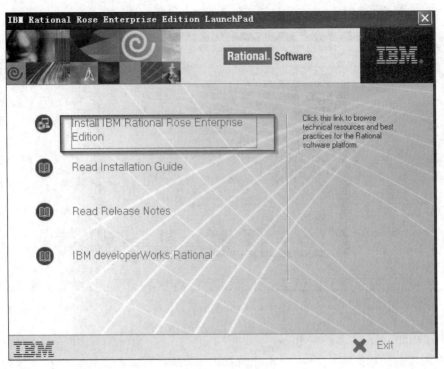

图 4-4　Rose 下载页

（2）步骤 2：安装 Rational Rose。

单击图 4-4 中的 Install IBM Rational Rose Enterprise Edition 按钮，出现如图 4-5 所示
页面后，单击"下一步"按钮。

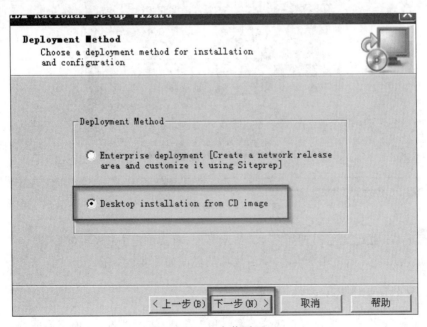

图 4-5　Rose 安装页面（1）

然后,直到出现如图 4-6 所示的页面。

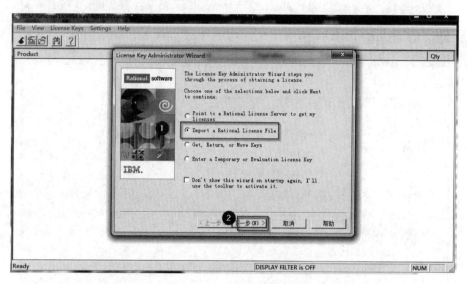

图 4-6　Rose 安装页面(2)

(3) 步骤 3:激活 Rational Rose。

选中解压的激活文件 license.upd,出现如图 4-7 所示页面之后单击 Import 按钮。

图 4-7　Rose 激活页面(1)

单击 Import 按钮之后出现如图 4-8 所示界面,再次单击 Import 按钮。

激活成功即可开始使用 Rose。激活成功的界面如图 4-9 所示。

4.3.3　Rational Rose 操作界面介绍

Rose 的操作界面主要分为 5 部分:菜单和工具栏、浏览器窗口、模型视图窗口、文档窗口和日志窗口。启动 Rose 后,进入如图 4-10 所示的主界面。

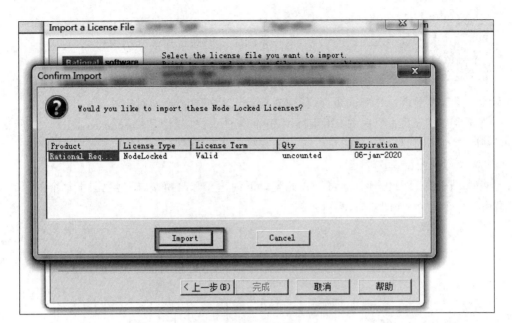

图 4-8　Rose 激活界面(2)

图 4-9　Rose 激活成功界面

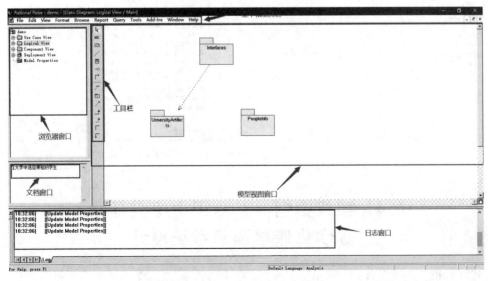

图 4-10　Rational Rose 主界面

（1）菜单和工具栏。

菜单和工具栏位于主界面的上方，由一系列菜单项和常用工具选项组成。

（2）浏览器窗口。

浏览器窗口位于主界面的左侧，用于可视化地显示模型中所有元素的层次结构。浏览器窗口与模型视图窗口具有同步性，任何对模型元素的更新会同时反映在两个窗口中。

浏览器窗口分为 4 个视图：用例视图、逻辑视图、构件视图和部署视图，如图 4-11 所示。每个视图针对不同的模型，可以进行不同的操作。

（3）模型视图窗口。

模型视图窗口即绘图区域，可以在此窗口下创建和修改模型，模型视图中每个图标表示模型中的一个元素，如图 4-12 所示。

图 4-11 浏览器窗口

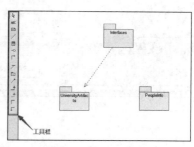

图 4-12 模型视图窗口

（4）文档窗口。

文档窗口用来显示和书写各个模型元素的文档注释，如图 4-13 所示。

（5）日志窗口。

日志窗口用来显示系统操作的日志记录，如图 4-14 所示。

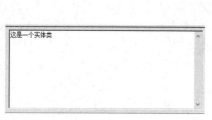

图 4-13 文档窗口

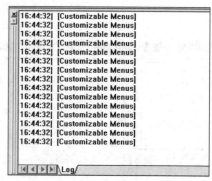

图 4-14 日志窗口

4.4 实战案例——基于虚拟教师的数字化课程选修系统设计

随着科技的飞速发展，基于网络的在线学习逐渐普及，在线学习让学生可以自由选择学习时间、学习地点和学习方式等，而虚拟教师可以缓解学生在线学习过程中产生的孤独感。

AI 赋能下的虚拟教师可以根据学生的在线学习情况,对学生给予个性化指导,以促进学生的全面发展。本节以"基于虚拟教师的数字化课程选修系统"案例为示例,利用 Rational Rose 进行面向对象设计实战。该系统的描述如下。

- 教务管理员确认数字化课程,创建课程目录表。
- 学生选择数字化课程。
- 学生按照数字化课程办理收费手续。
- 教务管理员维护数字化课程信息、学生信息。

(1) 构建用例模型。

① "基于虚拟教师的数字化课程选修系统"中的执行者(Actors):

- 注册选修的数字化课程的学生。
- 教务管理员确认数字化课程选修情况,生成课程表。
- 教务管理员维护学生、数字化课程的所有信息。
- 财务系统收取数字化课程费用。

② "基于虚拟教师的数字化课程选修系统"中的用例(Use Case):

- 注册选修数字化课程(学生)。
- 维护数字化课程信息(教务管理员)。
- 维护学生信息(教务管理员)。
- 创建数字化课程目录(教务管理员)。

视频讲解

步骤 1:使用 Rational Rose 创建执行者(Actors)。

首先右击浏览器窗口中的 Use Case View 包,弹出快捷菜单后,选择 New→Actor 项,并输入执行者的名字(如果输入错误,可用 Rename 命令更改);如果文档窗口不可见,选择菜单和工具栏中的 View→Documentation 菜单,然后在浏览器窗口中选中所需执行者,输入相应文档。创建结果如图 4-15 所示。

视频讲解

步骤 2:使用 Rational Rose 创建用例(Use Case)。

首先右击浏览器窗口中的 Use Case View 包,弹出快捷菜单后,选择 New→Use Case 项并输入用例的名字;然后在浏览器窗口中选中所需用例;将光标置于文档框中,输入相应文档。创建结果如图 4-16 所示。

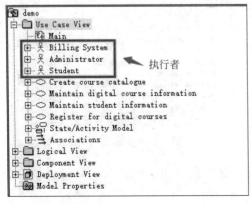

图 4-15 执行者创建结果

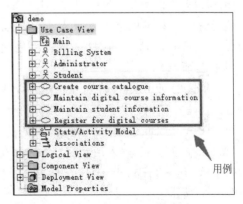

图 4-16 用例创建结果

步骤3:使用 Rational Rose 创建主用例图(Main Use Case Diagram)。

首先双击浏览器窗口的 Use Case View 包中的 Main 条目,打开主用例图;然后单击选中浏览器窗口中的"执行者",将其拖到主用例图中;随后单击选中浏览器窗口中的"用例",并将其拖到主用例图中;最后,在工具栏中选择"单向关联"(Unidirectional Association)图标,单击一个"执行者",并拖到相应的用例上;或单击一个"用例",并拖到相应的执行者上。创建结果如图 4-17 和图 4-18 所示。

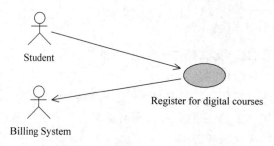

图 4-17　主用例图创建结果(1)

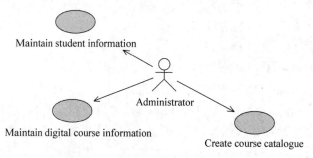

图 4-18　主用例图创建结果(2)

(2) 构建活动图模型。

本节主要介绍建立选修课程目录表的步骤。

步骤1:使用 Rational Rose 创建活动图(Activity Diagram)。

首先右击浏览器窗口中的 Use Case View 包,弹出快捷菜单后选择 New→Activity Diagram 项,然后输入活动图的名字;双击浏览器窗口中的 Activity Diagram 选项,打开该图。创建结果如图 4-19 所示。

步骤2:使用 Rational Rose 创建活动(Activity)。

首先在工具栏中选择 Activity 图标,在活动图(Activity Diagram)中单击要放置"活动"(Activity)的位置,输入活动名字;然后在工具栏

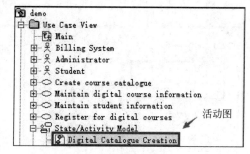

图 4-19　活动图创建结果

中选择 State Transition 图标,单击一个"活动",并将其拖到相应的活动上。创建结果如图 4-20 所示。

步骤3:使用 Rational Rose 创建决策点(Decision Points)。

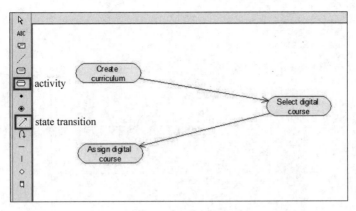

图 4-20　活动创建结果

　　首先,在工具栏中选择 Decision 图标,在活动图(Activity Diagram)中单击要放置决策点的位置,并输入决策的名字;其次,在工具栏中选择 State Transition 图标,单击一个"活动",并将其拖到相应的决策点上;然后,在工具栏中选择 State Transition 图标,单击一个"决策点"选项,拖至拐角处单击左键,再将其拖到相应的活动上;随后,双击此条"转换线",打开规格设定框,单击 Detail 标签,在 Guard Condition 框中输入条件 No,单击 OK 按钮,关闭规格设定框;最后,在此条转换线上单击左键,选中此条"转换线",单击菜单和工具栏中的 Format→Line Style→Rectilinear 选项,使其变得美观,调整过程如图 4-21 所示,调整完成后,创建结果如图 4-22 所示。

图 4-21　创建决策点调整过程

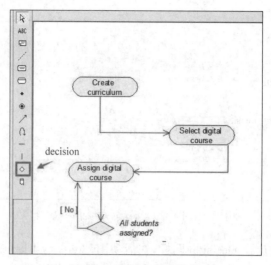

图 4-22　决策点创建结果

步骤 4：使用 Rational Rose 创建同步条(Synchronization Bar)。

首先在工具栏中选择 Horizontal Synchronization 图标；然后在活动图(Activity Diagram)中单击要放置同步条的位置；最后在工具栏中选择 State Transition 图标；创建结果如图 4-23 所示。

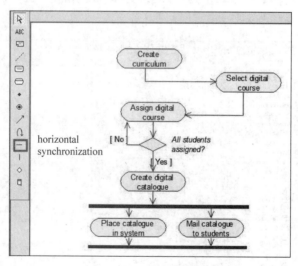

图 4-23　同步条创建结果

步骤 5：使用 Rational Rose 创建泳道(Swim lanes)。

首先在工具栏中选择 Swim lanes 图标,在活动图(Activity Diagram)中单击要放置泳道的位置；然后双击泳道,打开规格说明框,在 Name 框中输入泳道的名字,单击 OK 按钮,关闭规格设定框；最后对泳道的大小位置进行调整,将所需的活动和变换线拖至新泳道中。创建结果如图 4-24 所示。

步骤 6：使用 Rational Rose 创建起始活动和终止活动。

首先在工具栏中选择"起始活动"或"终止活动"图标,在活动图(Activity Diagram)中单

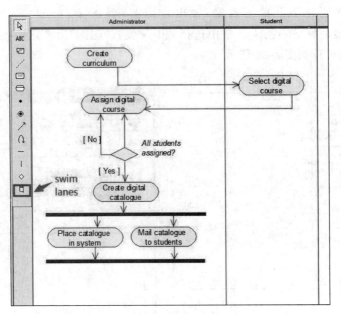

图 4-24　泳道创建结果

击要放置"起始活动"或"终止活动"的位置；然后在工具栏中选择 State Transition 图标，单击"起始活动"图标，拖到相应的活动上；最后单击一个"活动"图标，拖至"终止活动"图标上。创建结果如图 4-25 所示。

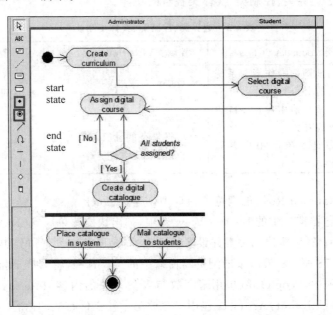

图 4-25　创建起始活动和终止活动

（3）构建相关的包和类以及简单类图。

步骤 1：在 Rational Rose 的浏览器窗口中创建类（Class）。

首先右击浏览器窗口中的 Logical View，弹出快捷菜单后，选择 New→Class 项，输入类

软件设计

的名字;然后在所建类上单击右键,弹出快捷菜单,选择 Open Specification 项,单击 General 标签;最后在 Stereotype 框中选择 entity 类;单击 OK 按钮关闭规格说明框。规格说明框的设置过程如图 4-26 所示。

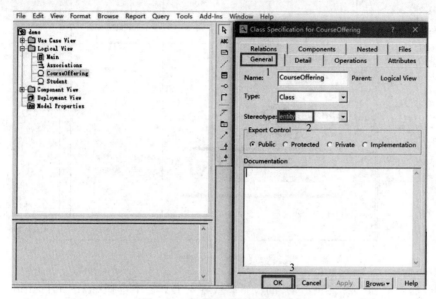

图 4-26　规格说明框设置过程

表 4-3 列出了边界类、控制类、实体类各自的功能。

表 4-3　边界类、控制类、实体类功能

名　　称	边界类< Boundary Classes >	控制类< Control Classes >	实体类< Entity Classes >
功能	• 可用来塑造操作者与系统之间的交互 • 可用来理清用户在系统边界上的需求 • 可设计抽象的用户界面对象	• 可协调对象之间的交易 • 可将使用案例的细节部分封装起来 • 可将复杂的计算或商务逻辑封装起来	• 代表永久保存的信息 • 代表 E-R 模型之中人、事、时、地、物或概念的信息及行为

　　步骤 2:在 Rational Rose 的浏览器窗口中创建包(Packages)。

　　首先右击浏览器窗口中的 Logical View 选项,弹出快捷菜单后,选择 New→Package 选项,输入包的名字;然后新建相关类并设置其相应的类别,其中设置边界类和控制类的过程如图 4-27 和图 4-28 所示;最后单击浏览器窗口中的"类"选项,将其拖至相应的包中。

　　在 Package 项中,PeopleInfo 包用来存放与人员有关的内容,Interfaces 包用来存放与界面有关的内容,UniversityArtifacts 包用来存放与学校工件有关的内容。

　　步骤 3:在 Rational Rose 中创建主类图(Main Class Diagram)。

　　首先双击浏览器窗口中 Logical View 中的 Main 类图,打开它;然后单击浏览器窗口中的包,将其拖到 Main 类图上;重复以上步骤后,创建结果如图 4-29 所示。

　　步骤 4:在 Rational Rose 中创建包中的主类图(Package Main Class Diagram)。

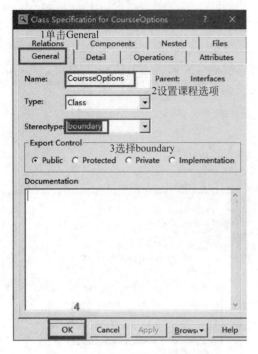

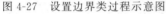

图 4-27　设置边界类过程示意图　　　　　　　图 4-28　设置控制类过程示意图

　　首先双击 Main 类图中的 University Artifacts 包,打开这个包,并创建这个包的主类图 (Package Main Class Diagram);然后,单击浏览器窗口中的"类"图标,将其拖到类图上;重复以上步骤,最后创建结果如图 4-30 所示。

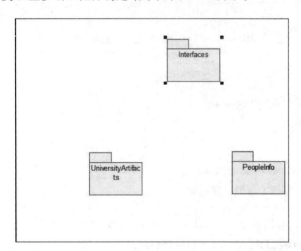

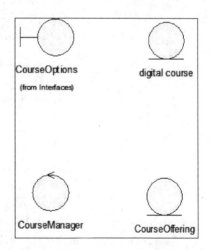

图 4-29　主类图创建结果　　　　　　　　图 4-30　包中的主类图创建结果

87

(4) 构建用例实现图(Use Case Realization Diagram)。

使用 Rational Rose 创建逻辑视图中的用例图(Use Case Diagram)。

首先,右击浏览器窗口中的 Logical View 选项,弹出快捷菜单后,选择 New→Use Case

第 4 章

软件设计

Diagram 选项,输入用例图的名字"Realizations";其次,右击浏览器窗口中的 Logical View 选项,弹出快捷菜单后,选择 New→ Use Case 选项,输入用例的名字;然后双击新建的"用例"选项,打开用例的规格设定框,单击 Stereotype 框,选择 use-case realization 选项,规格设定过程如图 4-31 所示。重复以上过程,用例的创建结果如图 4-32 所示。最后,打开实现用例图,将新建的"实现用例"拖入图中,创建结果如图 4-33 所示。

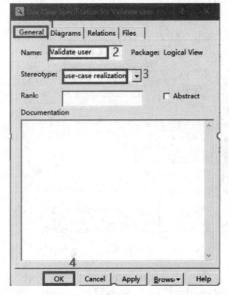

图 4-31　用例规格设定过程

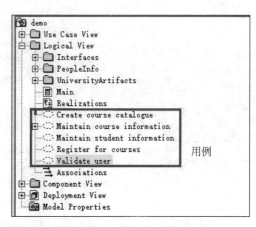

图 4-32　用例创建结果

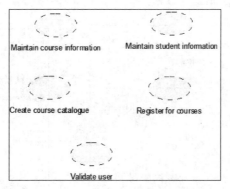

图 4-33　用例实现图创建结果

(5) 构建顺序图(Sequence Diagram)与协作图(Collaboration Diagram)。

步骤 1: 使用 Rational Rose 创建顺序图(Sequence Diagram)。

首先,右击 Logical View 中的 Maintain course information 实现用例,弹出快捷菜单后,选择 New→Sequence Diagram 选项,然后输入顺序图的名字"Create a course";创建结果如图 4-34 所示。

图 4-34 顺序图创建结果图

步骤 2：在顺序图中创建对象和分配类。

首先，双击顺序图名称，打开顺序图，将浏览器窗口中 Use Case View 包中的执行者 Administrator 拖入图中；其次，选择工具栏中的 Object 图标，单击图中放置对象的位置，并输入相应的名字，重复以上步骤；然后，选择工具栏中的 Object Message 图标，从信息发出者拖至信息接收者，并输入信息的名字，重复以上步骤，创建对象完成后结果如图 4-35 所示；最后，单击选中浏览器窗口中所需的类，将此类拖至顺序图相应的对象上，对象分配类后，结果如图 4-36 所示。

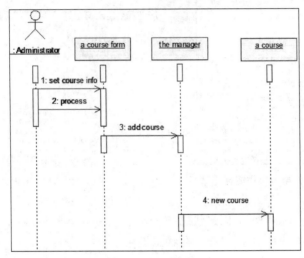

图 4-35　创建对象结果

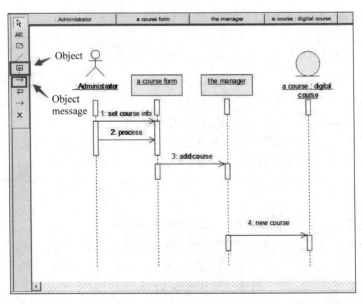

图 4-36　对象分配类结果

步骤3：将顺序图转换为协作图。

首先，双击顺序图名称，打开顺序图；然后选择屏幕上方的菜单 Browser→Create Collaboration Diagram 选项，或者按 F5 键；最后调整图中的对象和信息，使其美观。创建结果如图 4-37 所示。

（6）构建状态图(Statechart Diagram)。

步骤1：使用 Rational Rose 创建状态图(Statechart Diagrams)。

首先，右击浏览器窗口中的 CourseOffering 类，弹出快捷菜单后，选择 New→Statechart Diagrams 选项；然后，输入状态图的名字"CourseOffering States"，创建结果如图 4-38 所示。

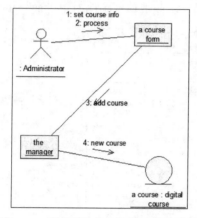

图 4-37　顺序图转换为协作图创建结果

图 4-38　状态图创建结果

步骤2：使用 Rational Rose 创建状态(States)。

首先，在工具栏中选择 State 图标，在状态图中单击要放置状态的位置；然后，输入状态的名字。创建结果如图 4-39 所示。

步骤3：使用 Rational Rose 创建状态转换(State Transitions)。

首先，在工具栏中选择 State Transitions 图标，单击"起始状态"，并拖至下一个状态；然后，输入状态转换的名字。创建结果如图 4-40 所示。

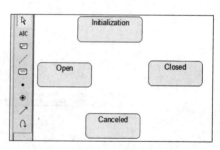

图 4-39　状态创建结果

步骤4：使用 Rational Rose 创建起始、结束状态。

首先，在工具栏中选择 Start 图标，在状态图中单击要放置起始状态的位置；然后，用状态转换线进行连接。起始状态创建结果如图 4-41 所示。同样地，在工具栏中选择 Stop 图标，在状态图中单击要放置结束状态的位置，用状态转换线进行连接，结束状态的创建结果如图 4-42 所示。

步骤5：使用 Rational Rose 增加状态转换的细节部分。

首先，双击某条转换线，打开规格设定框，单击 Detail 标签；然后，在相应的框中输入 action(/后的内容)、guard condition([ ]里的内容)以及发出的 event(˄后的内容)；最后，单击 OK 按钮，关闭规格设定框。创建结果如图 4-43 所示。

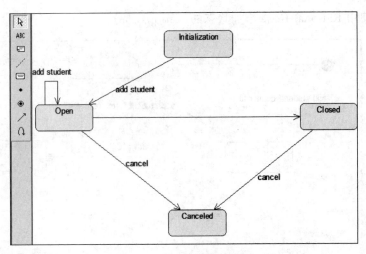

图 4-40　状态转换创建结果

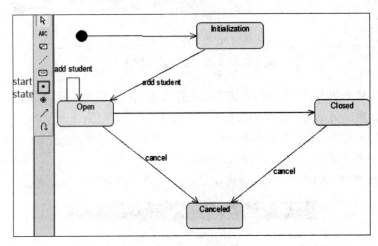

图 4-41　起始状态创建结果

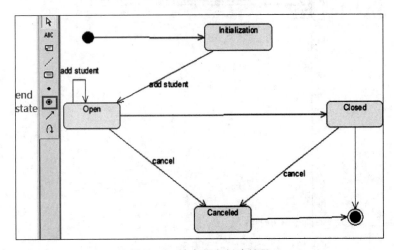

图 4-42　结束状态创建结果

步骤 6：使用 Rational Rose 增加状态的 Actions 部分。

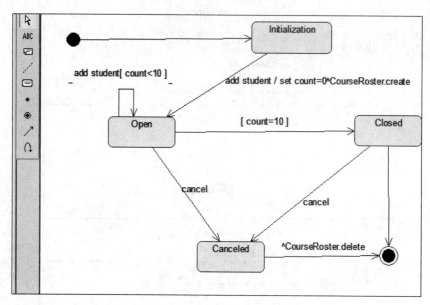

图 4-43　状态转换规格设定结果

首先，双击某个状态，打开规格设定框，单击 Actions 标签；然后，右击 Actions 框中的任一位置，弹出快捷菜单后，选择 Insert 选项，将创建一个类型为 Entry 的 action，规格设定过程如图 4-44 所示；双击这个 action，弹出 action 的规格设定框后，在 when 框中设定相应的类型，在 type 框中设定 action 或者 send event（用 ^ 表示），输入 action 的名字或 event 的信息；单击 OK 按钮，关闭 Actions 规格设定框。创建结果如图 4-45 所示。

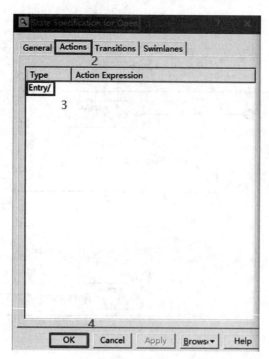

图 4-44　状态的 Actions 设定过程

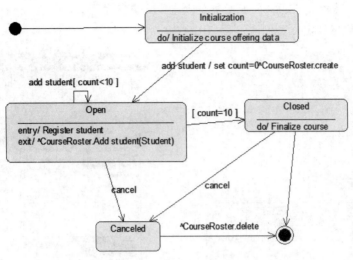

图 4-45　状态的 Actions 设定结果

（7）构建构件图（Component Diagram）。

步骤 1：使用 Rational Rose 创建 Main 构件图（Component Diagram）。

首先，在浏览器窗口中的 Component View 中创建图中的各个构件包，双击浏览器窗口中的 Component View 中的 Main 构件图；然后，将浏览器窗口中的 Component View 中的构件包拖入图中；最后创建包之间的依赖线。创建结果如图 4-46 所示。

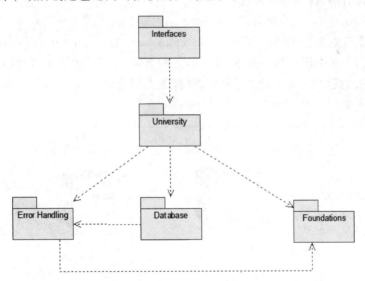

图 4-46　Main 构件图创建结果

步骤 2：创建 University 构件包中的构件。

首先，双击 Main 构件图中的 University 包，打开图形；然后，在工具栏中选择 Component 图标；最后，单击图中某一位置，放置构件，输入构件名称。创建结果如图 4-47 所示。

步骤 3：将类映射到构件上。

首先，右击浏览器窗口中的 CourseOffering 构件，弹出快捷菜单后，选择 Open Specification

项,单击 Realizes 标签;然后,右击所需的类,弹出快捷菜单,选择 Assign 项;最后,单击 OK 按钮,关闭规格设定框。创建过程如图 4-48 所示。

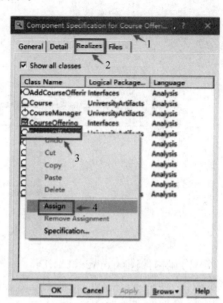

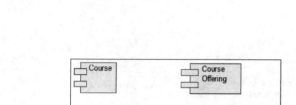

图 4-47 University 构件包中的构件创建结果

图 4-48 将类映射到构件上

(8) 构建部署图(Deployment Diagram)。

使用 Rational Rose 创建部署图(Deployment Diagram)。

首先,双击浏览窗口中的"部署图"(Deployment Diagram)选项,选择工具栏中的 Processor 图标,并单击图中某一位置,输入结点的名字;然后,选择工具栏中的 Connection 图标,单击某一结点,拖至另一结点;最后,选择工具栏中的 Text 图标,在相应结点下写上文字。创建结果如图 4-49 所示。

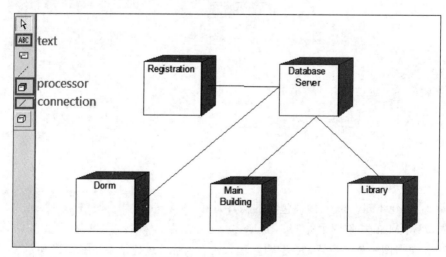

图 4-49 部署图创建结果

 **本章小结**

本章首先介绍了软件设计的相关概念,并主要介绍了面向对象、面向过程和面向数据这三种不同的软件设计方法,阐述了软件设计的"明确""可行""高质量"三个目标;然后介绍了软件设计的主要内容,即概要设计与详细设计;接着介绍了面向对象的软件设计方法,简介了 UML 的用例图、类图、对象图、协作图、状态图、活动图、序列图、构件图、部署图;最后,基于 UML 的主要建模工具 Rational Rose,以"基于虚拟教师的数字化课程选修系统"项目为例详细描述了其建模过程。

知识拓展

学 UML 之难,不在于学习语法,关键是要改变思维习惯。UML 是一种新的工具,但同时也代表了一种新的、先进的思考方法,如果不能掌握这样的方法,只能学到 UML 的形,而没有掌握其精髓。要用好 UML,需要在平时多多培养下面的能力。

(1) 书面表达能力。

(2) 归纳总结能力。

(3) "面向对象"的思维能力和抽象能力。

多练习、多实践,培养良好的"Think in UML"思想,锻炼面向对象分析的能力,这样距成为活用 UML 的需求分析高手就不远了。下面列举一些好用的 UML 在线绘图网站或者开源项目,请读者自行了解。

(1) 亿图图示

(2) GitMind

(3) PlantUML

(4) Visual Paradigm

 **休息一会儿**

一天夜里,万籁俱寂,在亚热带草原的石围墙周围,聚集着一群心情激动的穴居人。一只小小的蜥蜴爬过来,似乎感觉到了空气中紧张的气息,又悄悄地爬走了。穴居人首领神色紧张地在旁边的墙壁上刻着一些标志,嘴里叽里咕噜的,另一个人则念出一个名称。渐渐地一个人的形状出现了,然后是一个卵形。当头领在符号之间刻画出一条细线时,人群中有人开始大叫起来,开始指指点点。随着这些图形的逐渐增加,人们的心情也越来越激动:"角色(Actor)""用例(Use Case)"。在这天晚上一个系统诞生了……

人们从石器时代过渡到这个摩登时代,在软件开发的世界中,设计员和开发员有了漂亮的工具。一天,设计员手持开发工具,走在街上;开发员也手持工具,走在街上。他们为自己的工具感到非常满意。一不小心,他们撞上了,摔了一跤,手中的工具也全乱套了。他们爬起来,拍拍身上的灰尘,突然发现双方的工具已经混在一起。"你的开发环境在我的建模器中!"设计员说;"你的建模器在我的开发环境中!"开发人员叫道。他们发现新工具非常好,且集成度高。他们将其命名为 XDE。

 材料阅读

驴子过河

可怜的驴子背着几袋沉甸甸的盐,累得呼呼直喘气,可是不得不迈着艰难的脚步向前。突然眼前出现了一条小河。驴子走到河边冲了冲脸,喝了两口水,这才觉得有了力气,它准备过河了,河水清澈见底,河床上形状各异的鹅卵石光光的,看得清清楚楚,驴子只顾欣赏美景,一不留神蹄子一滑,"扑通"一声,摔倒在小河里,好在河水不深,驴子赶紧站了起来,奇怪! 它觉得背上的分量轻了不少,走起来也不感到吃力了。驴子很高兴:"看来,这河水是魔水,我得记住:在河里摔一跤,背上的东西便会轻了许多!"

不久,又运东西了,这次驴子驮的是棉花。装棉花的口袋看起来很大很大,可分量并不重,驴子驮着几大袋棉花,走起来显得很轻松。啊! 前边又是那条小河了,驴子想起了上次那件开心的事,心里真是高兴:"背上的几袋虽说不重,可再轻一些不是更好吗?"于是,它喝了几口水,向河里走去。到了河心,它故意一滑,"扑通"一声,又摔倒在小河里。这次驴子可不着急,它故意慢腾腾地站了起来。

哎呀,太可怕了,背上的棉花变得好沉呀! 比那可怕的盐袋还沉几倍。

驴子好不容易走上岸,却不明白为什么河水能让重的变轻,也能让轻的变重。

软件设计的思路不可能是一成不变的,也没有放之四海而皆准的真理,创新灵动的思维是软件设计成功的因素之一,通过上述材料请思考:

- 在软件设计中如何做到"突破陈规,创新思考"?
- 如何平衡在软件设计过程中按规则设计与创新设计的关系?

【本章附件】

以下为国标(GB 8567—1988)所规定的概要设计说明书内容要求。

概要设计说明书

1 引言

1.1 编写目的

说明编写这份概要设计说明书的目的,指出预期的读者。

1.2 背景

说明:

a. 待开发软件系统的名称;

b. 列出此项目的任务提出者、开发者、用户以及将运行该软件的计算站(中心)。

1.3 定义

列出本文件中用到的专门术语的定义和外文首字母组词的原词组。

1.4 参考资料

列出有关的参考文件,如:

a. 本项目的经核准的计划任务书或合同,上级机关的批文;

b. 属于本项目的其他已发表文件;

c. 本文件中各处引用的文件、资料,包括所要用到的软件开发标准。列出这些文件的标题、文件编号、发表日期和出版单位,说明能够得到这些文件资料的来源。

2 总体设计

2.1 需求规定

说明对本系统的主要的输入输出项目、处理的功能性能要求。

2.2 运行环境

简要说明对本系统运行环境(包括硬件环境和支持环境)的规定,详细说明参见附录C。

2.3 基本设计概念和处理流程

说明本系统的基本设计概念和处理流程,尽量使用图表的形式。

2.4 结构

用一览表及框图的形式说明本系统的系统元素(各层模块、子程序、公用程序等)的划分,扼要说明每个系统元素的标识符和功能,分层次地给出各元素之间的控制与被控制关系。

2.5 功能需求与程序的关系

本条用一张如下的矩阵图说明各项功能需求的实现同各块程序的分配关系:

	程序1	程序2	...	程序n
功能需求1	√			
功能需求2		√		
⋮				
功能需求n		√		√

2.6 人工处理过程

说明在本软件系统的工作过程中不得不包含的人工处理过程(如果有的话)。

2.7 尚未同决的问题

说明在概要设计过程中尚未解决而设计者认为在系统完成之前必须解决的各个问题。

3 接口设计

3.1 用户接口

说明将向用户提供的命令和它们的语法结构,以及软件的回答信息。

3.2 外部接口

说明本系统同外界的所有接口的安排,包括软件与硬件之间的接口、本系统与各支持软件之间的接口关系。

3.3 内部接口

说明本系统之内的各个系统元素之间的接口的安排。

4 运行设计

4.1 运行模块组合

说明对系统施加不同的外界运行控制时所引起的各种不同的运行模块组合,说明每种运行所历经的内部模块和支持软件。

4.2 运行控制

说明每种外界的运行控制的方式方法和操作步骤。

4.3 运行时间

说明每种运行模块组合将占用各种资源的时间。

5 系统数据结构设计

5.1 逻辑结构设计要点

给出本系统内所使用的每个数据结构的名称、标识符以及它们之中每个数据项、定义、长度及它们之间的层次关系。

5.2 物理结构设计要点

给出本系统内所使用的每个数据结构中的每个数据项的存储要求、访问方法、存取单位、存取的物理关系(索引、设备、存储区域)、设计考虑和保密条件。

5.3 数据结构与程序的关系

说明各个数据结构与访问这些数据结构的形式。

6 系统出错处理设计

6.1 出错信息

用一览表的方式说明每种可能的出错或故障情况出现时,系统输出信息的形式、含义及处理方法。

6.2 补救措施

说明故障出现后可能采取的变通措施,包括:

a. 后备技术说明准备采用的后备技术,当原始系统数据万一丢失时启用的副本的建立和启动的技术,例如,周期性地把磁盘信息记录到磁带上去就是对于磁盘媒体的一种后备技术;

b. 降效技术说明准备采用的后备技术,使用另一个效率稍低的系统或方法来求得所需结果的某些部分,例如,一个自动系统的降效技术可以是手工操作和数据的人工记录;

c. 恢复及再启动技术说明将使用的恢复再启动技术,使软件从故障点恢复执行或使软件从头开始重新运行的方法。

6.3 系统维护设计

说明为了系统维护的方便而在程序内部设计中做出的安排,包括在程序中专门安排用于系统的检查与维护的检测点和专用模块。

【第4章网址】

第5章　UI 设 计

【本章简介】

本章主要介绍 UI(用户界面)设计的相关概念及其分类,并总结了移动端界面和 PC 端界面的一些设计原则;通过介绍常用的 UI 设计软件,引出了交互设计的相关操作与技巧;作为实践,本章列举了基于 Axure 的高保真 Web 原型图设计案例和基于 Kitten 的交互设计案例。

【知识导图】

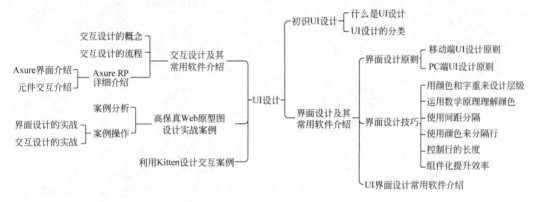

【学习目标】

- 了解 UI 的相关概念及分类。
- 掌握 UI 设计原则。
- 了解常用的 UI 软件,熟练使用 Photoshop 等相关软件。
- 掌握交互设计的概念与流程,熟练使用 Axure 软件。
- 培养实践与创新能力,如利用 Axure 实现交互设计。

 趣味小知识

1983 年,苹果公司制造出 Lisa 计算机。1984 年,苹果公司的麦金塔个人计算机搭载的 System Software 系统(Mac 系统的前身),至 7.5.1 版本正式改名为 mac OS。Lisa 的问世可以作为"UI 设计"的开端,因为设计人员已经有意识地在用户体验上进行针对性设计。1985 年,微软公司推出 Windows 1.0 操作系统;1985 年 6 月,俄罗斯人阿列克谢·帕基特诺夫发明了俄罗斯方块游戏。这些都是早期的 UI 设计,那时的 UI 设计基本都是在系统默认页面上加以设计,更多的是在操作体验上进行更多的改革,如苹果公司创造的文件夹拖动、微软公司创造的"开始"按钮等。不过,当时苹果公司在 UI 上还是做了很多超前的设计。例如系统中嵌入了除默认字体以外的其他字体,一改单一颜色的屏幕而加入了色彩等,为后来 UI 的发展奠定了基础。而如今的 UI 设计是一个多元化、多学科且富有创意的领域。

5.1 初识 UI 设计

5.1.1 什么是 UI 设计

UI 是用户界面(User Interface)的简称,在整个软件系统中是人与系统交互的"桥梁"。随着计算机技术的迅猛发展,用户对软件的要求日益增多,除了追求更强大的软件功能,还追求美观的界面、便捷的操作、舒适的体验以及便捷的帮助等。可以说,UI 设计是软件工程设计中不可缺少的环节。

以软件开发模型中的瀑布模型为例,整个界面设计流程与软件开发流程的关系如图 5-1 所示,其中,界面需求分析和布局、交互设计是整个工作的核心。

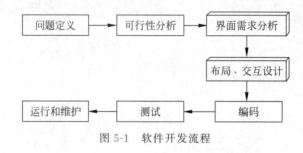

图 5-1 软件开发流程

5.1.2 UI 设计的分类

UI 设计包含软硬件与人的交互设计、操作逻辑设计、用户体验设计,以及界面排版的整体设计等。通常用户打开手机后,显示的界面如图 5-2 所示,这些是 UI 的一部分,属于界面设计;在这些界面上按提示进行操作,如向右滑动解锁,就是交互设计;解锁成功后,会以动画的形式,如放大或渐隐淡出切换到主界面,此时的动画就是交互动效设计。优秀的 UI 设计不仅让软件变得有个性、有品位,还能使软件的操作变得舒适、简单、自由,充分体现软件的定位和特点。

UI 设计的分类有多种,根据不同的划分依据可以有不同的分类。

1. 依据工作内容

从工作内容上来区分,UI 设计主要分为图形用户界面设计、交互设计和用户体验三类。

(1) 图形用户界面设计。图形用户界面设计(Graphical User Interface,GUI)主要解决软件产品风格的问题,包括对图标及元素进行尺寸及风格上的美化,在产品的功能辨识性及控件统一性、美观性上进行设计。

(2) 交互设计。交互设计又称为 IxD(Interaction Design),主要解决页面跳转逻辑、操作流程、信息架构、功能页面布局、事件反馈、控件状态等问题。

(3) 用户体验设计。用户体验设计又称为 UXD(User Experience Design),是贯穿于整个设计流程,以调研挖掘用户真实需求,认识用户真实期望和内在心理及行为逻辑的一套方法。

图 5-2　手机界面

2. 依据用户使用场景

按用户使用场景来区分,UI 设计又可分为移动端 UI 设计、PC 端 UI 设计、游戏 UI 设计及其他 UI 设计。

(1) 移动端 UI 设计。移动端 UI 设计是针对手机等移动端用户的界面设计,手机上的所有界面都是移动端 UI 设计,如微信聊天界面、QQ 聊天界面、手机桌面,如图 5-3 所示。

图 5-3　移动端 UI 设计作品

（2）PC 端 UI 设计。PC 端 UI 设计是针对计算机用户的界面设计，如 PC 端的 QQ、微信、Photoshop 等软件和网页的一些按钮图标等，如图 5-4 所示。

图 5-4　PC 端 UI 设计作品

（3）游戏 UI 设计。游戏 UI 设计是针对游戏用户的界面设计，如某些游戏中的登录界面、个人装备属性界面等都属于游戏 UI 设计，如图 5-5 所示。

图 5-5　游戏 UI 设计作品

（4）其他 UI 设计。如 VR（虚拟现实）界面、AR（增强现实）界面、智能设备的界面，如智能电视、车载系统等，如图 5-6 所示。

图 5-6　VR、AR 类视频应用

5.2　界面设计及其常用软件介绍

5.2.1　界面设计原则

在积淀了丰富的知识经验后,多项 UI 设计技术已趋于成熟,具备科学性与规范性。在此基础上,它的很多原则和规范是必须掌握的。下面将详细介绍移动端和 PC 端的 UI 设计原则。

1. 移动端 UI 设计原则

因为移动端在屏幕尺寸和操作方式等方面具有局限性,所以移动端 UI 设计的形式和内容较为简洁,设计师在制定方案时要遵守的规则也相对简单。即便如此,移动端 UI 设计中仍要遵循以下基本原则。

（1）一致性原则。

一致性原则是移动端 UI 设计中最重要的一项原则,它是指 UI 交互元素的一致和交互行为的一致。这些单个元素是组成 UI 的基础,它们的设计首先需要有统一的风格,然后建立统一的标签来完成元素的设计,如图 5-7 所示。

图 5-7　统一元素

（2）习惯性原则。

所有的设计都是为用户服务的，所以在进行移动端 UI 设计时，应该更多地为用户考虑，严格按照用户的操作和使用习惯等进行设计。以用户的语言习惯为例，在做移动端 UI 设计时，按钮和菜单上的文字内容设定就需要遵从用户的语言习惯，如图 5-8 所示。

图 5-8　操作按钮名称设为中文

除语言习惯外，用户的操作习惯也是影响移动 UI 设计的重要因素。例如，用户使用手机操作习惯分为单手持握、双手持握和抱握三种方式，如图 5-9 所示。

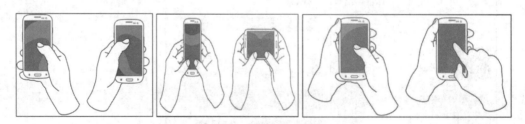

图 5-9　用户操作手机的 3 种习惯

（3）清晰性原则。

清晰性原则是指保持 UI 设计的清晰性。清晰的 UI 不仅更美观，而且也更利于用户浏览信息。主题不明确且信息概念模糊的 UI 会影响用户的使用体验，从而大大降低 App 的使用率。清晰性原则设计效果示意图如图 5-10 所示。

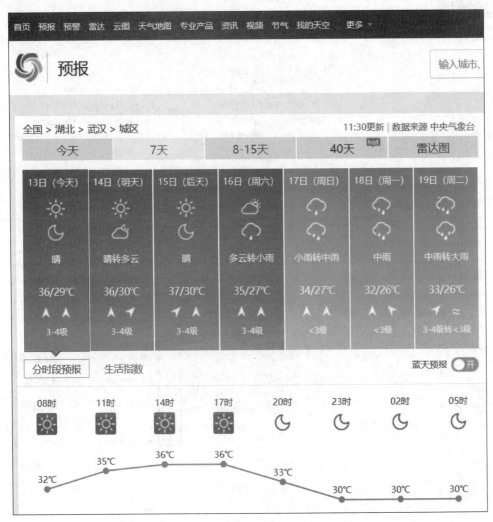

图 5-10　清晰性原则设计效果示意图

（4）易用性原则。

易用性原则是指移动 UI 设计需要清晰地表达出 UI 的功能，以减少用户的选择错误。如图 5-11 所示的 UI 设计即严格遵循易用性原则，将不同的功能利用选项卡进行了合理的分区，并搭配简单的文字说明其功能。

（5）人性化原则。

人性化原则是指移动 UI 设计要协调技术与用户的关系，既能满足用户的功能需求，又能满足用户的心理需求，给用户方便、舒适的体验。如图 5-12 所示，这款阅读 App 就允许用户根据自己的审美喜好定制 UI 的背景、文字的字体和字号等，以及根据自己的操作习惯定制 UI 的操作方式。

2. PC 端 UI 设计原则

作为传播信息的一种载体，网页需要遵循相应的设计原则，但由于表现形式、运行方式

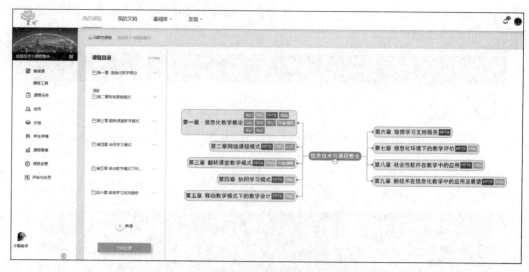

图 5-11　易用性原则 UI 设计效果示意图

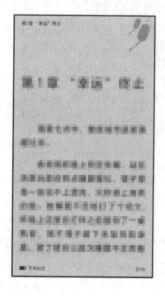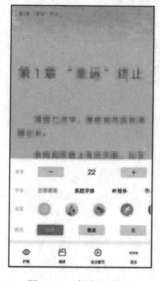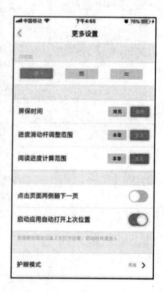

图 5-12　自定义设置

和社会功能的复杂性,原则也呈现出多元化的形式。本书将以 PC 端 UI 设计为例介绍通用性的设计基本原则。

(1) 以用户为中心。

"以用户为中心"的原则实际上就是要求设计者要时刻站在浏览者的角度来考虑,主要体现在三方面:考虑使用者观念、考虑用户浏览器和考虑用户的网络连接。

(2) 视觉美观。

设计网页界面时,首先对页面进行整体的规划,根据网页信息内容的关联性,把页面分割成不同的视觉区域;然后根据每个部分的重要程度采用不同的视觉表现手段,在设计中给每个信息一个相对正确的定位,使整个网页结构条理清晰;最后综合应用各种视觉效果表现方法,为用户提供一个视觉美观、操作方便的网页界面,效果如图 5-13 所示。

图 5-13 视觉效果图

（3）主题明确。

网页界面设计表达的是一定的意图和要求，有明确的主题，并按照视觉心理规律和形式将主题主动地传达给观赏者，使主题在适当的环境中被人们及时地理解和接受，从而满足其需求。从图 5-14 中可以非常明确地看出这是一个电商平台的网站。

图 5-14 电商平台网站

（4）内容与形式统一。

任何设计都有一定的内容和形式。设计的内容是指主题、形象、题材等要素的总和，形式是指其结构、风格、设计语言等表现方式。一个优秀的设计应该是形式对内容的完美表现，即实现形式与内容的统一是非常重要的，如图 5-15 所示。

图 5-15 百度首页

5.2.2 界面设计技巧

设计技巧是在进行某项设计时所采用的设计手段与技能,是从已有的设计过程或在已有的设计经验的基础上整合总结出的系统的设计理论,用来指导设计师进行合理有效的设计过程,使得设计过程有章可循、有条有理。

1. 用颜色和字重来设计层级

当面对需要信息层级结构的内容时,仅用放大字号表示强调和重要性通常不能解决问题。信息层级不仅是不同尺寸字体的组合,而是由字体尺寸、字重、字体颜色形成对比的正确组合。对比差异越大,层级关系表现越明显。如图 5-16 所示,合理搭配字重和颜色,可使信息层级更加清晰。

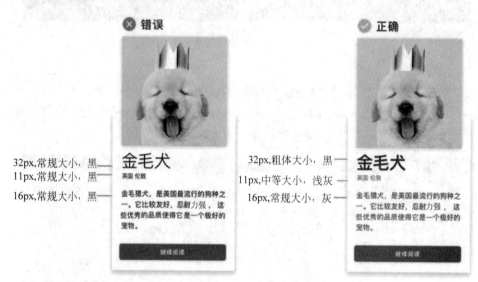

图 5-16 信息层级与字体样式搭配的示范

2. 运用数学原理理解颜色

理解颜色对设计师来说是必不可少的一项技能,一个简单的添加和减少色相、饱和度、亮度(HSB)就像魔术一样能达到很好的效果,即可以轻易地去掉单调的图标内部白色背景,如图 5-17 所示。

如何计算 HSB 中的加法和减法?实际上有两种方法。

方法 1:可以看到在整个图形(圆形背景,文件夹,装饰条)中,色相(H)值保持 123 不变,而饱和度(S)和亮度(B)是变化的,效果如图 5-18 所示。

图 5-17 去掉白色图标内部背景的效果图   图 5-18 方法 1 效果图

即可得到以下公式:

较暗的颜色值＝饱和度增加,亮度减少

更亮的颜色值＝饱和度减少,亮度增加

方法 2:方法 1 的公式依然适用,但是色相(H)值发生了变化,效果如图 5-19 所示。在各种设计材料中使用的颜色模式 RGB 和 CMY 在这方面也非常有意义。RGB 分别代表红色、绿色和蓝色,而 CMY 代表青色、洋红色和黄色。

图 5-19　方法 2 效果图

通过移动颜色选择器得到想要的颜色后,基于方法 1 中的公式,则可得到以下的颜色公式:

红色,绿色,蓝色(RGB)＋方法 1 公式＝颜色变深

青色,洋红色,黄色(CMY)＋方法 1 公式＝颜色变浅

3. 使用间距分隔

除了在两组之间添加一条线来表示分隔之外,也可在两组之间使用宽敞的空间达到更好的效果。如图 5-20 所示,其目的是通过在标题和作者之间使用 24px 的大间距来创建分离。

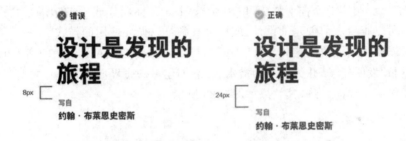

图 5-20　正确使用间距分隔效果图

4. 使用颜色来分隔行

对于用户来说,如果行与行之间没有很明显的区别,阅读起来会很困难,因此,除了使用线条之外,在列表中添加彩色背景对阅读中的用户来说也很有效,并且对设计师来说也会更有乐趣,效果如图 5-21 所示。

图 5-21　使用颜色分隔效果图

5. 控制行的长度

大多数设计师经常使内容的长度更长,以便符合页面,但这样设计会使用户造成视觉疲劳,因此,在设计内容长度时每行应控制在 45～65 个字符。同时,为使整个文本与页面垂直

居中,还需要调整行的长度,这样就可以减小段落间的空白区域,效果如图 5-22 所示。

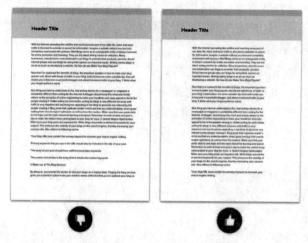

图 5-22　合适的行长度效果图

6. 组件化提升效率

如果之前已经制作了 5 种卡片接口、10 个按钮、5 个标题样式等,在开始为特定内容创建界面之前,可以查看之前创建的设计,或许会找到可以循环使用的样式。

例如,可以使用"Aa 的兴趣打卡 11Day"的样式,并将其替换为"Aa 的潜水日记"的内容,而不是重新"发明轮子"并为"Aa 的潜水日记"创建另一张界面卡片。这将为设计师节省时间,同时还能保持界面一致,其效果如图 5-23 所示。

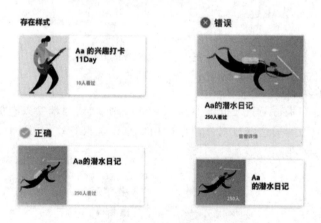

图 5-23　组件化效果图

5.2.3　UI 界面设计常用软件介绍

常用的 UI 设计软件种类较多,功能也各有特色,主流的设计软件有 Photoshop、Illustrator、Sketch 和 Adobe XD 等,如图 5-24 所示。Photoshop 是最流行的图像编辑器之一,是 UI 设计师入门的必备界面设计工具,具有强大的图片编辑和处理功能;Sketch 是一款强大的矢量绘图界面设计工具,可以让界面设计变得更简单、更高效。而有些软件在交互上很有特色,如 Axure、Xmind、After Effect、Keynote 和墨刀等,如图 5-25 所示。Axure 是

一款专业的交互原型设计工具,可以体现产品的业务逻辑;交互逻辑和视觉逻辑;After
Effect 是一款关于图形和视频处理的界面设计工具,可进行动态交互设计。

(a) Photoshop　　　　(b) Illustrator　　　　(c) Sketch　　　　(d) Adobe XD

图 5-24　主流的 UI 设计软件

(a) Axure　　　(b) Xmind　　　(c) After Effect　　　(d) Keynote　　　(e) 墨刀

图 5-25　交互类设计软件

1. Photoshop 相关介绍

Adobe Photoshop(简称 PS)是由 Adobe Systems 开发和发行的图像处理软件。PS 主
要处理以像素构成的数字图像,使用其众多的编修与绘图工具,可以有效地进行图片编辑工
作。PS 功能众多,在图像、图形、文字、视频等各方面都有涉及。从功能上看,该软件可进行
图像编辑、图像合成、校色调色及色效制作等工作。

PS 的界面由菜单栏、工具栏、选项栏、工作区、文档标签、面板这几个部分组成,界面如
图 5-26 所示。

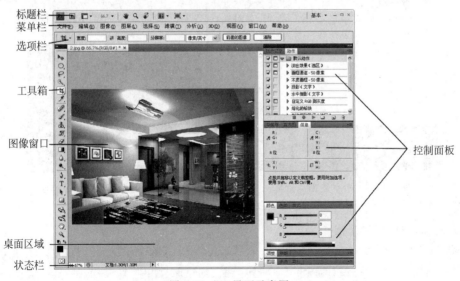

图 5-26　PS 界面示意图

在 UI 界面设计中,该软件主要负责移动端或 PC 端界面原型图设计、Banner 设计、图
形与图标设计、图片处理等以静态视觉为核心的工作。

（1）PC 端或移动端的界面原型图设计。

在设计 PC 端或移动端界面时，需要事先规划好界面中各个模块与功能的布局，确保应用的操作流程符合逻辑，如图 5-27 所示。

图 5-27　界面设计

（2）图形与图标设计。

在图形与图标设计方面，PS 中提供了强大的矢量工具与布尔运算功能，可根据创作需求绘制规则或自由形态的图标与图形，如图 5-28 所示。

（3）图像处理。

在图像处理方面，PS 也能胜任图像合成、图像精修、图像校色、图像格式转换等编辑工作。如图 5-29 所示为精修前后的模特图像，精修后的模特肌肤明显更干净、明亮。

图 5-28　图形与图标基本轮廓设计　　　图 5-29　人像精修对比效果图

2. Adobe XD 相关介绍

Adobe XD(全称为 Adobe Experience Design)是一款集原型设计、界面设计和交互设计于一体的软件，它能够设计任何用户体验界面、创建原型和共享文档。从 PC 端网站和手机端移动应用程序设计到语音交互等，Adobe XD 软件都能全面覆盖和实现。

Windows 上的 Adobe XD 的工作区可分为：A. 设计模式，B. 原型模式，C. 手机预览模式，D. 缩放级别，E. 在线共享，F. 属性检查器，G. 粘贴板，H. 画板，I. 工具栏，J. 弹出菜单，如

图 5-30 所示。

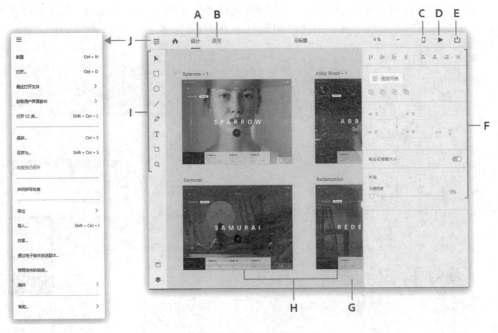

图 5-30　Adobe XD 工作区示意图

　　在 UI 设计中,Adobe XD 专注于界面设计,它拥有简洁的操作界面,功能清晰,无弹窗,启动速度和运行速度快,且非常轻量化。

　　(1) 页面原型设计。

　　在页面设计视图模式下,用户可以在艺术板上任意绘制和设计图形,如图 5-31 所示。

图 5-31　利用 XD 设计界面

（2）原型交互设计。

在原型交互设计视图模式下，用户可以拖出线条连接两个艺术板页面，或是连接艺术板页面中的某个功能，或是连接艺术板页面与某个功能，从而形成交互，如图 5-32 所示。

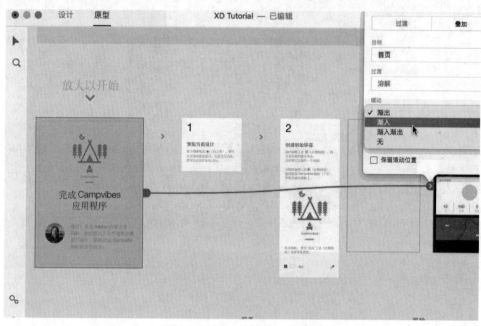

图 5-32　交互设计操作示意图

5.3　交互设计及其常用软件介绍

5.3.1　交互设计的概念

交互设计(Interaction Design，IXD)，也称为互动设计，是指设计人和产品或服务互动的一种机制，简单来说，就是人们在使用网站、软件、消费产品时产生的互动行为，如图 5-33 所示。

交互设计需要体现的要素可以归纳为以下几方面。

（1）任务：首先需要考虑用户使用产品的目的，其次考虑视觉呈现。

（2）清晰：主模块和主要功能需要清晰明了，设计中的控件和交互方式需保持一致。

（3）友好易用：对新用户来说需要是友好的，易于学习和掌握的。

（4）示例与提示：每个操作最好都有示例或提示，提示信息必须有效且不会打扰。

（5）帮助与反馈：需要实时帮助信息和反馈等提示信息。

（6）商业性或社会性：满足商业目标或社会性目标。

交互设计的核心在于用户体验，以用户为中心意味着在设计产品时需要从用户的需求和感受出发，以服务用户为目的，而不是让用户去适应产品。交互设计的本质是以用户为中心，为了满足用户的需求和期望，外观和功能的设计都围绕着用户来进行。

图 5-33　交互行为

5.3.2　交互设计的流程

交互设计的各个阶段有不同的任务,可以分为准备阶段、设计阶段和跟踪阶段。在准备阶段,重点完成需求分析和用户建模;设计阶段包括制作流程图、低保真原型和高保真原型;在跟踪阶段,视觉设计师与工程师要详细描述交互原型的结构和设计细节;在开发过程中及时跟进,及时发现遗漏的问题,确保开发的完整性。

1. 需求分析

需求分析指的是对待解决问题的详细分析,确定问题的要求以及最终想要得到的效果,其核心在于深入理解用户的的真实需求,找出用户最痛点,这是需求分析的关键。

2. 用户建模

(1) 建立需求坐标。

需求坐标(图 5-34)是将用户需求以二维图表形式呈现,使用重要性和频率作为坐标轴,将用户需求根据重要性和频率在坐标图中标识出位置。越靠近坐标原点,表示该需求的重要性和使用频率越低,需求率也就越低。相反,越靠近右上方的需求,其重要性和使用频率越高,需求率也就越高。

通过用户需求坐标,可以明确哪些功能对用户来说最重要、最受关注,这样的功能应该在产品的首要位置上显示。而次要的、关注较少的信息则可在产品的次要位置或更低的位置上显示。这样的信息架构方法可以使产品信息有秩序,避免冗杂,让用户更容易快速地找到所需的信息。

(2) 用户建模卡片。

用户建模指的是通过设计一个虚构的用户来代表产品的核心用户群。这个虚构用户拥有该用户群体的所有典型

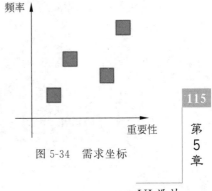

图 5-34　需求坐标

特征,例如身份、职务、地区、喜好等。这个虚构用户要能反映出用户群的困扰和需求。通常,一个产品会设计多种用户模型来代表所有用户群体,图 5-35 展示的是为某外卖产品建立的用户建模卡片。

姓名:李四		
性别:男		核心用户
年龄:26		
性格:宅		
所在地:武汉		
使用频率:每天一次		
用户特征	李四是一名在读研究生,因忙于科研,经常没时间吃饭	
需求情景	李四学习的地方离食堂较远,如果去食堂吃饭,那么会很浪费时间	
认知过程	一次订餐时,在网页上看到了这款 App。该款 App 具有送餐快、价格便宜的优点	
决策心理	如果有优惠券并且订餐便宜,那么以后还会选择用该款 App	
关注因素	送餐快、服务态度好、价格适中	
行为过程	肚子饿了-打开外卖App-选择美食-下单-边写论文边等待美食	
使用结果满意度	用户需求被满足了,并超过其预期	

图 5-35　用户建模卡片

3. 制作流程图

流程图主要用来表现产品的信息架构,通常会用逻辑思维导图的方式来表现。常用的逻辑思维导图软件有 Mind Manager、Xmind、Illustrator 等。这些软件可以简单、方便、美观地展现产品的功能架构,层级清晰,一目了然。

4. 低保真原型制作

原型是指在整个产品上市之前的一种模型体验设计,可分为低保真原型和高保真原型两种。其中,低保真原型是通过线框描述的方法,将页面的模块、元素和人机交互的形式,表现得更加具体、生动,使产品脱离外壳状态。制作低保真原型的目的是帮助设计师关注于结构、组织、导航和交互功能等的设计,并将确定好的内容投入制作高保真原型,以关注界面的颜色、字体和图片等的设计。

常见的低保真原型形式有手绘和计算机制作两种,分别如图 5-36 和图 5-37 所示。计算机制作低保真原型可以使用 Mockup、Photoshop、Illustrator、墨刀等软件。

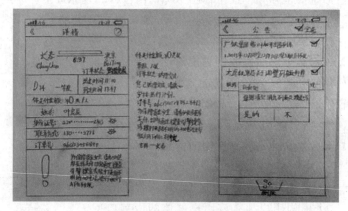

图 5-36　手绘低保真原型

图 5-37　计算机绘制低保真原型

　　在制作了低保真原型后,可以按照流程图的方式,构建产品的交互布局图。当下较流行的制作交互布局图的软件有墨刀、Sketch、Axure 等。图 5-38 所示即为某产品的交互布局图。

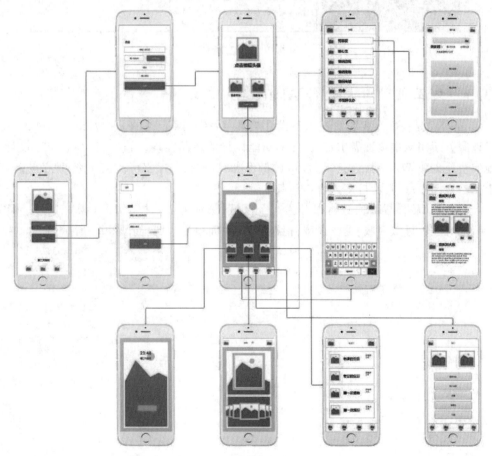

图 5-38　交互布局图

5. 高保真原型制作

　　高保真原型(图 5-39)是相对低保真原型而言的,如果说低保真原型关注的是结构和流程,那么高保真原型关注的就是细节,包括颜色、字号、间距等规范性问题。

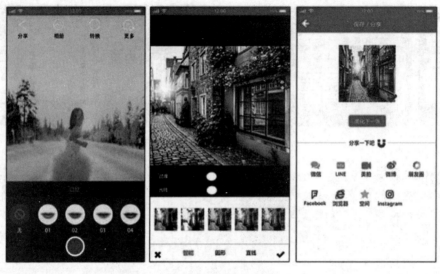

图 5-39 高保真原型

视频讲解

5.3.3 交互设计常用软件 Axure RP 介绍

Axure RP 是一款专业的快速原型设计工具,可在官网下载,支持 Windows 和 macOS。它可以服务于团队中负责需求定义、产品功能设计的产品经理、需求工程师和交互设计师,让他们快速创建 Web 网站或移动 App 的低保真线框图、高保真可交互原型、业务流程图和需求规格说明书等,且支持多人协作和版本管理。

Axure RP 软件界面大致可以分为 8 个区域,分别为菜单栏区域、工具栏区域、页面区域、元件库区域、母版区域、工作区域、检视区域、页面概要区域,如图 5-40 所示。

图 5-40 Axure RP 界面示意图

Axure RP 的页面管理采用类似操作系统的文件夹和页面文件的管理方式,不同点是,页面文件可以存在子页面。其页面导航面板如图 5-41 所示。

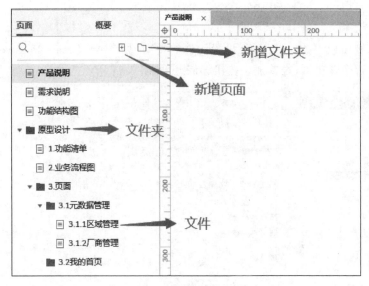

图 5-41　页面导航面板

Axure 的元件库,类似于 PPT 的模板,或者是 Office 提供的各种形状、图标,可以通过拖曳的方式,帮助快速创建原型。元件库导航面板如图 5-42 所示。

图 5-42　元件库导航面板

工具栏提供了常用按钮的快捷入口,既可以通过鼠标单击激活,也可以通过快捷键激活,如图 5-43 所示。

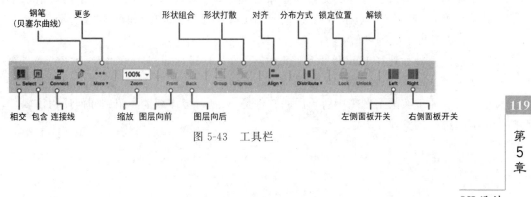

图 5-43　工具栏

那么,如何设计元件的交互呢?

(1) 设置元件的类型、Tips、约束。

可通过检视面板中的属性面板,设置元件的类型(如 Text、Email、Password)、占位符、Tips、长度、是否隐藏边框、表单提交按钮等信息,如图 5-44 所示。

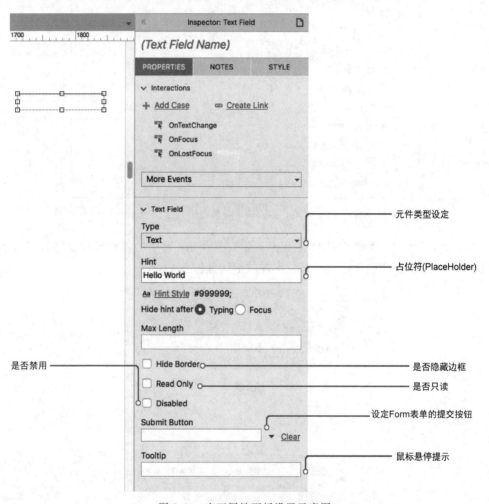

图 5-44　交互属性面板设置示意图

(2) 对元件进行事件设置。

需选择元件后在检视的交互属性界面,选择"事件类型"选项,在弹出的对话框中,可设计页面跳转、界面元素显示与隐藏、渐入渐出效果等各类动作,如图 5-45 所示。

(3) 设置下拉列表值。

通过元件库选择 List Box 元件,在检视的交互属性面板中单击"添加项菜单"选项,可以批量添加下拉值,如图 5-46 所示。

图 5.4 节实战案例 1 中所采用的软件是 Axure,会详细地介绍到如何使用该软件,所以本节不再赘述其使用方法。

图 5-45　事件设置

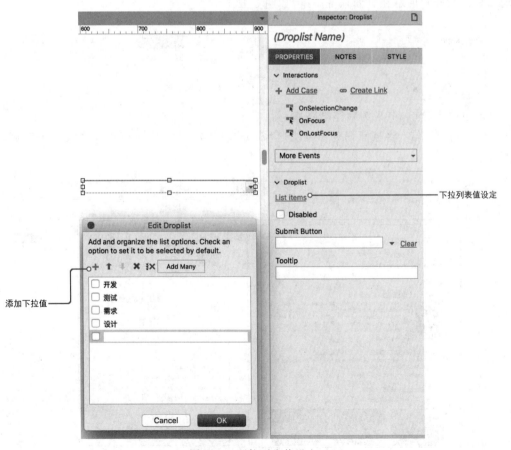

图 5-46　下拉列表值设定

5.4 实战案例1——高保真Web原型图设计

本节将利用Axure来进行"百度"网站的高保真原型制作,该软件可在官网下载。首先进行需求分析,体验该网站具体的功能;其次是制定思路,将页面进行合理划分并识别其各元件间的交互动作;最后进行实操。其具体操作流程图如图5-47所示。

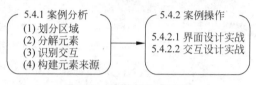

图5-47 具体操作流程图

5.4.1 案例分析

"百度"的全局导航,有别于其他新闻类、工具类或企业官网类网站的全局导航视觉展示——作为搜索引擎,它更加关注搜索方面的内容展示,弱化了全局导航的展示地位。

用户单击"网页""新闻""贴吧"等超链接,会跳转至相应的页面,而每个页面的全局导航均以相同的样式展示在页面顶部附近,如图5-48所示。

图5-48 百度导航栏

通过以上分析,本案例制作思路如下。

(1)划分区域:将页面划分为页头区域、分类区域、内容区域和右侧区域4个区域,如图5-49所示。

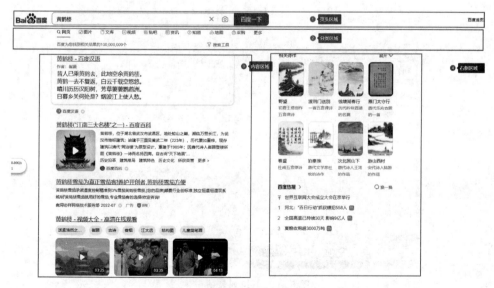

图5-49 区域划分

（2）分解元素：构成元素包括但不限于图片、文本框、文本标签、icon、按钮等。

（3）识别交互：逐个识别每个构成元素是否存在交互行为。对于交互设置，在每个区域进行制作时再予以一一说明。

（4）构建元素的来源：构建元素的来源为元件库和 iconfront。

5.4.2 案例操作

本案例以制作页头区域（区域①）为例，将分为界面设计和交互设计两部分进行详细介绍。首先，进行页面设计，将所需的元素按要求进行添加、放置；其次，在按照元素之间的交互行为进行相对应的设计。

1. 界面设计实战

在页面设计过程中，将分为五个步骤进行，具体说明如下所示。

步骤 1：设置原型尺寸并添加"百度"LOGO。

首先拖入"矩形 1"，在"样式"面板中设置其坐标为(50,50)。为了方便操作，将案例原型的尺寸定为 1280×720px。暂时保留边框，制作完毕后设置为无边框。先搜索"百度"LOGO 并复制粘贴到编辑区域，将其坐标设置为(80,75)，尺寸设置为 150×49px。效果如图 5-50 所示。

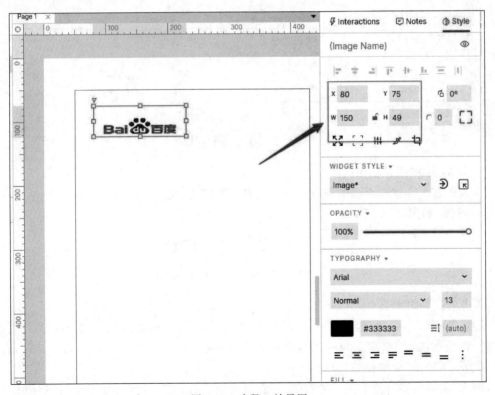

图 5-50　步骤 1 效果图

步骤 2：添加搜索框并设置其大小及形式。

拖入"矩形 1"，设置其坐标为(260,80)、尺寸为 385×40px，将其与 LOGO 保持中部对齐，边框色为浅灰色，将其命名为"外框"；再拖入"文本框"，设置其尺寸(367×25px)，与"外框"保持垂直和水平居中,将其设置为无边框,将其命名为"内框",如图 5-51 所示。

(a)

(b)

图 5-51　分别设置外框和内框

步骤 3:添加语音和相机图标。

拖入语音 icon、"垂直线"、相机 icon。注意:将"垂直线"作为中心点,使语音 icon 和相机 icon 等距,如图 5-52 所示。

图 5-52　步骤 3 效果图

步骤 4:添加"百度一下"。

拖入"矩形 2",设置其坐标为(645,80)、尺寸为 120×40px,通过取色笔获取"百度"网站中的按钮颜色,输入文字"百度一下",设置字体大小为 16、字体颜色为白色,如图 5-53 所示。

步骤 5:添加"文本标签"。

拖入"文本标签",置于页面的右侧,分别输入相应的文字,其效果如图 5-54 所示。

至此,完成了百度页面的页头区域界面设计。

2. 交互设计的实战

通过观察和使用,可以确定相关区域有如下 4 种交互动作。

(1)"生成联想内容":当将鼠标指针移入文本框时,外边框颜色由浅灰色变为深灰色;

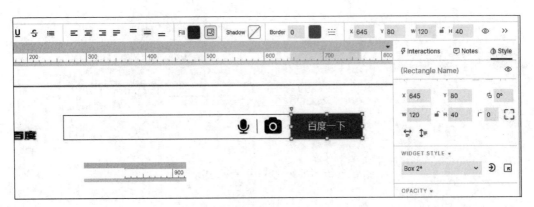

图 5-53　步骤 4 效果图

图 5-54　设置文本标签

当将鼠标指针移出文本框时,外边框颜色由深灰色变为浅灰色。在文本框内输入任何字符,都会在文本框下部显示联想内容。

(2)"图标变色":当将鼠标指针移至语音 icon、相机 icon 上时,语音 icon、相机 icon 的边框颜色显示为深蓝色;当将鼠标指针移走时,恢复默认色。

(3)"按钮变色":当将鼠标指针悬停在按钮"百度一下"上时,按钮的填充色显示为深蓝色;当将鼠标指针移走时,恢复默认色。

(4)"生成列表内容":当将鼠标指针移入文本标签设置的范围内时,显示列表内容;当将鼠标指针移走时,隐藏列表内容。

考虑到此区域有四种交互行为,在交互设计实战中将对应分为四大步骤进行操作。

步骤 1:"生成联想内容"实战。

矩形"外框"的线段颜色有 3 种变化,即浅灰色、深灰色和深蓝色。右击矩形"外框",选择"转换为动态面板"命令,如图 5-55 所示。

将新生成的动态面板命名为"边框",新增两个状态,将两个状态分别命名为"浅灰色"和"深灰色"。具体如图 5-56 所示。

双击"浅灰色"状态,将"外框"矩形复制、粘贴至"深灰色"状态中,并将粘贴后的矩形的线段颜色设置为深灰色,如图 5-57 所示。

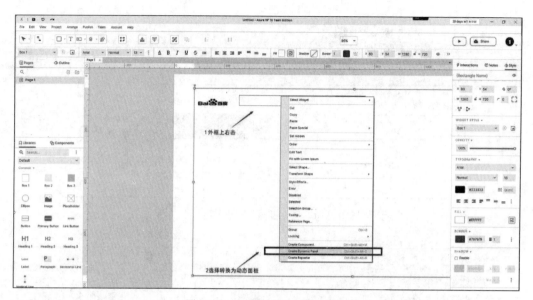

图 5-55　选择"转换为动态面板"

图 5-56　设置边框的状态

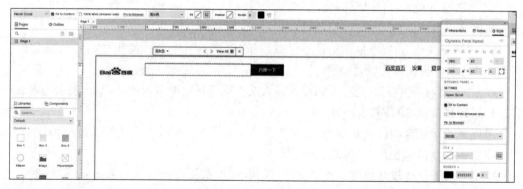

图 5-57　设置外框线段颜色

　　回到"浅灰色"状态中,选中"外框"矩形,单击"交互"标签,在"动态交互面板"中,如图 5-58 所示进行设置。

　　接着,选中"内框"文本框,改变其尺寸,使其覆盖"边框"动态面板的主要部分,但"边框"的线段不可被覆盖,如图 5-59 所示。

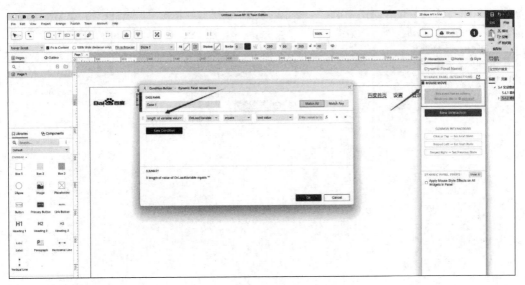

图 5-58　设置"动态交互面板"

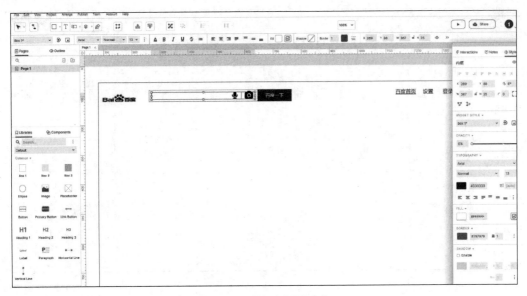

图 5-59　改变内框的尺寸

　　单击"新建交互"按钮,将"事件"设置为"鼠标移入时",将"元件动作"设置为"设置面板状态"。将"目标"设置为"边框"动态面板,设置"状态"为"深灰色"。其操作步骤分别如图 5-60(a)和图 5-60(b)所示。

　　单击"新建交互"按钮,选择"鼠标移出时",设置"边框"动态面板的"状态"为"浅灰色",继续单击"新建交互"按钮,将"事件"设置为"获取焦点时",将"元件动作"设置为"设置面板状态"。将"目标"设置为"边框"动态面板,将"状态"设置为"浅灰色"。单击"确定"按钮后,单击"+"按钮,将"元件动作"设置为"设置选中"。其操作流程分别如图 5-61 和图 5-62所示。

128

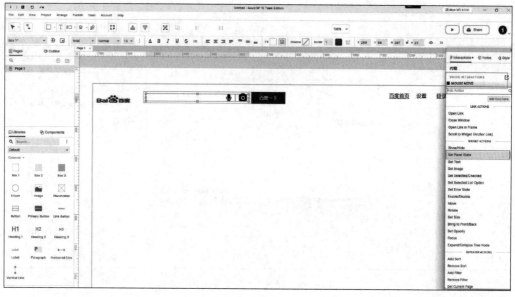

(a)

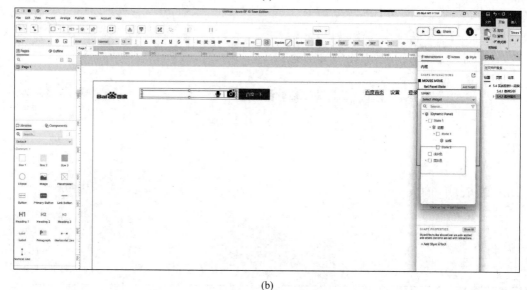

(b)

图 5-60　设置面板状态及颜色(1)

接下来制作在文本框内输入任何字符时,在文本框下部显示联想内容。以输入"南京"为例。当输入"南京"时,显示的是有关"南京"的联想内容,当删除文字"京"时,显示的是有关"南"的联想内容。因为存在变化,即考虑使用"动态面板"。拖入"动态面板",设置其坐标为(260,120)、尺寸为 $385\times200\mathrm{px}$,将其命名为"联想内容",如图 5-63 所示。

继续拖入"矩形 1",设置其坐标为(0,0)、尺寸为 $385\times40\mathrm{px}$,无边框。输入文字"南京天气",将文字"天气"加粗,文字左对齐。具体操作如图 5-64 所示。

单击"新建交互"按钮,选择"鼠标悬停"交互样式,勾选"填充颜色"复选框,设置为淡灰色,选中"联想内容"动态面板,单击"隐藏"按钮,如图 5-65 所示。

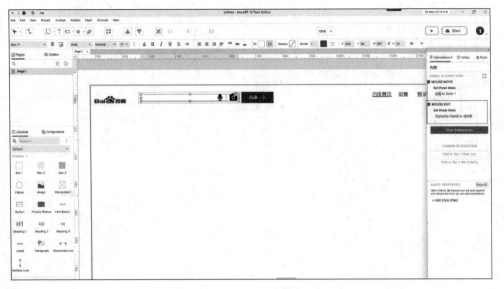

图 5-61　设置面板状态及颜色(2)

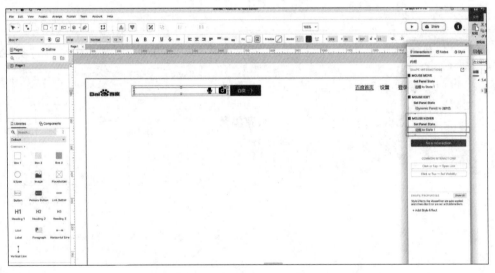

图 5-62　设置面板状态及颜色(3)

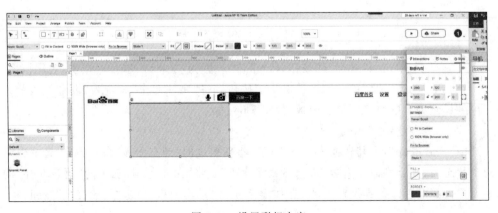

图 5-63　设置联想内容

130

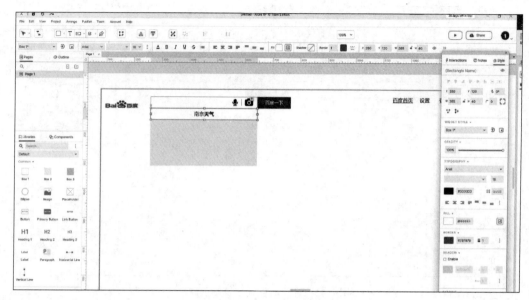

图 5-64　添加"南京天气"

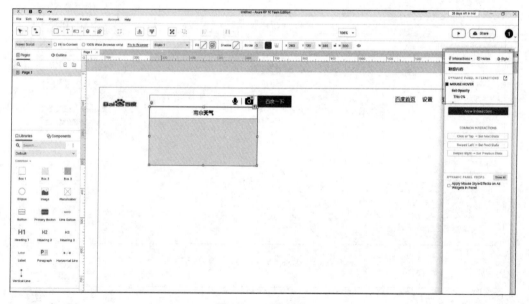

图 5-65　具体操作

　　选中"内框",单击"新建交互"按钮,将"事件"设置为"文本改变时"。单击"启用情形"按钮,若当前元件的文字是"南京"时,单击"＋"按钮。将"元件动作"设置为"设置面板状态",将"目标"设置为"联想内容"动态面板,如图 5-66 所示。

　　步骤 2:"图标变色"实战。

　　选中"语音 icon",将其转换为动态面板。将新生成的"动态面板"命名为"语音 icon",增加两个状态,将其分别命名为"默认色"和"深蓝色"。将"深蓝色"状态中的"语音 icon"的填充色设置为深蓝色。回到编辑区域,选中"语音 icon"动态面板,单击"新建交互"按钮,将"事

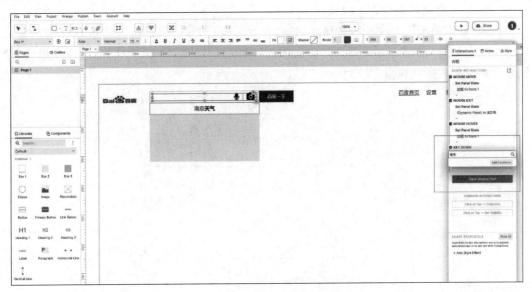

图 5-66　交互相关设置

件"设置为"鼠标移入时"。接着,完成"鼠标移出时"的设置。按照同样的方法,完成"相机icon"的交互,如图 5-67 所示。

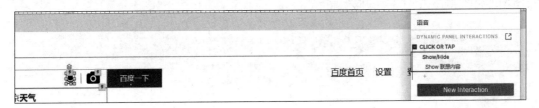

图 5-67　设置图标交互状态流程

步骤 3:"按钮变色"实战。

选中"百度一下"矩形,单击"新建交互"按钮,将"事件"设置为"鼠标悬停",勾选"填充颜色"复选框,选择深蓝色,如图 5-68 所示。

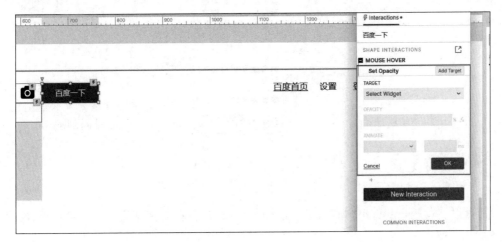

图 5-68　设置"百度一下"变色

步骤 4:"生成列表内容"实战。

拖入"动态面板",与文本标签居中对齐,设置其坐标为(1180,110)、尺寸为 90×100px,然后将其命名为"设置内容"。双击"设置内容"动态面板,拖入"矩形 1",通过改变形状、设置角度以及调整形状锚点,获得目标图形,如图 5-69 所示。

图 5-69 "设置"下拉框

设置该形状的外阴影,"X""Y""模糊"均为 1。同时拖入"矩形 1",设置其尺寸,并设置为无边框,在"鼠标悬停"交互下,勾选"填充颜色"复选框,并设置为与文字标签"百度一下"相同的默认蓝色,勾选"字色"复选框,并设置为白色。最后,同时选中 3 个矩形,进行唯一性的编组,如图 5-70 和图 5-71 所示。

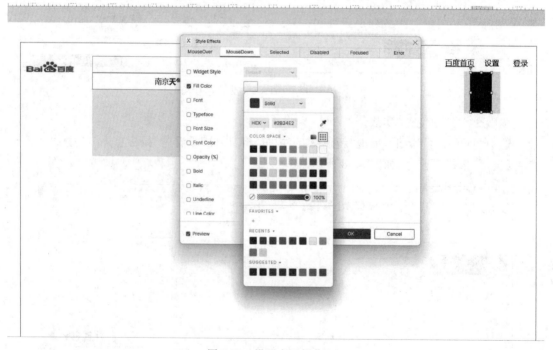

图 5-70 设置交互操作(1)

通过以上这些步骤即可实现区域①的内容,读者可自行对区域②、③、④进行设计。

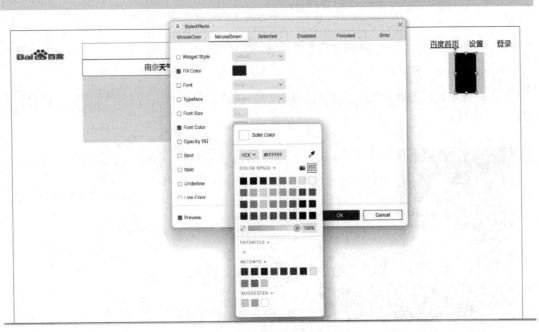

图 5-71　设置交互操作(2)

5.5　实战案例 2——利用 Kitten 设计交互案例

本节将讲述如何利用 Kitten 来设计一个交互案例。首先介绍 Kitten 的工作界面,可分为效果展示区、素材添加区、操作选项区及相关选项操作展示区等,如图 5-72 所示。

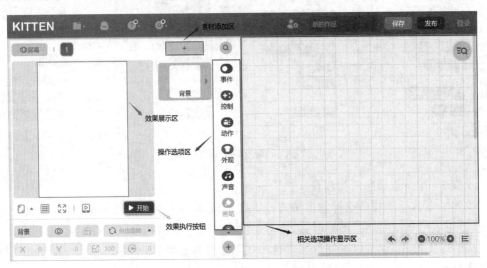

图 5-72　Kitten 工作界面

其实际操作分为三个步骤,流程图如图 5-73 所示。下面将详细介绍其操作步骤。

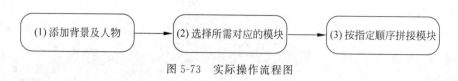

图 5-73　实际操作流程图

步骤 1：添加背景及人物。

在素材添加区选择背景及人物(雷电猴)，并在造型中添加人物的其他造型，其效果如图 5-74 所示。

图 5-74　背景及人物

步骤 2：选择所需对应的模块。

在操作选择区选择所需要的"事件""控制""外观"等具体选项，并进行自定义设置，如图 5-75 所示。

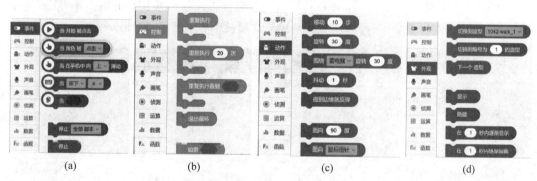

图 5-75　对应具体选择模块

步骤 3：按指定顺序拼接模块。

按照一定的顺序将所选择的模块进行拼接，这样当单击"开始"按钮时，任务就会开始往前走，当用鼠标单击"人物"图标时，人物则会发出爱心的图案，如图 5-76 所示。

按照以上操作，就可以很好地实现这一效果。读者也可以发挥想象力，让雷电猴变得更加活泼起来。

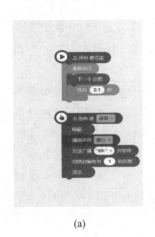
(a)

(b)

(c)

图 5-76　模块顺序及交互效果图

本章小结

　　本章首先介绍了 UI 设计的相关概念,并将其按照工作内容分为界面设计、交互设计和用户体验三部分;若按用户使用场景则分为移动端 UI 设计、PC 端 UI 设计、游戏 UI 设计和其他 UI 设计四种。其次概括性地讲述了移动端、PC 端的界面设计原则和技巧,移动端界面设计五原则包括一致性、习惯性、清晰性、易用性和人性化,PC 端界面设计四原则包括以用户为中心、视觉美观、主题明确、内容与形式相统一。随后还介绍了界面设计常用的软件,并举例说明了 PS 和 XD 在 UI 界面设计中所承担的工作等;也介绍了交互设计的概念、流程及常用软件 Axure RP。最后详细讲解了如何利用 Axure 设计一个高保真 Web 原型图,以及如何利用 Kitten 设计一个简单的交互案例。

知识拓展

　　学习 UI 设计,离不开“手勤、眼宽”。手勤就是多练,眼宽就是多去看设计网站,拓展自己的眼界。网络上的设计网站非常多,本章知识拓展介绍一些非常值得经常浏览的设计网站。请扫描本章末的第 5 章网址二维码,即可查找其官网地址。

　　(1) 站酷网。

　　(2) UI 中国。

　　(3) 优设网。

　　(4) Behance。

　　(5) Iconfinder。

　　(6) 花瓣网。

　　(7) Cupcake。

体息一会儿

　　苹果 LOGO 设计的坊间传说:苹果手机或计算机背后的标识是为了纪念奠定现代计

算机技术基础的人工智能技术先驱艾伦·麦席森·图灵。1954年6月7日,在诺曼底登陆借助图灵的密码技术取得成功10年零1天后,因被注射激素治疗同性恋而在精神和肉体上饱受折磨的图灵吃了一口沾有氰化物的苹果后死亡。

当斯坦福的两位企业家(史蒂夫·沃兹尼亚克和史蒂夫·乔布斯)为自己新的计算机公司寻找标识时,想起了图灵和他对这一领域的贡献。结果他们选中了被咬过一口的苹果作为公司的标志。

而另一版传说是:在西方语义里面,苹果不是一种单纯的水果,不是一般意义上的水果,而是一种智慧之果。圣经上就有这么一段,蛇告诉夏娃说:"如果你们吃了智慧树上的果子就会发现善恶有别,就会跟上帝一样,上帝就是因为这个理由而不让你们吃这果子的。"亚当和夏娃就是吃了苹果才变得有思想,现在引申为科技的未知领域。苹果公司的标志是咬了一口的苹果,表明了他们勇于向科学进军、探索未知领域的理想。

那么被咬的这一口,为什么是右边而不是左边呢?它与UI设计的原则有关吗?

 材料阅读

谁刻的老鼠最像

某国有两个非常杰出的木匠,技艺难分高下,国王突发奇想,要他们三天内雕刻出一只老鼠,谁的更逼真,就重奖谁,并宣布他是技术最好的木匠。

三天后,两个木匠都交活儿了,国王请大臣们帮助一起评判。

第一位木匠刻的老鼠栩栩如生,连老鼠的胡须都会动,第二位木匠刻的老鼠只有老鼠的神态,粗糙得很,远没有第一位木匠雕刻得精细。大家一致认为是第一位木匠的作品获胜。

但第二位木匠表示异议,他说:猫对老鼠最有感觉,要决定我们雕刻的是否像老鼠,应该由猫来决定。国王想想也有道理,就叫人带几只猫上来。没想到的是:猫见了雕刻的老鼠,不约而同地向那只看起来并不像老鼠的老鼠扑过去,又是啃,又是咬,对旁边的那只栩栩如生的老鼠却视而不见。

事实胜于雄辩,国王只好宣布第二位木匠获胜。但国王很纳闷,就问第二位木匠:你是如何让猫以为你刻的是真老鼠的呢?

其实很简单,我只不过是用混有鱼骨头的材料雕刻老鼠罢了,猫在乎的不是像与不像老鼠,而是有没有腥味。

优秀的UI作品往往在设计过程中需要不断的思维碰撞与纷呈的灵感火花,通过上述材料故事请思考:

- 在UI设计中如何做到"突破陈规、大胆探索、开拓进取、敢于创造"?
- 如何平衡在UI设计中作品的新颖美观与业务契合度的关系?

【第5章网址】

第6章　软件数据库设计

【本章简介】

本章首先介绍了软件数据库设计的相关概念,并概括了数据库系统的三种模型;其次介绍了关系型数据库管理系统(MySQL)和结构化查询语言(SQL);然后介绍了本章的实践工具 Navicat for MySQL;最后以 Navicat for MySQL 的入门使用作为实战案例,主要介绍了数据库连接、数据库数据导入与导出、数据库表记录的增删改查、数据库的管理与维护和数据库的数据备份与还原的操作与技巧。

【知识导图】

【学习目标】

- 理解软件数据库管理的相关概念。
- 理解关系型数据库管理系统——MySQL。
- 掌握结构化查询语言——SQL。
- 掌握数据库管理开发工具——Navicat for MySQL 的使用。
- 培养实践创新与创新能力,例如,利用 Navicat for MySQL 实现软件数据库设计。

 趣味小知识

世界零售连锁企业沃尔玛拥有世界上较大的数据仓库系统,里面存放了各个门店的详细交易信息。为了能够准确了解顾客的购买习惯,沃尔玛对顾客的购物行为进行了购物分析,想知道顾客经常一起购买的商品有哪些,结果他们有了意外的发现:"跟尿布一起购买最多的商品竟是啤酒!"

这是数据挖掘技术对历史数据进行分析的结果,它符合现实情况吗?是否是一个有用的知识?是否有利用价值?

于是,沃尔玛派出市场调查人员和分析师对这一挖掘结果进行调查分析。经过大量实际调查和分析,揭示了隐藏在"尿布与啤酒"背后的美国的一种行为模式:一些年轻的父亲下班后经常要到超市去买婴儿尿布,而他们中有 30%~40% 的人同时也为自己买一些啤酒。产生这一现象的原因是：他们的太太们常叮嘱她们的丈夫下班后为小孩买尿布,而丈夫们在买尿布后又随手带回了他们喜欢的啤酒。

既然尿布与啤酒一起被购买的机会很多,于是沃尔玛就将尿布与啤酒并排摆放在一起,结果是尿布与啤酒的销售量双双增长。

按常规思维,尿布与啤酒风马牛不相及,若不是借助数据挖掘技术对大量交易数据进行挖掘分析,沃尔玛是不可能发现数据内在这一有价值的规律的。由此可见,数据在人们生活中起着非常重要的作用。

6.1 数据库管理概述

6.1.1 数据库系统

数据库系统是为适应数据处理的需要而发展起来的一种较为理想的数据处理系统,也是一个为实际可运行的存储、维护和应用系统提供数据的软件系统,是存储介质、处理对象和管理系统的集合体。

数据库系统一般由四部分构成。

(1) 数据库。

数据库(Database,DB)指长期存储在计算机内、有组织、可共享的数据的集合。数据库中的数据按一定的数学模型组织、描述和存储,具有较小的冗余,较高的数据独立性和易扩展性,并可为各种用户共享。

(2) 硬件。

硬件是构成计算机系统的各种物理设备,包括存储所需的外部设备。硬件的配置应满足整个数据库系统的需要。

(3) 软件。

软件包括操作系统、数据库管理系统及应用程序。数据库管理系统(Database Management System,DBMS)是数据库系统的核心软件,是在操作系统的支持下工作,解决如何科学地组织和存储数据,如何高效获取和维护数据的系统软件。DBMS 主要功能包括：数据定义功能、数据操纵功能、数据库的运行管理和数据库的建立与维护。

(4) 人员。

人员主要有四类。

① 系统分析员和数据库设计人员。系统分析员负责应用系统的需求分析和规范说明,他们和用户及数据库管理员一起确定系统的硬件配置,并参与数据库系统的概要设计。数据库设计人员负责数据库中数据的确定、数据库各级模式的设计。

② 应用程序员。负责编写使用数据库的应用程序。这些应用程序可对数据进行检索、建立、删除或修改。

③ 最终用户。他们利用系统的接口或查询语言访问数据库。

④ 数据库管理员(Database Administrator,DBA)。负责数据库的总体信息控制。DBA 的具体职责包括：决定数据库中的信息内容和结构,决定数据库的存储结构和存取策略,定义数据库的安全性要求和完整性约束条件,监控数据库的使用和运行,负责数据库的性能改进、数据库的重组和重构,以提高系统的性能。

表 6-1 为数据库工作相关的技术岗位。

表 6-1 数据库工作相关技术岗位

数据库相关职位	职 责 描 述
DBA（数据库管理）	数据库架构、部署、运维、故障排除、性能优化等
DEV（应用开发）	企业应用程序开发、迁移；数据库应用开发建模、数据库应用优化等
系统开发	主要面向操作系统、中间件、数据库、虚拟化系统环境的功能扩展、性能优化、系统裁剪、补丁修复
系统测试	包括应用软件、系统软件测试，数据库的测试主要围绕业务场景的功能测试、性能测试、压力测试等
系统运维	面向网络、系统（操作系统、中间件、数据库、虚拟化）、硬件等基础环境的架构部署、管理维护等
数据分析	面向企业海量数据的整合、分析，提供价值报表、实时动态，为企业发展决策提供依据；大数据、物联网、人工智能同样需要基于大量数据进行计算分析
产品售前	产品功能、特性展示、业务场景测试；招投标架构方案设计
培训讲师	企业大学、培训机构面向数据库技术系统组织课程，开展授课
系统架构	相对较高级的职位，负责整体架构的部署及优化，如虚拟化架构、云计算平台架构、大数据平台架构等，数据库自然是架构中很重要的一环

6.1.2 三种数据模型

数据模型是信息模型在数据世界中的表示形式。可将数据模型分为三类：层次模型、网状模型和关系模型。

1. 层次模型

层次模型是一种用树形结构描述实体及其之间关系的数据模型。在这种结构中，每个记录类型都是用结点表示，记录类型之间的联系则用结点之间的有向线段来表示。每个双亲结点可以有多个子结点，但是每个子结点只能有一个双亲结点。这种结构决定了采用层次模型作为数据组织方式的层次数据库系统只能处理一对多的实体联系。层次模型的实例图如图 6-1 所示。

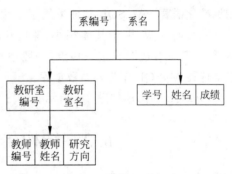

图 6-1 层次模型实例图

2. 网状模型

网状模型允许一个结点可以同时拥有多个双亲结点和子结点。因而同层次模型相比，网状结构更具有普遍性，能够直接地描述现实世界的实体。也可以认为层次模型是网状模型的一个特例。网状模型的实例如图 6-2 所示。

3. 关系模型

关系模型是采用二维表格结构表达实体类型及实体间联系的数据模型，它的基本假定是所有数据都表示为数学上的关系。关系模型的实例如图 6-3 所示。

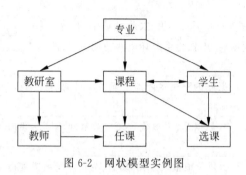

图 6-2　网状模型实例图

图 6-3　关系模型实例图

6.1.3　关系型数据库管理系统——MySQL

常见的数据库系统有 MySQL、SQL Server、Oracle 等,本节主要介绍一种关系型数据库管理系统——MySQL。

MySQL 是最流行的关系型数据库管理系统之一,在 Web 应用方面,MySQL 是最好的 RDBMS(Relational Database Management System,关系数据库管理系统)应用软件之一。关系数据库将数据保存在不同的表中,而不是将所有数据放在一个大仓库内,这样就增加了速度并提高了灵活性。

MySQL 所使用的 SQL 是用于访问数据库的最常用标准化语言。MySQL 软件采用了双授权政策,分为社区版和商业版,由于其体积小、速度快、总体拥有成本低,尤其是开放源码这一特点,一般中小型网站的开发都选择 MySQL 作为网站数据库。

MySQL 的图标如图 6-4 所示。

图 6-4　MySQL 图标

6.2　结构化查询语言——SQL

6.2.1　SQL 简介

结构化查询语言(Structured Query Language,SQL)是一种具有特殊目的的编程语言,是一种数据库查询和程序设计语言,用于存取数据以及查询、更新和管理关系数据库系统。

结构化查询语言是高级的非过程化编程语言,允许用户在高层数据结构上工作。它不要求用户指定对数据的存放方法,也不需要用户了解具体的数据存放方式,所以具有完全不同底层结构的不同数据库系统,可以使用相同的结构化查询语言作为数据输入与管理的接口。结构化查询语言语句可以嵌套,这使它具有极大的灵活性和强大的功能。

6.2.2　SQL 的功能

SQL 具有数据定义、数据操纵和数据控制的功能。

（1）SQL 数据定义功能：能够定义数据库的三级模式结构，即外模式、全局模式和内模式结构。在 SQL 中，外模式又叫作视图（View），全局模式简称模式（Schema），内模式由系统根据数据库模式自动实现，一般无须用户过问。

（2）SQL 数据操纵功能：包括对基本表和视图的数据插入、删除和修改，特别是具有很强的数据查询功能。

（3）SQL 的数据控制功能：主要是对用户的访问权限加以控制，以保证系统的安全性。

6.2.3　SQL 的分类

SQL 分类如表 6-2 所示。

表 6-2　SQL 分类

名　　　称	功　　　能	语　　　句
数据查询语言（DQL）	执行数据库的查询操作，用于从表中获得数据，确定数据怎样在应用程序中给出	select
数据操作语言（DML）	用于添加、修改和删除	insert，delete，update
数据控制语言（DCL）	用于权限控制，确定单个用户和用户组对数据库对象的访问	grant，revoke
事务控制语言（TCL）	用于确保被 DML 语句影响的表的所有行及时得以更新	commit，rollback，savepoint
数据定义语言（DDL）	用于在数据库中创建新表或修改、删除表，为表加入索引等	create，alter，drop

6.3　实践工具——Navicat for MySQL

6.3.1　Navicat for MySQL 简介

Navicat for MySQL 是一款强大的 MySQL 数据库管理和开发工具，它为专业开发者提供了一套强大的、足够尖端的工具。Navicat for MySQL 基于 Windows 平台，为 MySQL 量身定做，提供类似于 MySQL 的管理界面工具。此解决方案的出现，解放了 PHP、J2EE 等程序员以及数据库设计者、管理者的大脑，降低了开发成本，为用户带来了更高的开发效率。

6.3.2　Navicat for MySQL 的下载与安装

（1）从 Navicat for MySQL 官网进入，网址详见本章末二维码。官网界面如图 6-5 所示。

（2）单击 Alternative download 开始下载 Navicat for MySQL 按钮，如图 6-6 所示。

（3）等待下载完成，完成后的界面如图 6-7 所示。

（4）按照如图 6-8～图 6-13 所示的步骤安装 Navicat for MySQL。

视频讲解

软件数据库设计

图 6-5　Navicat for MySQL 官网界面

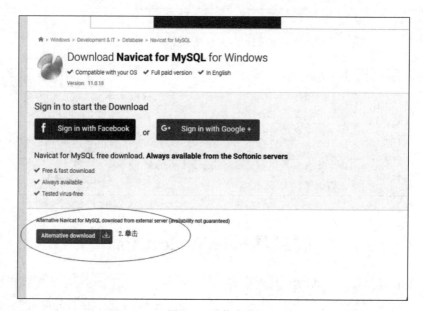

图 6-6　下载步骤

图 6-7　下载完成

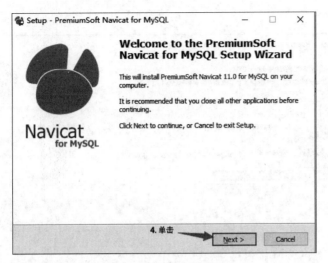

图 6-8　安装步骤(1)

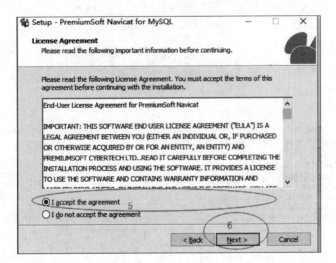

图 6-9　安装步骤(2)

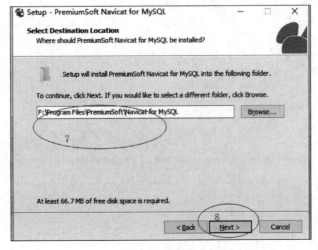

图 6-10　安装步骤(3)

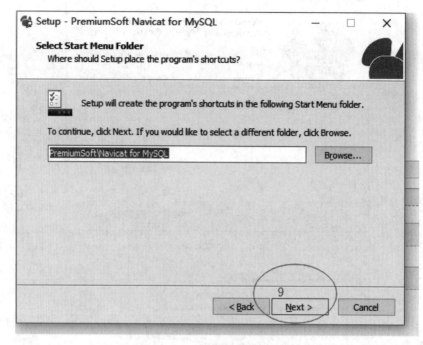

图 6-11　安装步骤(4)

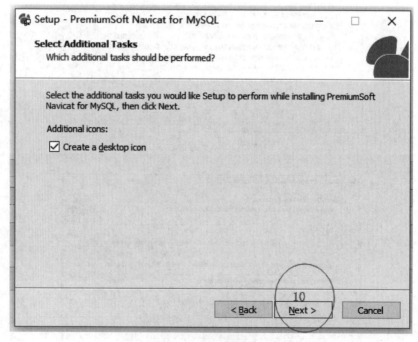

图 6-12　安装步骤(5)

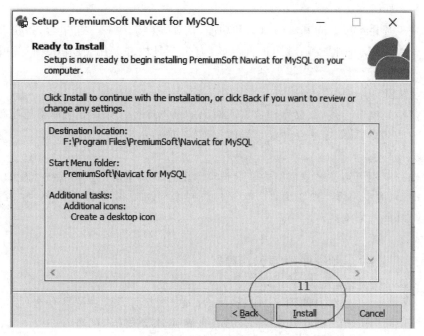

图 6-13　安装步骤(6)

6.3.3　Navicat for MySQL 操作界面介绍

Navicat for MySQL 的主界面主要分为 7 部分:主工具栏、导航窗格、选项卡栏、对象工具栏、对象窗格、信息窗格、状态栏。启动 Navicat for MySQL 后,进入如图 6-14 所示的主界面。

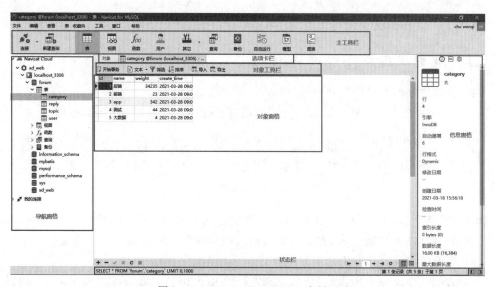

视频讲解

图 6-14　Navicat for MySQL 主界面

软件数据库设计

(1) 主工具栏。

通过主工具栏可以访问基本的对象和功能,例如,连接、用户、表、集合、备份、自动运行及更多。若要使用小图标或隐藏图标标题,可右击工具栏并禁用"使用大图标"或"显示标题"选项。

(2) 导航窗格。

导航窗格是浏览连接、数据库和数据库对象的基本途径。如果导航窗格已隐藏,可从菜单栏选择"查看"→"导航窗格"→"显示导航窗格"选项显示出导航窗格。

(3) 选项卡栏。

通过选项卡栏可切换对象窗格内具有选项卡的窗口。也可以选择将弹出窗口显示在一个新选项卡中,或显示在一个新窗口。如果已打开多个选项卡,可以按 Ctrl+Tab 组合键方便地切换到其他选项卡。

(4) 对象工具栏。

对象工具栏提供其他控件,用以操作对象。

(5) 对象窗格。

对象窗格显示一个对象的列表(如表、集合、视图、查询等),以及具有选项卡的窗口表单。使用"列表""详细信息"和"ER 图表"按钮来转换对象选项卡的查看。

(6) 信息窗格。

信息窗格显示对象的详细信息、项目活动日志、数据库对象的 DDL、对象相依性、用户或角色的成员资格和预览。如果信息窗格已隐藏,可从菜单栏选择"查看"→"信息窗格"→"显示信息窗格"选项显示出信息窗格。

(7) 状态栏。

状态栏显示当前使用中窗口的状态信息。

6.4 实战案例——Navicat for MySQL 入门使用

6.4.1 数据库连接的操作与技巧

(1) 连接数据库的操作与技巧。

首先单击主工具栏中最左侧的"连接"选项与数据库进行连接,如图 6-15 所示。

图 6-15 连接数据库操作

单击"连接"按钮的下拉菜单后进入"新建连接"对话框,如图 6-16 所示。对于初学者来说一般都是连接本地的数据库,先取名字再输入相应的账号密码即可建立连接。

(2) 新建数据库和数据表的操作与技巧。

首先在自己的名字上右击"新建数据库"选项,输入相关内容后便得到了一个空的数据库,再在数据库上右击"新建表"选项,会进入表格属性菜单,按照自己的设计输入属性定义主键后保存。表格属性菜单如图 6-17 所示。

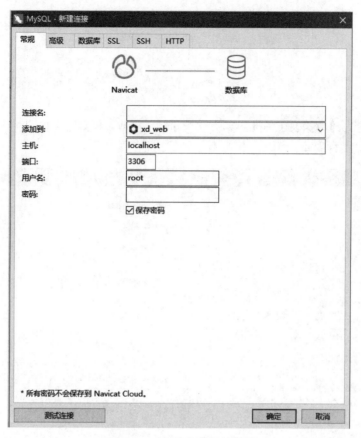

图 6-16　"新建连接"对话框

名	类型	长度	小数点	不是 null	虚拟	键	注释
id	int	11	0	☑	☐	🔑1	
name	varchar	128	0	☐	☐		
weight	int	11	0	☐	☐		
create_time	datetime	0	0	☐	☐		

字段　索引　外键　触发器　选项　注释　SQL 预览

图 6-17　表格属性菜单

此时,导航窗格得到刚刚创建的数据表,建好的数据表显示如图 6-18 所示。

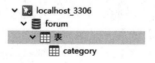

图 6-18　建好的数据表

6.4.2　数据库导入、导出数据的操作与技巧

(1)导入数据的操作与技巧。

首先用 Excel 新建简单数据表,另存为 CSV 格式。新建的数据表如图 6-19 所示。导入的数据最好是 UTF-8 编码。

id	name	weight	create_time
1	后端	35	2021/3/28 9:00
2	前端	23	2021/3/28 9:00
3	app	342	2021/3/28 9:00
4	测试	44	2021/3/28 9:00
5	大数据	4	2021/3/28 9:00

图 6-19　新建的数据表

然后,在建立的数据表上右击,单击"导入向导"选项,出现选择格式页面,如图 6-20 所示。选择"CSV 文件",单击"下一步"按钮。

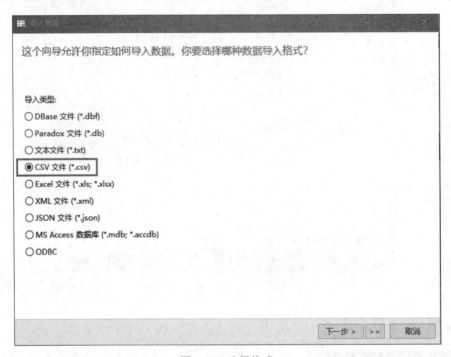

图 6-20　选择格式

出现文件源选择页面,如图 6-21 所示,选择相应的数据格式和数据源存放位置,选择"CSV 文件"选项,单击"下一步"按钮。

出现分隔符选择页面,如图 6-22 所示,分隔符设置取决于导入的数据划分的情况,如果不一致可能会导致后面出现一堆错误无法导入的情况,单击"下一步"按钮。

出现"源定义"附加选项页面,如图 6-23 所示,为"源定义"选择一些附加的选项。

单击"下一步"按钮,出现字段映射定义页面,如图 6-24 所示。将源数据和自己定义的属性一一对应起来,即可开始导入。

单击"下一步"按钮,出现开始导入页面,单击"开始"按钮,导入结束后,双击"数据库"按钮查看,结果如图 6-25 所示。

(2) 导出数据的操作与技巧。

选择"表类型"选项。在 Navicat for MySQL 中新建好数据库后,单击软件右边的"导出"按钮,这样就会打开"导出向导"对话框,在该对话框中选择"表类型"选项中的 Excel 文件,如图 6-26 所示。

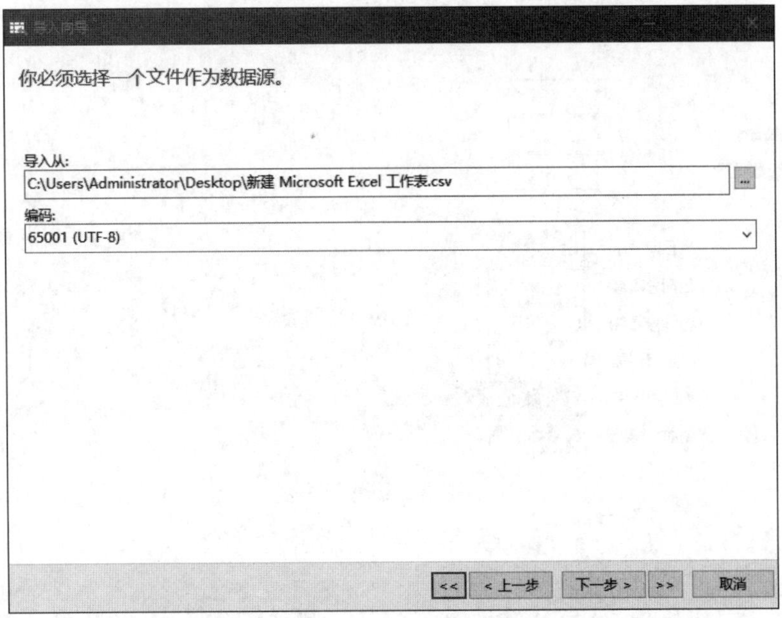

图 6-21　文件源选择

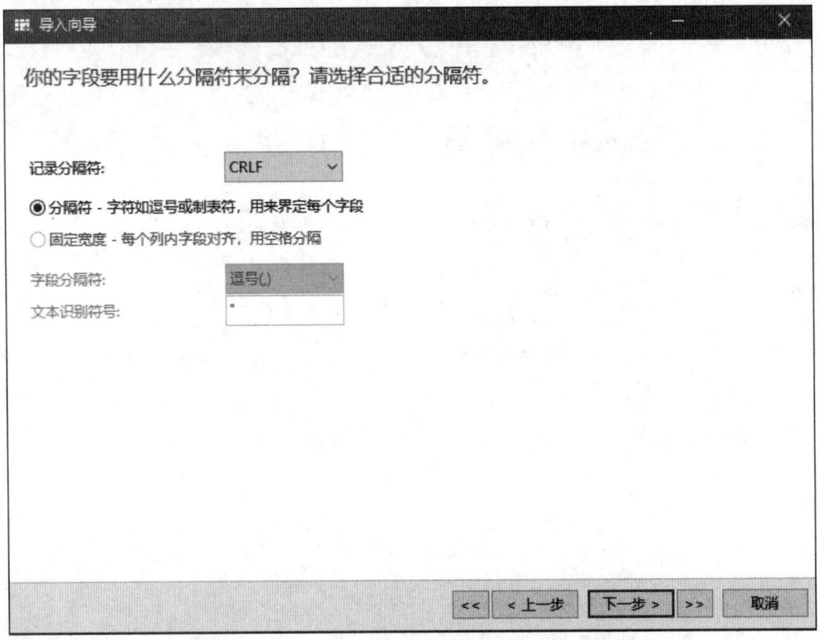

图 6-22　分隔符选择

软件数据库设计

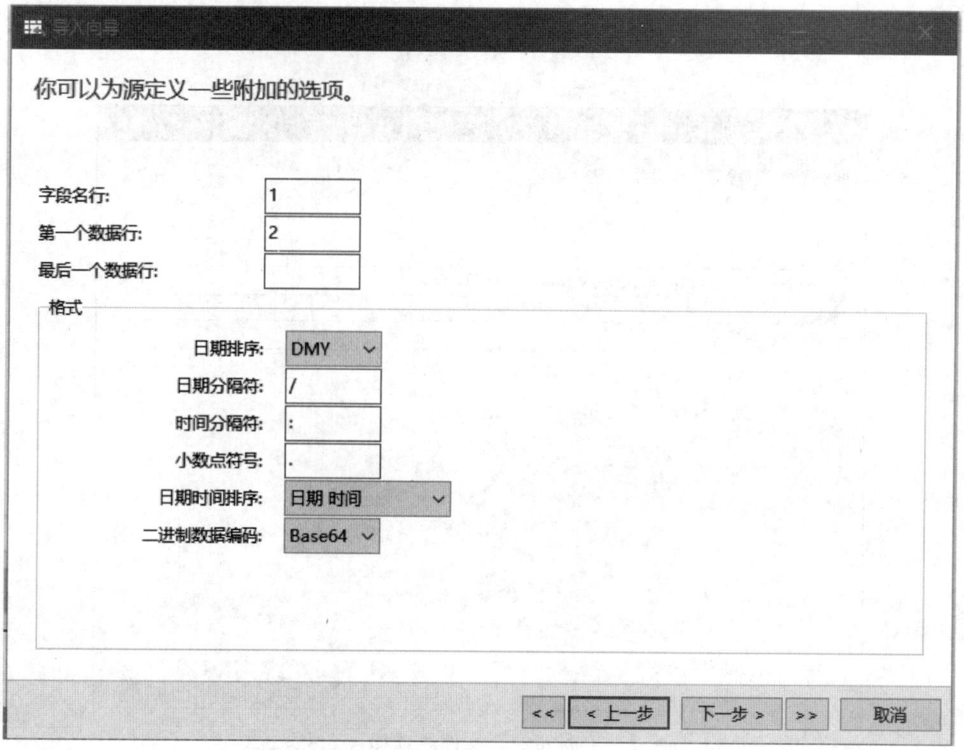

图 6-23　源定义附加选项

图 6-24　字段映射定义

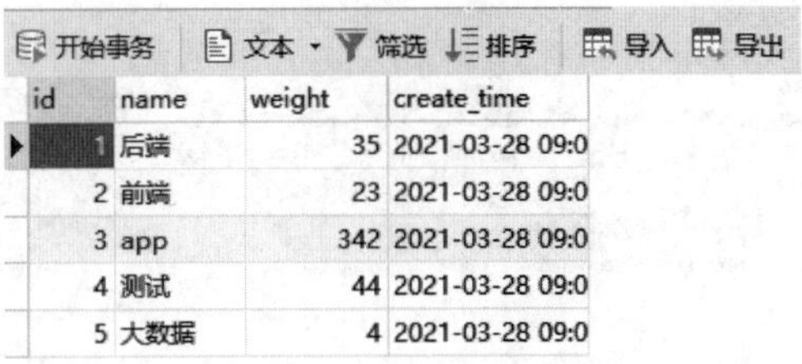

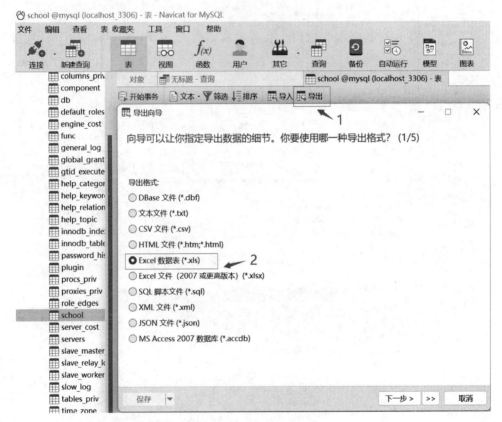

图 6-25　导入结果

图 6-26　"导出"对话框示意图

　　然后,选择导出表的存放位置。将导出的 Excel 表存放到合适的位置,例如,保存在计算机中的"我的文档"位置,如图 6-27 所示,放在合适的位置后,单击"保存"按钮。

　　然后,选择需要导出的栏位(列),一般都是默认选中全部栏位,这里也是一样保存默认即可。

　　定义"附加"选项,如图 6-28 所示,这里建议勾选"导出向导"对话框上的"包含列的标题"复选框,这样导出的 Excel 表的数据比较完整,然后单击"下一步"按钮。

　　最后,完成导出。完成上面的各项设置后,单击"开始"按钮执行导出,导出完成后,在[Msg]消息窗中显示所导出表的类别、位置等信息提示。导出完成后的界面如图 6-29 所示。

　　导出向导的"附加"选项设置根据用户设置的文件格式而定。

软件数据库设计

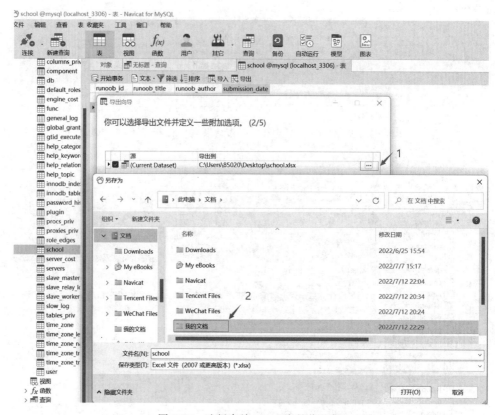

图 6-27 选择存放 Excel 表的位置框

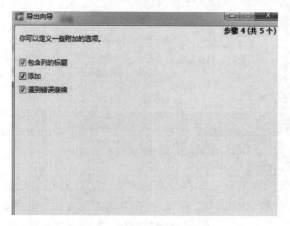

图 6-28 定义附加选项框

视频讲解

视频讲解

6.4.3 数据库表记录的增、删、改、查的操作与技巧

（1）写 SQL 语句实现数据库表的增、删、改、查的操作与技巧。

首先，在打开的 Navicat for MySQL 软件界面上的工具栏处单击"查询"按钮，如图 6-30 所示。

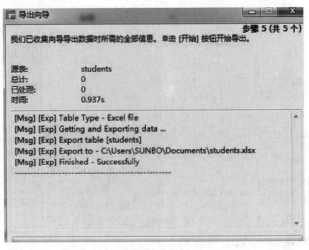

图 6-29　导出完成

图 6-30　单击"查询"按钮

其次,打开想要操作的数据库,如操作本地连接下的 xd_web 数据库,操作步骤如图 6-31 所示。

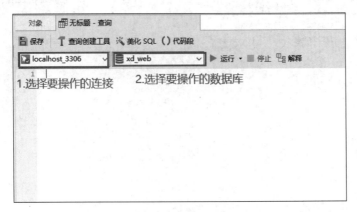

图 6-31　打开要操作数据库的操作步骤

然后,在图 6-31 的空白区域写 SQL 语句实现数据库表记录的增、删、改、查。增、删、改、查的基本格式语法如下。

① 增:

INSERT INTO [TABLE_NAME] (column1,column2,column3,…,columnN) VALUES (value1,value2,value3,

…,valueN);

② 删:

DELETE FROM [table_name] WHERE [condition];

③ 改:

UPDATE [table_name] SET column1 = value1,column2 = value2,…,columnN = valueN;

④ 查:

SELECT column1,column2,columnN FROM table_name;

(2) Navicat 实现数据库表记录的增、删、改、查的操作与技巧。

单击打开数据库表 user,如图 6-32 所示。

图 6-32　Navicat 实现增、删、改、查

① 增：单击图 6-32 中左下角的 1 指向的符号后，出现新的一行数据库表记录，在新一行数据库表记录中输入数据，单击"√"按钮即完成数据库表记录的增加操作。

② 删：选中数据库表中的某行或者某行的单个数据，单击图 6-32 中 2 指向的符号后，单击对话框中的"确定"按钮，即可删除这条记录。

③ 改：选中数据库表中的目标记录，手动修改后，单击"√"按钮即完成修改操作。

④ 查：单击图 6-32 中上部 4 指向的"筛选"按钮，输入筛选条件后，单击"应用"按钮，即可查找到目标记录。

6.4.4 数据库表的管理与维护操作技巧

当 MySQL 数据库的内容导入到 Navicat 管理工具中之后，就可以开启管理和维护的工作。右击需要维护的"表"，在随之弹出的对话框中单击"维护"选项，其选项下包括"分析表""检查表""优化表""修复表""取得行的总数"5 个命令，如图 6-33 所示。

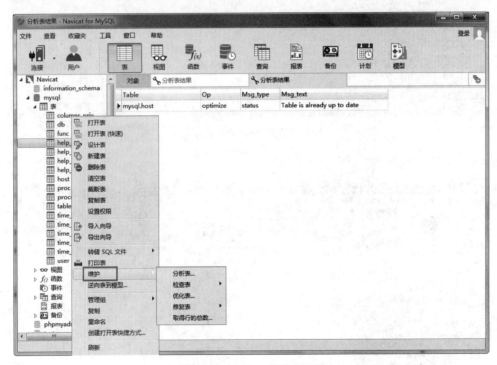

图 6-33　Navicat 维护表选项

（1）分析表：单击"分析"选项，将会呈现出 Navicat 对该表的分析结果。分析结果如图 6-34 所示。

（2）检查表：对 MySQL 表数据进行快速的检查，反馈检查结果。检查表又分为"常规""快速""快""已改变""扩展"5 项功能。检查表的功能如图 6-35 所示。

（3）优化表：单击"优化"按钮，快速更新数据，以达到优化的效果。优化表结果如图 6-36 所示。

（4）修复表：对表数据进行一定的修复，包括"快速"和"扩展"选项。修复表选项如图 6-37 所示。

155

第 6 章

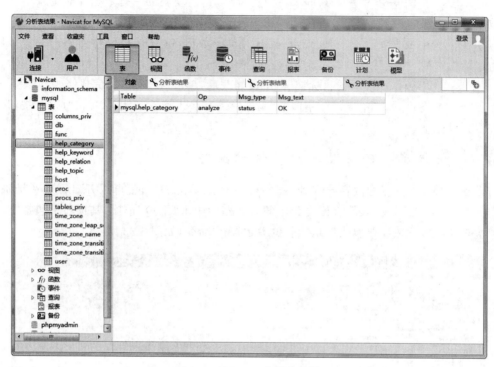

图 6-34　Navicat 分析表结果

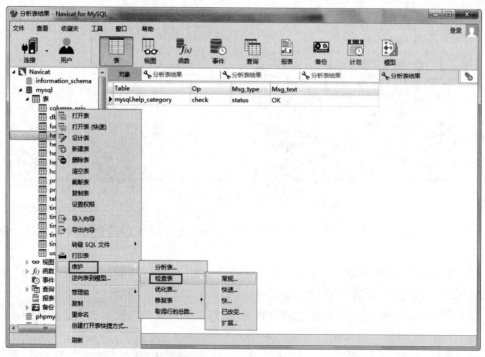

图 6-35　Navicat 检查表选项

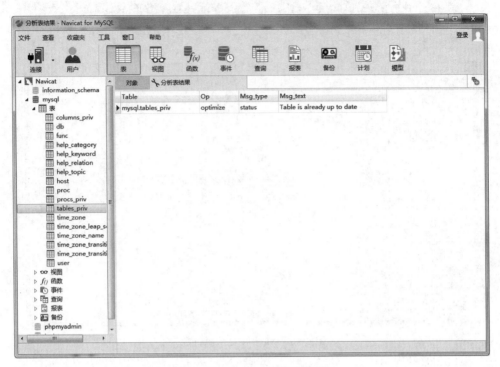

图 6-36　Navicat 优化表结果

图 6-37　Navicat 修复表选项

（5）取得行的总数：计算该表数据总的行数。显示总行数图如图 6-38 所示。

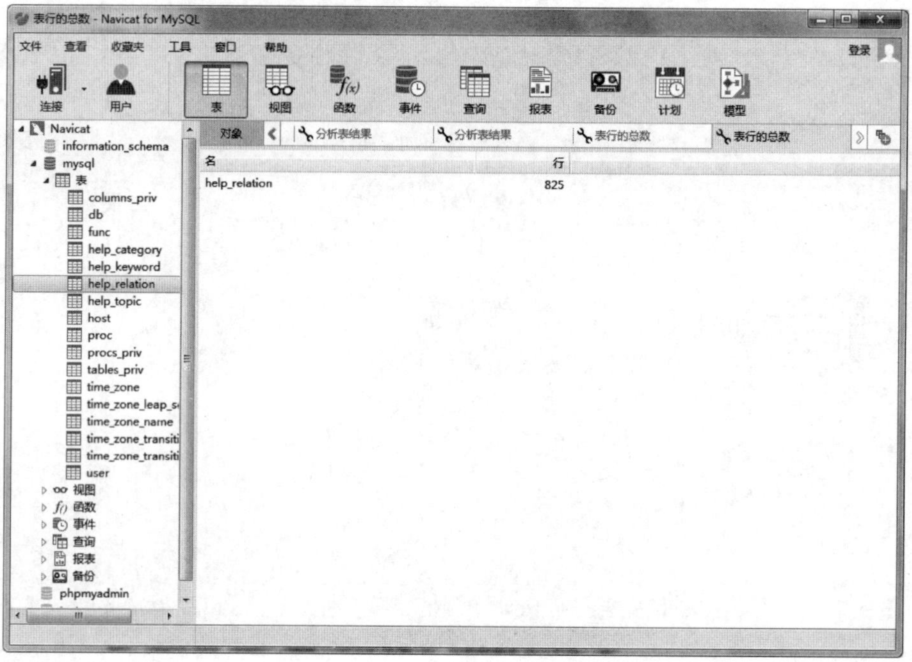

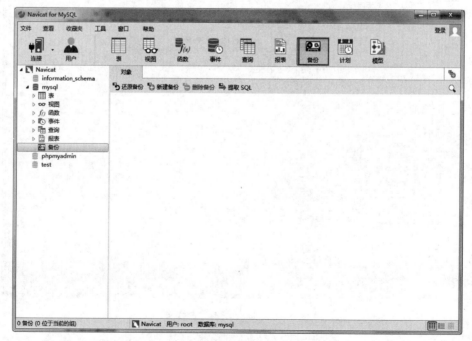

图 6-38 Navicat 显示总行数

6.4.5 数据库的数据备份与数据还原操作与技巧

（1）备份数据的操作与技巧。

在 Navicat 界面的菜单栏中单击"备份"功能按钮，如图 6-39 所示。

图 6-39 "备份"按钮

然后,在导航栏中单击"新建备份"按钮,如图 6-40 所示。

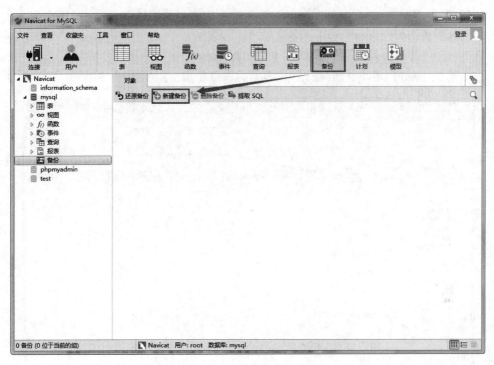

图 6-40　"新建备份"按钮

在弹出的"新建备份"对话框中单击"开始"按钮,执行备份的命令。执行备份命令的操作步骤如图 6-41 所示。

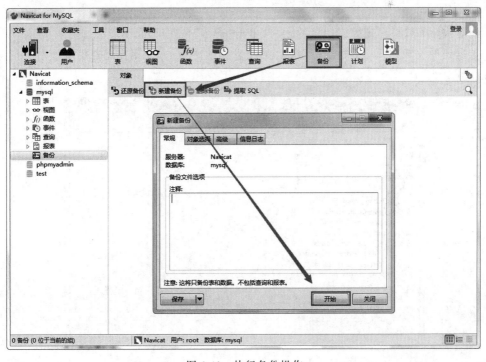

图 6-41　执行备份操作

备份完成后,在导航栏中就可以看到关于备份数据的信息。在备份时间上右击,选中"常规"命令,即可查看备份文件的存储位置、文件大小和创建时间。

(2) 数据还原的操作与技巧。

在 Navicat 界面的菜单栏中单击"备份"功能按钮,如图 6-39 所示。

在导航栏中单击"还原备份"按钮,在弹出的窗口单击"开始"按钮,如图 6-42 所示。

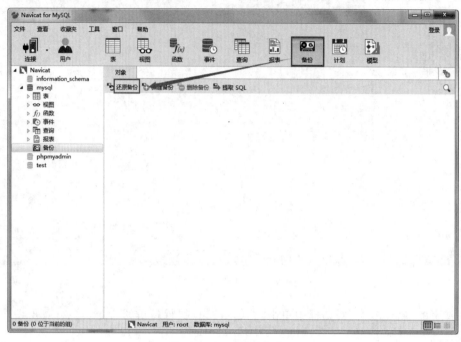

图 6-42 "还原备份"按钮

温馨提示:如果出现警告提示的窗口,单击"确定"按钮即可。

数据还原完成之后,依然会弹出友好的消息提示窗口,方便用户进行信息核对。信息查看如图 6-43 所示。

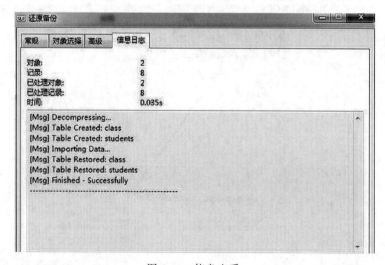

图 6-43 信息查看

 **本章小结**

　　本章首先介绍了软件数据库设计的相关概念、数据库系统的四个组成部分,以及"层次模型""关系模型"和"网状模型"三种数据模型;然后介绍了关系型数据库管理系统——MySQL 及其特性,还有结构化查询语言——SQL 及其功能与分类;接着介绍了数据库管理和开发工具 Navicat for MySQL,包括其下载安装过程、Navicat for MySQL 的主界面等;最后作为实践,介绍了 Navicat for MySQL 的简单入门使用。

知识拓展

　　学习软件数据库管理,不仅要熟悉数据库系统相关的理论知识,还要多动手、多实践。更为重要的是一秒钟也不要停止思考,问题要想透彻,正所谓磨刀不误砍柴工,要有打破砂锅问到底的精神。

　　本章知识拓展介绍一些开源的数据库管理工具。

　　(1) OpenKeyVal。

　　(2) Dbeaver。

　　(3) MyWebSQL。

　　(4) DBNinja。

　　(5) MyDB Studio。

 **休息一会儿**

　　大家了解过吗? MySQL 之前其实有另一个叫作 PostgreSQL 的数据库已经发展得相当完善。PostgreSQL 是美国一所大学实验室开发的关系数据库,它的开发研究远远早于MySQL,并且 PostgreSQL 数据库遵循的国际 SQL 开发标准也远远高于 MySQL。那么问题来了,MySQL 为什么会逆袭呢?

　　先来说说 MySQL 的由来。它早期是由三位科学家研究开发的,并且 MySQL 这个名字中的 My,是以其中一位主要开发这个数据库的科学家的女儿 My 而命名的,因此才叫MySQL。

　　PostgreSQL 和 MySQL 两个数据库前后开发时间上有很大差距,但是 MySQL 为什么会逆袭了? 原来 PostgreSQL 数据库在开发的时候,主要是为了大学的教学,严格遵照国际SQL 开发标准,因为是应用于教学,而不是市场需求的性能,因而推广缓慢。

　　也就是说,这里有市场空白,MySQL 的几位科学家在开发的时候就从解决性能问题出发,虽然忽略了部分 SQL 标准,但是因为性能远高于 PostgreSQL 而被市场所认可,而后MySQL 也加入了开源标准,得到了越来越多人的完善,直至今天,MySQL 已经被全世界开发员应用于市场解决关系型数据库存储的问题。

　　可见,任何产品的开发,只要有基础市场需求,能为企业服务带来更大价值,才能为更多人所认可,才能得到最大推广。思考到这些,读者应该有了更多的软件开发思路切入点了吧?

平 衡 之 道

相传,道林禅师与文学家白居易十分交好,两个人时常一起交流。有一次,白居易告诉道林禅师:"我的邻居家有一个女人,家中虽然很有钱,却非常吝啬,并且喜欢占别人便宜。最近,她将院墙又朝我家方向迁移,让我的后院更小了。"

道林禅师笑着说:"没有关系,终究平衡。"

白居易看他说这句话,便不满地说:"我是因为受到她的侵扰,所以来向你诉苦,可你一副事不关己的样子,倒显得我斤斤计较了。"

道林禅师这才说:"这个女人虽然贪财吝啬,但家里有一个儿子,非常爱挥霍,他的母亲所贪占的早就被他花费一空了,最后还不是归为平衡吗?"

白居易说:"难道冥冥之中就是这样吗?"

道林禅师说:"那些在此处出了风头的人,也会在其他地方被别人踩在脚下。世间万物都在追求平衡发展,就算此时强出头,自然也会为你找平衡。"

软件数据库设计的过程中,偶尔需要降低对数据冗余的要求,来提高数据库的运行效率,这也是一个找平衡的过程。通过上述材料故事请思考:

• 在数据库设计中如何做到"以人为本,创新思考"?
• 如何平衡数据库设计过程中提高数据库运行效率与降低数据冗余之间的关系?

【本章附件】

以下为国标 GB 8567—1988)所规定的数据库设计说明书内容要求。

数据库设计说明书(GB 8567—1988)

1 引言

1.1 编写目的

说明编写这份数据库设计说明书的目的,指出预期的读者。

说明:

a. 说明待开发的数据库的名称和使用此数据库的软件系统的名称;

b. 列出该软件系统开发项目的任务提出者、用户以及将安装该软件和这个数据库的计算站(中心)。

1.2 定义

列出本文件中用到的专门术语的定义、外文首字母组词的原词组。

1.3 参考资料

列出有关的参考资料:

a. 本项目的经核准的计划任务书或合同、上级机关批文;

b. 属于本项目的其他已发表的文件;

c. 本文件中各处引用到的文件资料,包括所要用到的软件开发标准。

列出这些文件的标题、文件编号、发表日期和出版单位,说明能够取得这些文件的来源。

2 外部设计

2.1 标识符和状态

联系用途,详细说明用于唯一地标识该数据库的代码、名称或标识符,附加的描述性信息息亦要给出。如果该数据库属于尚在实验中、尚在测试中或是暂时使用的,则要说明这一特点及其有效时间范围。

2.2 使用它的程序

列出将要使用或访问此数据库的所有应用程序,对于这些应用程序的每一个,给出它的名称和版本号。

2.3 约定

陈述一个程序员或一个系统分析员为了能使用此数据库而需要了解的建立标号、标识的约定,例如,用于标识数据库的不同版本的约定和用于标识库内各个文卷、记录、数据项的命名约定等。

2.4 专门指导

向准备从事此数据库的生成、从事此数据库的测试、维护人员提供专门的指导,例如,将被送入数据库的数据的格式和标准、送入数据库的操作规程和步骤,用于产生、修改、更新或使用这些数据文卷的操作指导。如果这些指导的内容篇幅很长,列出可参阅的文件资料的名称和章条。

2.5 支持软件

简单介绍同此数据库直接有关的支持软件,如数据库管理系统、存储定位程序和用于装入、生成、修改、更新数据库的程序等。说明这些软件的名称、版本号和主要功能特性,如所用数据模型的类型、允许的数据容量等。列出这些支持软件的技术文件的标题、编号及来源。

3 结构设计

3.1 概念结构设计

说明本数据库将反映的现实世界中的实体、属性和它们之间的关系等的原始数据形式,包括各数据项、记录、系、文卷的标识符、定义、类型、度量单位和值域,建立本数据库的每一幅用户视图。

3.2 逻辑结构设计

说明把上述原始数据进行分解、合并后重新组织起来的数据库全局逻辑结构,包括所确定的关键字和属性、重新确定的记录结构和文卷结构、所建立的各个文卷之间的相互关系,形成本数据库的数据库管理员视图。

3.3 物理结构设计

建立系统程序员视图,包括:

a. 数据在内存中的安排,包括对索引区、缓冲区的设计;

b. 所使用的外存设备及外存空间的组织,包括索引区、数据块的组织与划分;

c. 访问数据的方式方法。

4 运用设计

4.1 数据字典设计

对数据库设计中涉及的各种项目,如数据项、记录、系、文卷、模式、子模式等一般要建立

163

第6章

软件数据库设计

起数据字典,以说明它们的标识符、同义名及有关信息。在本节中要说明对此数据字典设计的基本考虑。

4.2　安全保密设计

说明在数据库的设计中,将如何通过区分不同的访问者、不同的访问类型和不同的数据对象,进行分别对待而获得的数据库安全保密的设计考虑。

【第6章网址】

第7章 软件实现

【本章简介】

本章首先介绍了软件实现的过程与任务,并总结了面向对象软件实现和其他软件实现方法的准则;其次阐述了编程语言的概念、发展及分类,并引出了编程语言的选择技巧;最后,详细介绍了两种软件集成编码开发工具——微信开发者工具和海龟编辑器。作为实践,本章介绍了基于微信开发者工具的记事本实战案例和基于海龟编辑器的人脸识别算法实战案例。

【知识导图】

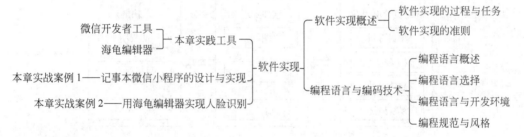

【学习目标】

- 理解软件实现的过程、任务、准则、策略。
- 掌握软件实现的方法、集成与发布。
- 熟练掌握编程技术、风格、编程规范。
- 熟练使用微信开发者工具、海龟编辑器等相关软件。
- 提升编程素养,培养代码能力,例如,使用微信开发者工具进行软件实现。

趣味小知识

奥古斯塔·阿达·金,勒芙蕾丝伯爵夫人(Augusta Ada King,Countess of Lovelace,1815 年 12 月 10 日—1852 年 11 月 27 日),原名奥古斯塔·阿达·拜伦(Augusta Ada Byron),简称阿达·洛芙莱斯(Ada Lovelace),是著名英国诗人拜伦之女,数学家,计算机程序创始人,建立了循环和子程序的概念。她为计算程序拟定"算法",写作了第一份"程序设计流程图",被视为"第一位给计算机写程序的人"。为了纪念她对现代计算机与软件工程所产生的重大影响,美国国防部将耗费巨资、历时近二十年研制成功的高级程序语言命名为 Ada 语言,它被公认为是第四代计算机语言的主要代表。本章将认识编程语言与编码技术,并利用它们进行软件实现。

7.1 软件实现概述

通常把软件集成编码开发实践称为软件实现。这一阶段的主要任务是将详细设计的结果转换为计算机程序。解决的主要问题包括软件实现的过程、任务、原则及策略、程序设计语言的特性及选择的原则和程序设计风格等。

7.1.1 软件实现的过程与任务

软件实现的任务是对"详细设计"的工作进行具体实现,形成计算机可运行的程序。在宏观上,软件实现的目标是:遵照制定的程序设计规范,按照《详细设计说明书》中对数据结构、算法分析和模块实现等方面的要求和说明,从软件企业的函数库、存储过程库、类库、构件库、中间件库中挑选有关的部件,采用程序设计语言,将相关部件进行组装,分别实现各模块的功能,最终实现新系统的功能、性能、接口、界面等要求。

在微观上,软件实现是指通过编程、调试、单元与集成测试、系统集成等创建软件产品的过程。软件实现的输入是《详细设计说明书》,输出是源程序、目标程序和用户指南,如图7-1所示。

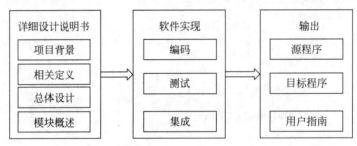

图 7-1　软件实现的过程

7.1.2 软件实现的准则

软件实现是软件开发的重要步骤,良好的软件实现规则不但能够大大提高软件质量,而且能够缩短软件的开发周期,虽然因为编程思想的差异、软件系统的不同,很难找到一个放之四海而皆准的宝典和方法,但是根据经验还是可以总结出一些有参考价值的准则。软件实现的准则主要分为两种:面向对象实现的准则和其他软件实现方法的准则。

1. 面向对象实现的准则

(1)高可重用性。

重用是指同一事物不做修改或稍加改动就在不同环境中多次重复使用。大量使用可重用的软件构件来开发软件,可以提高软件的可维护性。一方面,软件中使用的可重用构件越多,软件的可靠性越高,改正性维护需求就越少。另一方面,很容易修改可重用的软件构件使之再次应用在新环境中,此时,软件中使用的可重用构件越多,适应性和完善性维护也就越容易。

(2)高可扩充性。

可扩充性(可扩展性)是一种对软件系统计算处理能力的设计指标,高可伸缩性代表一种弹性,在系统扩展成长过程中,软件能够保证旺盛的生命力,通过很少的改动甚至只是硬件设备的添置,就能实现整个系统处理能力的线性增长,实现高吞吐量和低延迟高性能。

（3）高可靠性及健壮性。

软件可靠性是指在规定的时间、规定的条件下,软件完成规定功能的能力。它直接关系到计算机系统乃至更大的系统能否在给定时间内完成指定的任务,不可靠的软件引发的失效可能给软件使用者带来灾难性的后果。系统的健壮性也称为系统的坚固性或坚实性,这是衡量一个系统能否从各种出错条件下恢复能力的一种测度。

2. 其他软件实现方法所遵循的准则

其他软件实现方法所遵循的准则包括:精简编程、便于验证、适合更新扩充、遵守编程规范、选择熟悉的语言及工具。

7.2 编程语言与编码技术

7.2.1 认识编程语言

编程语言是人与计算机交流的工具。编写程序的过程也被称为编程或编码,是根据软件分析和设计模型及要求,编写计算机理解的运行程序的过程。编程语言的发展中实现了机器语言、面向过程语言、面向对象语言、SQL 等类型的编程语言,每种语言都有其特定的用途和不同的发展轨迹。

编程语言的种类很多,可从不同的角度分类。

（1）从语言层次方面,可分为面向机器的语言和面向问题的语言两大类。

（2）从语言适用性方面,可分为通用语言和专用语言两类。

（3）从语言面向方面,可分为面向过程语言和面向对象语言两类。

（4）从应用领域方面,可分为科学计算、数据处理、实时处理和人工智能四类。

（5）从语言级别上,可分为低级语言和高级语言。

目前,最常用的 10 种编程语言如表 7-1 所示,通过该表可以了解目前常用编程语言的特点,并展现全球范围内编程语言的应用趋势。

表 7-1　10 种常用编程语言

编 程 语 言	特　　点
C 语言	一门面向过程的、抽象化的通用程序设计语言,广泛应用于底层开发
Python	一种解释型、面向对象、动态数据类型的高级程序设计语言
Java	一门面向对象编程语言,不仅吸收了 C++语言的各种优点,还摒弃了 C++里难以理解的多继承、指针等概念
C++	C++是 C 语言的继承,它既可以进行 C 语言的过程化程序设计,又可以进行以抽象数据类型为特点的基于对象的程序设计,还可以进行以继承和多态为特点的面向对象的程序设计
C#	C#是微软公司发布的一种由 C 和 C++衍生出来的面向对象的编程语言,是运行于.NET Framework 和.NET Core 之上的高级程序设计语言

续表

编 程 语 言	特　　点
Visual Basic	一种通用的基于对象的程序设计语言,为结构化的、模块化的、面向对象的、包含协助开发环境的事件驱动为机制的可视化程序设计语言
JavaScript	一种具有函数优先的轻量级、解释型或即时编译型的编程语言
PHP	超文本预处理器是在服务器端执行的脚本语言,尤其适用于 Web 开发并可嵌入 HTML 中
汇编语言	任何一种用于电子计算机、微处理器、微控制器或其他可编程器件的低级语言,也称为符号语言
SQL	具有数据操纵和数据定义等多种功能的数据库语言,这种语言具有交互性特点,能为用户提供极大的便利

7.2.2　编程语言的选择

人和计算机通信的最基本工具是程序设计语言。不同的程序设计语言不仅会影响人和计算机通信的方式和质量,也会影响其他人阅读和理解程序的难易程度。对于个人来说,不同的程序设计语言需要开发者使用不同的思维和解题方式。适宜的程序设计语言可以降低开发难度,并且可以减少测试量,得出更容易阅读和更容易维护的程序。因此,选择恰当的程序设计语言是编码前一项重要的工作。

软件系统生命周期的测试和维护阶段是使用成本最大的阶段,出于对成本的考虑,软件系统的容易测试和容易维护特性十分重要。此外,一个好的软件系统在设计和开发时应充分保证软件的可靠性。为了使程序容易测试和维护以减少软件的总成本,所选用的程序设计语言应该有理想的模块化机制、可读性好的控制结构和数据结构,以及良好的独立编译机制;为了便于调试和提高软件可靠性,选用的程序设计语言应该使编译程序能够尽可能多地发现程序中的错误。

上面所述这些要求是选择编程语言的理想标准,但在实际选择程序设计语言时不能仅适用理论标准,更要考虑实用方面的限制。下面列出七条主要的实用标准。

(1) 用户的要求:当系统交付使用后需要由用户负责维护时,应选择他们所熟悉的程序设计语言。

(2) 程序员的知识与喜好:应采用开发人员熟悉的语言进行软件开发,可以节省开发人员进行学习的时间成本,加快开发速度。

(3) 软件的应用领域:可依据项目的应用范围选择合适的程序设计语言,例如,FORTRAN 语言适用于工程和科学计算,COBOL 语言适用于商业领域应用,C 语言和 Ada 语言适用于系统和实时应用领域。

(4) 可以使用的软件开发工具:如果有支持某种程序设计语言进行开发的软件工具,那么对目标系统的实现和验证会更高效。

(5) 软件的可移植性要求:可移植性好的程序设计语言可以使软件方便地在不同计算机上运行,故选择一种标准化程度高、程序可移植性好的程序设计语言是很重要的。

(6) 算法和数据结构的复杂性:目标系统中可能存在算法和数据结构较为复杂的情况,此时要考虑程序设计语言是否有完成复杂算法或构造复杂数据结构的能力。

（7）工程的规模：若现有语言不完全适用，那么设计并实现可供该项目专用的程序设计语言或许是一个正确的选择。

7.2.3 编程语言与开发环境

软件集成编码开发工具种类很多，不同的工具可能适用于不同的编程语言。例如，对于 C/C++ 开发来说，常用的集成开发工具有 Visual Studio、kDevelop、Anjuta 和 Code Blocks 等；对于 Java 开发来说，常用的集成编码工具有 MyEclipse、IntelliJ IDEA 和 NetBeans 等；对于 Python 开发来说，常用的集成开发工具有 PyCharm、Vim、Eclipse with PyDev 与 Atom 等；近些年来，小程序风靡全国，其对应的开发环境是微信开发者工具，图 7-2 列出了目前较为常用的软件集成编码开发工具。

| (a) Visual Studio | (b) kDevelop | (c) Anjuta | (d) Code Blocks | (e) MyEclipse |

| (f) IntelliJ IDEA | (g) NetBeans | (h) PyCharm | (i) Vim | (j) Atom |

图 7-2 常用的集成编码开发工具

7.2.4 编程规范及风格

编程规范是开发者在软件开发时需要遵循的准则。编程规范要求程序易于阅读，可通过养成良好的编程风格来解决阅读性差的问题。编程风格是在长期的编程实践中形成的一种独特的习惯。良好的编程风格可以减少编程错误，提高程序的可读性和维护效率。总的来说，编程主要应遵循以下规范及风格。

（1）源程序文档化：标识符命名、程序注释、标准的书写格式体。

（2）数据说明：规范数据说明顺序，使其属性更易于查找，从而有利于测试、纠错与维护。对于复杂的数据结构加以注释，说明在程序实现时的特点。

（3）语句构造：编程阶段的基本任务是构造程序语句，应以清晰、简单、直接为标准，不应为提升效率而使语句复杂化，程序的可读性第一，效率第二。

（4）输入和输出：输入和输出信息一般在界面设计时已经确定，由于它们与用户的应用直接相关，故输入、输出的格式应尽可能使得操作更便捷、界面更便利。

（5）程序效率：效率主要指处理机时间和存储器容量两个方面，效率方面的要求应该在需求分析阶段确定。因此，提升效率的好办法是优化设计。但需注意，程序的效率和程序的简单程度是相关的。

7.3 本章实践工具

7.3.1 实践工具1——微信开发者工具

近年来,微信小程序广受关注,成为软件实现的方便选择之一。微信小程序是一种介于原生 App 和 Web App 之间的程序,通过微信进行加载,可实现类似原生 App 的流畅。相对原生 App 来说,小程序更加轻量、更新实时、跨平台;相对 Web App 来说,小程序资源离线,体验更流畅。本节主要介绍了用于开发微信小程序的集成编码工具——微信开发者工具。

为了帮助开发者简单和高效地开发和调试微信小程序,微信在原有的公众号网页调试工具的基础上,推出了全新的微信开发者工具,集成了公众号网页调试和小程序调试两种开发模式。使用公众号网页调试,开发者可以调试微信网页授权和微信 JS-SDK;使用小程序调试,开发者可以完成小程序的 API 和页面的开发调试、代码查看和编辑、小程序预览和发布等功能,工具界面如图 7-3 所示。

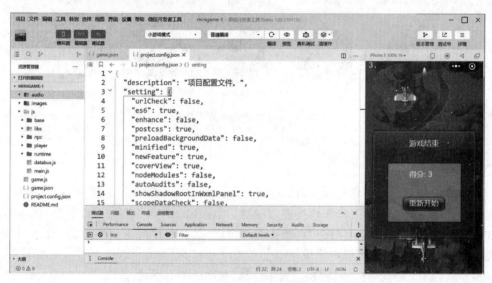

图 7-3 微信开发者工具

视频讲解

1. 微信开发者工具的下载与安装

本节将引导读者完成微信开发者工具的下载与安装。

步骤 1:申请账号。

开发小程序的第一步是拥有一个小程序账号,通过这个账号可以管理小程序。进入小程序注册页(详见本章末二维码),根据指引填写信息并提交相应的资料,就可以拥有自己的小程序账号,如图 7-4 所示。在小程序管理平台中,可以管理小程序的权限,如查看数据报表、发布小程序等操作。登录小程序后台,单击菜单栏中"开发"按钮,单击"开发设置"选项就看到小程序的 App ID 了,如图 7-5 所示。小程序的 App ID 相当于小程序平台的一个身份证,小程序开发的很多地方要用到 App ID,注意这里要区别于服务号或订阅号的App ID。

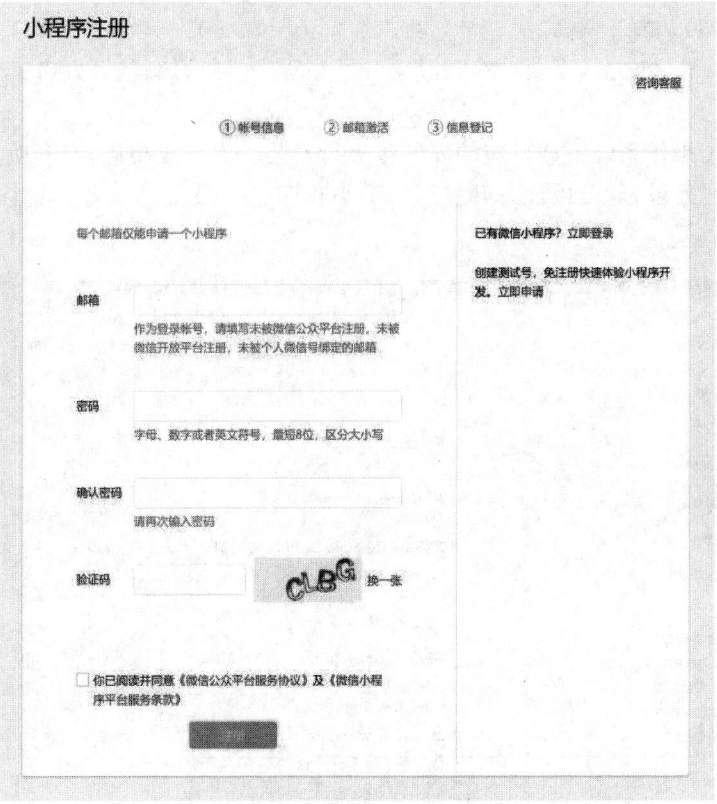

图 7-4　小程序注册页

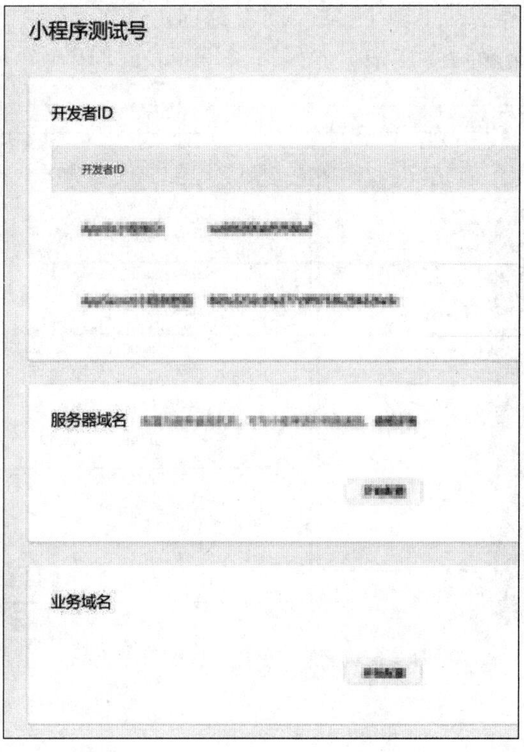

图 7-5　小程序后台开发“设置”

步骤2:安装开发工具。

有了小程序账号之后,需要一个工具来开发小程序。打开微信开发者工具下载页面,如图7-6所示。

根据自己的操作系统下载对应的安装包进行安装。安装成功后,打开微信开发者工具,用手机微信扫码登录,就可以准备开发第一个小程序了。微信开发者工具官方下载网址详见本章末二维码。

图7-6 微信开发者工具下载界面

2. 微信开发者工具操作界面介绍

微信开发者工具主界面从上到下、从左到右分别为:菜单栏、工具栏、模拟器、目录树、编辑区、调试器6部分,如图7-7所示。

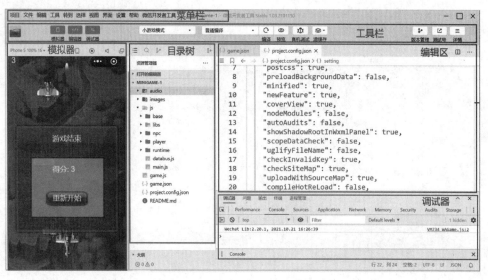

图7-7 微信开发者工具操作界面

（1）菜单栏。

菜单栏位于页面顶部，包含"项目""文件""编辑""工具""转到""设置"等11个菜单。通常用来管理开发者账号与项目文件，设置编辑风格和页面外观等。

（2）工具栏。

单击"用户头像"选项可以打开个人中心，在这里可以便捷地切换用户和查看开发者工具收到的消息，如图7-8所示。

图 7-8　个人中心

"用户头像"右侧是控制主界面模块"显示/隐藏"的按钮。至少需要有一个模块显示，如图7-9所示。

工具栏中间，可以选择"普通编译"选项，也可以新建并选择自定义条件进行编译和预览。通过"切后台"按钮，可以模拟小程序进入后台的情况，如图7-10所示。

工具栏上提供了清缓存的快速入口，可以便捷地清除工具上的文件缓存、数据缓存，还有后台的授权数据，方便开发者调试。工具栏右侧是开发辅助功能的区域，在这里可以上传代码、版本管理、查看项目详情，如图7-11所示。

（3）模拟器。

模拟器可以模拟小程序在微信客户端的表现。小程序的代码通过编译后可以在模拟器上直接运行。开发者可以选择不同的设备，也可以添加自定义设备来调试小程序在不同尺寸

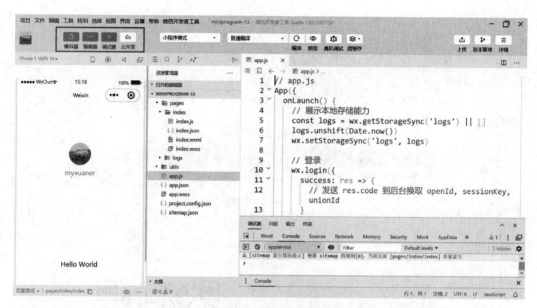

图 7-9　模块显示界面

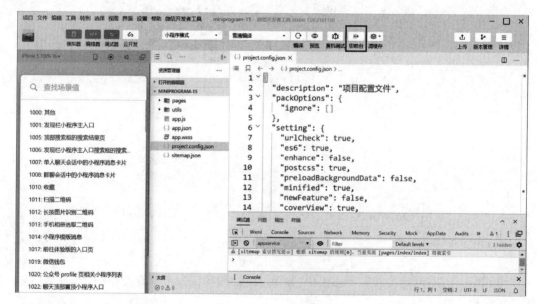

图 7-10　切后台界面

机型上的适配问题,如图 7-12 所示。

(4) 目录树。

目录树其实是一个资源管理器,特别是它提供的树形文件系统结构,使用户能更清楚、更直观地认识计算机中的文件和文件夹。另外,在"资源管理器"中还可以对文件进行各种操作,如打开、复制、移动等,如图 7-13 所示。

图 7-11　详情界面

图 7-12　模拟器　　　　　　　　　　　　图 7-13　目录树

（5）编辑区。

编辑区可以对当前项目进行代码编写和文件的添加、删除以及重命名等基本操作。

（6）调试器。

小程序的开发过程中，调试器至关重要，不仅可以锁定项目中出现的 Bug，还能更加有

第
7
章

效地进行问题分析和数据排查。

7.3.2 实践工具2——海龟编辑器

视频讲解

海龟编辑器是编程猫自主研发的图形化 Python 编辑器,可以搭积木,学 Python。读者可以直接在线编程或进入其下载网址界面下载客户端。海龟编辑器的工作页面如图 7-14 所示。海龟编辑器主要分为三大区:编程区、终端区和绘图区,同时还拥有双模式,除了直接写出 Python 代码,还有独创的 Python 图形化编程,搭一搭积木就可以轻松写出 Python 代码。

(1) 编程区:搭积木或写代码,编辑 Python 程序。

(2) 终端区:单击"运行"按钮,即可看到代码运行结果。

(3) 绘图区:展示海龟作图的效果。

区别于一般的 Python 编辑器,海龟编辑器可以直接在线运行代码,无需配置环境,就可以进行 Python 编程,极大降低了初学者的门槛。

图 7-14 海龟编辑器操作面板

7.4 实战案例1——一种简易备忘录微信小程序的设计与实现

本节将讲述如何利用微信开发者工具来运行一个简易的备忘录案例。微信小程序的项目结构如图 7-15 所示。

项目结构中的 pages 文件夹下主要存放设置小程序页面的相关文件,包含 index 文件夹与 logs 文件夹。index 文件夹中存放着与小程序首页相对应的页面脚本、配置、内容与样式文件;logs 文件夹存放日志页面。若要增加一个全新的小程序页面,只需在 pages 文件夹下新建一个文件夹,如 example,并在 example 文件夹内编辑相应的 example.js、

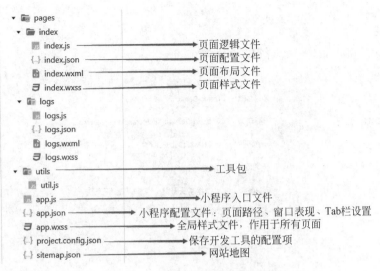

图 7-15 微信小程序项目结构

example.json、example.wxml、example.wxss 即可。项目结构中的 utils 文件夹一般用来存放开发所用的工具包。

备忘录案例的功能如图 7-16 所示。

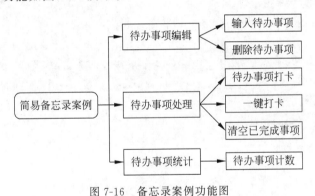

图 7-16 备忘录案例功能图

使用微信开发者工具完成简易备忘录案例开发的具体步骤如下。

步骤 1：创建一个小程序。

新建一个小程序项目,选择代码存放的硬盘路径,填入此前所申请到的小程序的 App ID,给项目起一个名字,如 Memo-Demo,选中"不使用云服务"单选按钮,语言选择 JavaScript(注意:要选择一个空的目录才可以创建项目),单击"新建"按钮,就可以得到你的第一个小程序了,如图 7-17 所示。

单击顶部菜单"编译"就可以在微信开发者工具中预览你的第一个小程序了,效果如图 7-18 所示。

步骤 2：更改项目结构。

在微信开发者工具中创建一个 Memo-Demo 项目后,更改这个项目的结构,如图 7-19 所示。

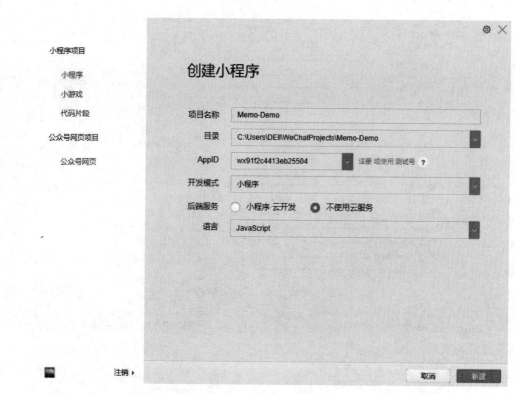

图 7-17　新建一个 Memo-Demo 小程序

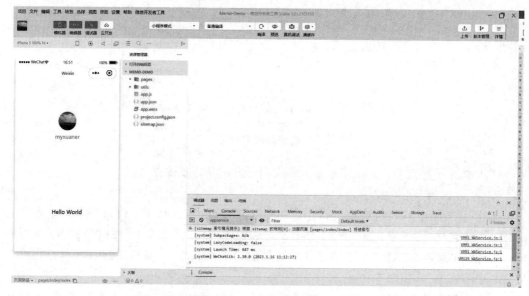

图 7-18　小程序编译界面

　　步骤 3：在代码编辑区输入相应的代码，分别完成相应的 JS、JSON、WXML、WXSS 文件的编辑。

　　步骤 4：单击菜单栏中的"编译"菜单，如图 7-20 所示，观察此时调试器是否报错，若报错，则需检查代码部分是否存在错误，调制器如图 7-21 所示。

图 7-19　Memo-Demo 的项目结构　　　　　　　　图 7-20　单击"编译"菜单

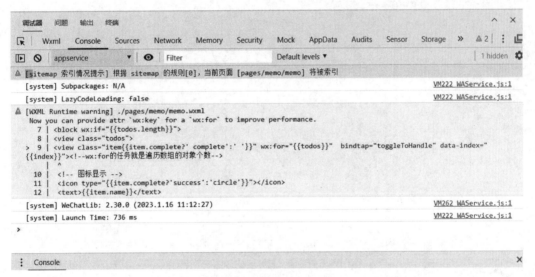

图 7-21　调试器显示区

步骤 5：若调试器没有报错，左侧模拟器将显示简易备忘录的预览效果，可以直接与之交互，如图 7-22 所示。此时单击文本框，可以输入待办事项，按 Enter 键可增加待办事项，若要删除某个待办事项，可单击该事项文本后的叉号；单击待办列表中某个事件文本前的白色圆圈可以完成事件打卡操作。在备忘录页面下方，"一键打卡"按钮可以同时使所有待办事项处于已完成状态，"已清空完成事件"按钮可以一键删除所有已完成事件，此外，页面下方还显示了未完成事项的数量。

下面列出简易备忘录案例的部分代码。

（1）App.json 文件。

App.json 文件是微信小程序的全局配置文件，其中定义了页面文件的路径、窗口的表现、网络超时时间和多 Tab 设置等。本案例中 App.json 文件代码如图 7-23 所示。

（2）memo.wxml 文件。

WXML 类似于 HTML，是用户微信小程序框架设计的一套标签语言。此处，memo.wxml 文件定义了备忘录小程序的页面结构。本案例中 memo.wxml 文件的具体内容如图 7-24 所示。

图 7-22　简易备忘录预览效果

图 7-23　App.json 代码

```
app.json
app.json >
1  {
2    "pages": [
3      "pages/memo/memo"
4    ],
5    "window": {
6      "backgroundTextStyle": "light",
7      "navigationBarBackgroundColor": "#fff",
8      "navigationBarTitleText": "备忘录",
9      "navigationBarTextStyle": "black"
10   },
11   "style": "v2",
12   "sitemapLocation": "sitemap.json"
13 }
14
```

```
memo.wxml
pages > memo > memo.wxml
1  <!--pages/Memo.wxml-->
2  <view class="container" >
3    <view class="header">
4      <input type="text" placeholder="请输入..." value="{{input}}"
5      bindinput="inputChangeHandle" bindconfirm="addTodoHandle"></input>
6    </view>
7    <block wx:if="{{todos.length}}">
8      <view class="todos">
9        <view class="item{{item.complete?' complete':' '}}" wx:for="{{todos}}"
10       bindtap="toggleToHandle" data-index="{{index}}">
11         <!-- 图标显示 -->
12         <icon type="{{item.complete?'success':'circle'}}"></icon>
13         <text>{{item.name}}</text>
14         <icon type="clear" size="16" catchtap="DeleteHandle"
15         data-index="{{index}}"></icon>
16       </view>
17      </view>
18      <view class="footer">
19        <text decode="{{true}}" bindtap="toggleAllHandle">
20        一键打卡     </text>
21        <text wx:if="{{leftCount}}">
22        {{leftCount}} {{leftCount>1?'未完成':'未完成'}} 事项</text>
23        <text decode="{{true}}" bindtap="clearHandle">
24             清空已完成事项</text>
25      </view>
26    </block>
27    <view wx:else>
28      <text>您还没有开始记录任何待办事项</text>
29    </view>
30  </view>
31
```

图 7-24　memo.wxml 代码示意图

（3）memo.wxss 文件。

WXSS 是一种类似于 CSS 的样式语言，具有 CSS 大部分的特性。WXSS 用于描述 WXML 的组件样式，决定了 WXML 组件应该如何显示。本案例中 memo.wxss 定义了页面样式，具体内容如图 7-25 和图 7-26 所示。

```
1  /* pages/Memo.wxss */
2  .container{
3    border-top: 1rpx solid #e0e0e0;
4  }
5  .header{
6    border: 1rpx solid #e0e0e0;
7    margin: 20rpx;
8    border-radius: 10rpx; /*边框圆角平滑度*/
9    box-shadow: 0 0 5px #e0e0e0; /*边框阴影*/
10   display: flex;/*伸缩布局*/
11   padding: 20rpx; /*内边距*/
12   align-items: center; /*侧轴对齐*/
13 }
14 .header image{
15   width: 40rpx;
16   height: 40rpx;
17   margin-right: 20rpx;
18 }
19 .todos{
20   border: 1rpx solid #e0e0e0;
21   margin: 20rpx;
22   border-radius: 10rpx;
23   box-shadow: 0 0 5px #e0e0e0;
24 }
```

图 7-25   memo.wxss(1)

```
25 .todos .item{
26   padding: 20rpx;
27   border-bottom: 1rpx solid #e0e0e0;
28   display: flex;
29   align-items: center;
30 }
31 .todos .item:last-child{
32   /*防止最后一个item与外框线重合加深颜色*/
33   border-bottom: 0;
34 }
35 .todos .item text{
36   flex: 1; /*采用固比模型*/
37   font-size: 35rpx;
38   color: #444;
39   margin-left: 20rpx;
40 }
41 .todos .item.complete text{
42   color: #888;
43   text-decoration: line-through; /*给内容添加中划线*/
44 }
45 .footer{display: flex;
46   justify-content: space-between; /* 使元素横向分布 */
47   margin: 20rpx;
48   font-size: 30rpx;
49 }
```

图 7-26   memo.wxss(2)

（4）memo.js 文件。

以 JS 为扩展名的文件，是用 JavaScript 脚本语言编写的。JavaScript 是一门完备的动态编程语言，可为网站添加交互功能。此处，memo.js 文件定义了简易备忘录页面中的各种逻辑操作，具体代码如图 7-27～图 7-30 所示。

```
1  // pages/Memo.js
2  Page({
3    data:{
4      //文本框的数据模型
5      input :'',
6      //任务清单数据模型
7      todos:[
8        {
9          name : '学习《算法与数据结构》', //任务名称
10         complete: false //任务完成状态
11       },
12       {
13         name : '学习《软件工程》', //任务名称
14         complete: false //任务完成状态
15       },
16       {
17         name : '运动30min', //任务名称
18         complete: true //任务完成状态
19       }
20     ],
21     leftCount:2
22   },
```

图 7-27   memo.js(1)

```
23   //单击按钮之后执行事件
24   addTodoHandle:function(){
25     // 获取文本框的值
26     if(!this.data.input) return
27     var todos=this.data.todos
28     todos.push({
29       name:this.data.input,
30       complete:false,
31       allComplete:false
32     })
33     wx.setStorage({
34       key:"todos",
35       data:todos
36     })
37     console.log(wx.getStorageSync('todos'))
38     //通过setData显式地改变数据，使页面产生变化
39     this.setData({todos:todos,input:'',
40       leftCount: this.data.leftCount+1})
41   },
42   //小程序的数据绑定是单向的，必须给文本注册改变事件
43   inputChangeHandle:function(e){
44     this.setData({
45       input:e.detail.value
46     })
47   },
```

图 7-28   memo.js(2)

```
memo.js
pages > memo > memo.js > cleanHandle > data.todos.forEach().callback
48    //切换当前选中待办事项的完成状态
49    toggleToHandle:function(e){
50      var item=this.data.todos[e.currentTarget.dataset.index]
51      item.complete=!item.complete
52      var leftCount=this.data.leftCount+(item.complete?-1:1)
53      this.setData({todos:this.data.todos,leftCount:leftCount})
54    },
55    //删除某一待办事项
56    DeleteHandle:function(e){
57      console.log(e.currentTarget)
58      var todos=this.data.todos
59      //item变量为splice方法删除的元素
60      var item=todos.splice(e.currentTarget.dataset.index,1)[0]
61      var leftCount=this.data.leftCount-(item.complete?0:1)
62      this.setData({todos:todos,leftCount:leftCount})
63    },
64    toggleAllHandle:function(){
65    //此处this永远指向当前的页面对象
66      this.data.allComplete=!this.data.allComplete
67      var todos=this.data.todos
68      var that=this
69      todos.forEach(function(item){
70        item.complete=that.data.allComplete
71      })
72      var leftCount=this.data.allComplete?0:this.data.todos.length
73      this.setData({todos:todos,leftCount:leftCount})
74    },
```

图 7-29   memo.js(3)

```
memo.js
pages > memo > memo.js > toggleAllHandle
75    // 清空已完成事项
76    clearHandle:function(){
77      var todos=[]
78      this.data.todos.forEach(function(item){
79        if(!item.complete){
80          //把所有未完成的任务存储到一个新的数组中
81          todos.push(item)
82        }
83      })
84      this.setData({  todos:todos  })
85    }
86  })
87
```

图 7-30   memo.js(4)

7.5   实战案例 2——用海龟编辑器实现人脸识别

本节将讲述如何利用海龟编辑器来运行一个人脸识别算法,人脸识别算法的工作流程
分析如图 7-31 所示。

图 7-31   人脸识别流程

使用海龟编辑器完成人脸识别算法的具体操作如下。

步骤 1:打开海龟编辑器,在顶部菜单栏中找到"库管理",单击后弹出"库管理"对话框,
如图 7-32 所示。

图 7-32   海龟编辑器"库管理"

步骤 2：在"库管理"对话框内的搜索框中输入"OpenCV"，单击选择搜索结果中的 OpenCV 库后的"安装"按钮，即可安装，如图 7-33 所示。安装成功后，可以进行下一步操作了。

图 7-33　安装 OpenCV 后的"安装"按钮

步骤 3：在编辑区输入人脸识别的代码，输入完成后，单击顶部"文件"菜单，在下拉列表中选择"保存"，随即弹出文件存储窗口，在其中的输入框中输入"人脸识别"并单击页面内的"保存"按钮，此时文件命名为"人脸识别"，如图 7-34 所示。

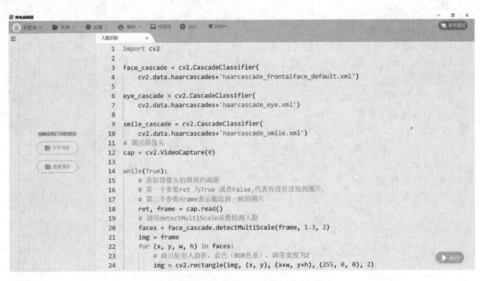

图 7-34　保存为"人脸识别"文件

步骤 4：单击"运行"按钮，控制台将显示算法实时的运行进程，算法运行效果如图 7-35 所示。

图 7-35   程序运行效果

按照以上步骤就可以实现人脸识别算法,读者可发挥自己的动手能力来试一试。详细参考代码如下。

```
1. import cv2
2. face_cascade = cv2.CascadeClassifier(
3. cv2.data.haarcascades + 'haarcascade_frontalface_default.xml')
4. eye_cascade = cv2.CascadeClassifier(
5. cv2.data.haarcascades + 'haarcascade_eye.xml')
6. smile_cascade = cv2.CascadeClassifier(
7. cv2.data.haarcascades + 'haarcascade_smile.xml')
8. ♯调用摄像头
9. cap = cv2.VideoCapture(0)
10. while(True):
11.   ♯获取摄像头拍摄到的画面
12.   ♯第一个参数 ret 为 True 或者 False,代表有没有读取到图片
13.   ♯第二个参数 frame 表示截取到一帧的图片
14.   ret, frame = cap.read()
15.   ♯调用 detectMultiScale 函数检测人脸
16.   faces = face_cascade.detectMultiScale(frame, 1.3, 2)
17.   img = frame
18.   for (x, y, w, h) in faces:
19.     ♯画出矩形人脸框,蓝色(BGR 色系),画笔宽度为 2
20.     img = cv2.rectangle(img, (x, y), (x + w, y + h), (255, 0, 0), 2)
21.     ♯框选出人脸区域,在人脸区域而不是全图中进行人眼检测,节省计算资源
22.     face_area = img[y:y + h, x:x + w]
23.     ♯♯人眼检测
24.     ♯用人眼级联分类器引擎进行人眼识别,返回的 eyes 为眼睛坐标列表
25.     eyes = eye_cascade.detectMultiScale(face_area, 1.3, 10)
26.     for (ex, ey, ew, eh) in eyes:
27.       ♯画出人眼框,绿色,画笔宽度为 1
28.       cv2.rectangle(face_area, (ex, ey), (ex + ew, ey + eh), (0, 255, 0), 1)
29.     ♯♯微笑检测
30.     ♯用微笑级联分类器引擎在人脸区域进行识别,返回的 smiles 为嘴巴坐标列表
31.     smiles = smile_cascade.detectMultiScale(face_area, scaleFactor = 1.16,
```

```
32.    minNeighbors = 65, minSize = (25, 25), flags = cv2.CASCADE_SCALE_IMAGE)
33.    for (ex, ey, ew, eh) in smiles:
34.      ♯画出微笑框,红色(BGR色彩体系),画笔宽度为1
35.      cv2.rectangle(face_area, (ex, ey), (ex + ew, ey + eh), (0, 0, 255), 1)
36.      cv2.putText(img, 'Smile', (x, y − 7), 3, 1.2,(0, 0, 255), 2, cv2.LINE_AA)
37. ♯实时展示效果画面
38.    cv2.imshow('frame2', img)
39.    ♯每5ms监听一次键盘动作
40.    if cv2.waitKey(5) & 0xFF == ord('q'):
41.      Break
42.♯关闭所有窗口
43.cap.release()
44.cv2.destroyAllWindows()
```

本章小结

本章首先针对软件实现相关的理论知识展开论述,包括软件实现的过程、任务与准则,以及编程语言的选择和编程风格的确认;其次详细介绍了微信开发者工具和海龟编辑器;最后,分别使用微信开发者工具和海龟编辑器完成记事本案例和人脸识别算法的实现,完成实战案例的讲解。

知识拓展

SnowGraph(Software Knowledge Graph)是一个软件项目知识图谱自动生成和问答系统。它能够实现面向多源异质、动态增长的软件大数据的软件知识自动识别、抽取、关联与融合过程,提炼出大规模、内容全面、语义丰富的软件知识图谱,为实现面向特定软件项目的知识检索和问答系统提供了知识基础。针对开发者提出的自然语言问题,SnowGraph 提供了智能化的软件项目知识图谱的自然语言查询工具和融合代码知识的软件文档自然语言检索工具,从而为程序理解和软件开发提供了基础支撑。

Apache Lucene 是被广泛使用的开源全文搜索引擎库,以 Apache Lucene 为例构建软件项目知识图谱。目前收集到的 Lucene 项目数据超过 8GB,包括以下内容。

(1) 全部 67 个版本,超过 80 万行源代码。

(2) 24 万条邮件记录。

(3) 5200 条缺陷报告。

(4) 500 多个官方文档。

(5) 大量相关技术博客。

SnowGraph 为 Lucene 项目抽取出 16 种不同类型的 378 897 个实体,包含 3 434 974 条属性;关联融合了 31 种不同类型的 1 902 683 条边。具体的实体类型和边的分布如图 7-36 所示。

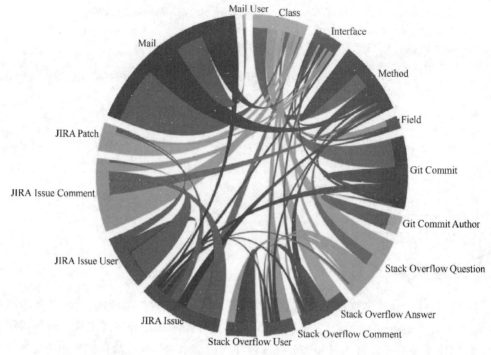

图 7-36　Lucene 实体类型和边分布

两位艺术家互相谈论他们各自的艺术品。"我自己混制颜料,"第一位说,"我从地里挖出矿石来,把它们磨成粉,并用我的唾沫把石粉混合搅拌,然后存放在一个泥坛子里。我用自己的斧子砍下一块树皮,我用这块树皮来作画。当我完成一幅艺术作品时,我知道那完全是属于我的。""我自己设计图形程序,"第二位说,"我从满是灰尘的杂志堆中打捞出程序和算法。我在自己的键盘上输入数学公式,用这些数学公式绘出我的曲线。当我完成一幅艺术作品时,我知道那完全是属于我的。"

12306 的技术团队的单杏花表示,春运期间的工程师工作压力很大,要面对 40 天高峰购票期。

2012 年春运期间,12306 平台最高峰时一天售出了 119.2 万张火车票,超出设计时每日最大售票量的 20%。因为能力不足,当时的系统平均每秒只能成功售出几十张火车票,运算压力大时这个数字还会掉到 10 以下。那一年,"12306"登上了多家主流媒体的"年度热词"榜单,"卡顿""失败"频繁出现在有关它的报道里。

2016 年,12306 网站的日售票能力从 1000 万张提升到 1500 万张。动车组自动选座功能和接续乘车功能均于 2017 年 10 月 12 日上线。微信支付功能实现不久,购票通知短信能转为微信阅读,从座次安排到两地天气在内的细节得以显示。

2017 年,互联网订餐系统上线,乘客购票后通过 12306 系统下单,提前选择沿途某站餐饮提供商的产品。当列车在那一站停留时,乘客可以坐在车内等着外卖送达。保持时间的精确是整套系统的关键。"一般咱们用手机 App 点外卖,十几分钟,迟就迟了。"单杏花说,"火车送餐晚十几分钟,车都开走了。"

2018 年,12306 网络售票平台原有的 400 台服务器增加到 2000 台,系统版本升级了 6 次。区域联网升级成全国联网,电子支付被引入。电子客票起用,刷身份证可进站。

12306 正由一个新鲜的买票渠道发展为一个更全面的"服务平台"。

我们见证了 12306 的成长背后站着成千上万的技术人员,有了他们日日夜夜在实验室里不辞辛劳的背影,才有了今日的 12306。通过上述材料故事请思考:

(1) 一个优秀的软件设计师应具备怎样的精神?

(2) 你将如何在日常学习与工作中践行这些精神?

【本章附件】

以下为国标(GB 8567—1988)所规定的模块开发卷宗内容要求。

项目开发总结报告(GB 8567——1988)

1 引言

1.1 编写目的

说明编写这份项目开发总结报告的目的,指出预期的阅读范围。

1.2 背景

说明:

a. 本项目的名称和所开发出来的软件系统的名称;

b. 此软件的任务提出者、开发者、用户及安装此软件的计算中心。

1.3 定义

列出本文件中用到的专门术语的定义和外文首字母组词的原词组。

1.4 参考资料

列出要用到的参考资料,如:

a. 本项目的已核准的计划任务书或合同、上级机关的批文;

b. 属于本项目的其他已发表的文件;

c. 本文件中各处所引用的文件、资料,包括所要用到的软件开发标准。列出这些文件的标题、文件编号、发表日期和出版单位,说明能够得到这些文件资料的来源。

2 实际开发结果

2.1 产品

说明最终制成的产品,包括:

a. 程序系统中各个程序的名字,它们之间的层次关系,以千字节为单位的各个程序的程序量、存储媒体的形式和数量;

b. 程序系统共有哪几个版本,各自的版本号及它们之间的区别;

c. 每个文件的名称;

d. 所建立的每个数据库。如果开发中制定过配置管理计划,要同这个计划相比较。

2.2 主要功能和性能

逐项列出本软件产品所实际具有的主要功能和性能,对照可行性研究报告、项目开发计划、功能需求说明书的有关内容,说明原定的开发目标是达到了、未完全达到或超过了。

2.3 基本流程

用图给出本程序系统的实际的基本的处理流程。

2.4 进度

列出原定计划进度与实际进度的对比,明确说明,实际进度是提前了还是延迟了,分析主要原因。

2.5 费用

列出原定计划费用与实际支出费用的对比,包括:

a. 工时,以人月为单位,并按不同级别统计;

b. 计算机的使用时间,区别 CPU 时间及其他设备时间;

c. 物料消耗、出差费等其他支出。

明确说明,经费是超出了还是节余了,分析其主要原因。

3 开发工作评价

3.1 对生产效率的评价

给出实际生产效率,包括:

a. 程序的平均生产效率,即每人月生产的行数;

b. 文件的平均生产效率,即每人月生产的千字数;

并列出原订计划数作为对比。

3.2 对产品质量的评价

说明在测试中检查出来的程序编制中的错误发生率,即每千条指令(或语句)中的错误指令数(或语句数)。如果开发中制定过质量保证计划或配置管理计划,要同这些计划相比较。

3.3 对技术方法的评价

给出对在开发中所使用的技术、方法、工具、手段的评价。

3.4 出错原因的分析

给出对于开发中出现的错误的原因分析。

4 经验与教训

列出从这项开发工作中所得到的最主要的经验与教训及对今后的项目开发工作的建议。

【第 7 章网址】

第8章 软件测试

【本章简介】

本章首先详细介绍了软件测试的定义、测试原则和流程,并针对软件测试常用的方法和工具进行归类阐述。其次引入了自动化测试工具 Selenium,分别从工具的安装与配置,以及工具基本操作的介绍两个方面展开叙述。最后,作为实践,选择 Selenium 单元测试实战和自动化网页资料单选实战两个案例展开实战教学。

【知识导图】

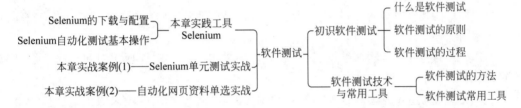

【学习目标】

- 理解软件测试的相关概念和测试原则,以及软件测试的过程。
- 掌握软件测试方法及分类。
- 了解常用的软件测试环境,熟练使用 Selenium 工具。
- 掌握单元测试的方法,掌握 Unittest 框架。
- 掌握自动化测试的方法,熟练使用 Selenium 进行浏览器操作与元素定位。

 趣味小知识

1947 年 9 月 9 日,葛丽丝·霍普(Grace Hopper)发现了第一个计算机上的 Bug。当她在 Harvard Mark Ⅱ计算机上工作时,整个团队都搞不清楚为什么计算机突然不能正常运作了。经过大家的深度挖掘,发现原来是一只飞蛾意外飞入了计算机内部而引起的故障。这个团队把错误解除了,并在日记本中记录下了这一事件。因此,人们逐渐开始用 Bug(原意为"虫子")来称呼计算机中的隐错。本章将引导读者学习关于找 Bug 的软件测试知识。

8.1 初识软件测试

8.1.1 什么是软件测试

软件测试是什么?很多人的第一印象是找 Bug。IEEE 对软件测试的定义是使用人工或自动手段来运行或测试被测试件的过程,其目的在于检验它是否需满足规定的需求并弄清预期结果与实际结果之间的差别。简单来说,软件测试就是为了发现错误而执行程序的过程,它的首要目的是确保被测系统满足要求。

G. J. Myers 给出了与软件测试相关的三个重要观点。

(1) 测试是为了证明程序有错,而不是证明程序无错误。

(2) 一个好的测试用例在于它能发现至今未发现的错误。

(3) 一个成功的测试是发现了至今未发现的错误的测试。

软件测试并不仅是为了发现错误,也是为了通过分析错误产生的原因及错误发生的趋势,帮助管理者发现软件开发过程中的缺陷,以便及时改进。进行软件测试之前需要了解其特点。

(1) 软件测试的成本很大。

(2) 不可进行穷举测试。

(3) 测试具有破坏性。

(4) 软件测试是整个开发过程的一个独立环节,并贯穿到开发各阶段。

8.1.2 软件测试的原则

为了尽可能地发现软件中的错误,提高软件产品的质量,在软件测试的实践中应遵循以下 7 项原则。

(1) 测试用例既要有输入数据,又要有对应的输出结果。这样便于对照检查,做到"有的放矢"。

(2) 测试用例不仅要选用合理的输入数据,还应选择不合理的输入数据。这样能更多地发现错误,提高程序的可靠性,还可以测试出程序的排错能力。

(3) 除了检查程序是否做了它应该做的工作,还应该检查程序是否做了它不应该做的工作。例如,程序正确打印出用户所需信息的同时还打印出用户不需要的多余信息,即程序做了不应该做的工作仍然是一个大错。

(4) 应该远在测试开始之前就制定测试计划。实际上,一旦完成了需求分析模型就可以开始制定测试计划。在建立了设计模型之后,就可以立即开始设计详细的测试方案。因此在编码之前就可以对所有测试工作进行计划和设计,并严格执行,排除随意性。

(5) 测试计划、测试用例、测试报告必须作为文档长期保存。因为程序修改以后有时可能会引进新的错误,需要进行回归测试。同时可以为以后的维护提供方便,对新人或今后的工作都有指导意义。

(6) Pare to 原理说明。测试发现的错误中 80% 很可能是由程序中 20% 的模块造成的,即错误出现的"群集性"现象。可以把 Pare to 原理应用到软件测试中。但关键问题是如何找出这些可疑的有错模块并进行彻底测试。

(7) 为了达到最佳的测试效果,程序员应该避免测试自己的程序。测试是一种"挑剔性"的行为,测试自己的程序存在心理障碍。另外,对需求规格说明的理解而引入的错误则更不容易发现。因此,应该由独立的第三方从事测试工作,会更客观、更有效。

8.1.3 软件测试的过程

对软件进行测试时,完整测试的总体过程包括由测试到结果分析,再到排错及可靠性分析等四个部分,如图 8-1 所示。

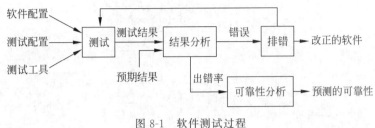

图 8-1　软件测试过程

在主要测试前,需要以下三类输入。

(1) 软件配置。

(2) 测试配置。

(3) 测试工具。

软件测试工作的流程其实与软件开发及验收各阶段密切相关,主要对应的软件测试流程如图 8-2 所示。

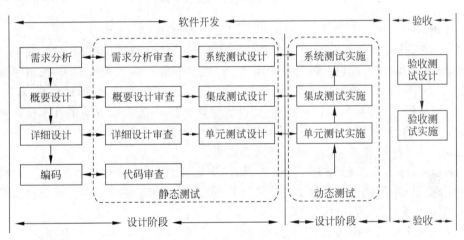

图 8-2　软件开发阶段对应的测试流程

由图 8-2 可见,软件测试分为静态测试和动态测试。静态测试包括代码审查、设计审查、静态分析和技术评审。动态测试包括测试设计和测试实施,即通过人工或使用工具运行程序进行检查、分析程序的执行状态和程序的外部表现。整个流程中,需求分析阶段对应系统测试,概要设计阶段对应集成测试,详细设计阶段则对应单元测试。

8.2　软件测试方法与常用工具

8.2.1　软件测试的方法

为了更好地进行软件测试,需要掌握软件测试方法。目前,测试方法种类繁多,包括白盒测试、黑盒测试、灰盒测试、冒烟测试、回归测试等。为了更清晰地呈现软件测试方法的思想及其内在联系,本节对软件测试的方法进行了分类阐述。常用的软件测试方法及其分类如图 8-3 所示。

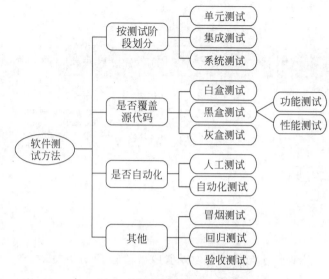

图 8-3　软件测试方法及分类

软件测试按照测试阶段可划分为：单元测试、集成测试、系统测试。

（1）单元测试：是软件开发过程中所进行的最低级别的测试活动，其目的在于检查每个单元能否正确实现详细设计说明中的功能、性能、接口和设计约束等要求，发现单元内部可能存在的各种缺陷。单元测试作为代码级功能测试，目标就是发现代码中的缺陷。

（2）集成测试：即组装测试，将已测试过的模块组合成子系统，其目的在于检测单元之间的接口有关的问题，逐步集成为复合概要设计要求的整个系统，集成测试的方法策略可以粗略地划分为非渐增式集成测试和渐增式集成测试。

（3）系统测试：是将已经确认的软件、硬件等元素结合起来，对整个系统进行功能、性能方面的测试。系统测试是软件交付前最重要、最全面的测试活动之一。系统测试是根据需求规格说明书来实际测试用例的。

从代码可视化的角度来看，软件测试可分为：黑盒测试、白盒测试、灰盒测试。

（1）黑盒测试：把测试对象看成一个黑盒子，看不到它内部的实现原理，不了解内部的运行机制。黑盒测试通常在程序界面处进行测试，通过需求规格说明书的规定来检测每个功能是否能够正常运行。黑盒测试是只知道系统输入和预期输出，不需要了解程序内部结构和内部特性的测试方法。其主要方法包括边界值分析法、等价类划分法、因果图、场景法等。

功能测试和性能测试一般都属于黑盒测试，具体内容如下。

① 功能测试：是指对产品的各功能进行验证，根据功能测试用例，逐项测试，检查产品是否达到用户要求的功能。它是为了确保程序以期望的方式运行而按功能要求对软件进行的测试，通过对一个系统的所有特性和功能都进行测试确保符合需求和规范。功能测试不需要考虑整个软件的内部结构及代码，一般从软件产品的界面、架构出发，按照需求编写出来的测试用例，输入数据在预期结果和实际结果之间进行评测。

② 性能测试：是通过自动化的测试工具模拟多种正常、峰值以及异常负载条件来对系统的各项性能指标进行测试。负载测试和压力测试都属于性能测试，两者可以结合进行。通过负载测试，确定在各种工作负载下系统的性能，目标是测试当负载逐渐增加时，系统各项性能指标的变化情况。压力测试是通过确定一个系统的瓶颈或者不能接受的性能点，来

获得系统能提供的最大服务级别的测试。

（2）白盒测试：又称结构测试、透明盒测试。白盒指的是盒子是可视的，即清楚盒子内部的东西以及里面是如何运作的。白盒测试清楚地了解了程序结构和处理过程，检查程序结构及路径的正确性，检查软件内部动作是否按照设计说明的规定正常运行。白盒测试的方法主要有逻辑覆盖测试法和基本路径测试法。

（3）灰盒测试：是介于白盒测试与黑盒测试之间的一种测试，灰盒测试多用于集成测试阶段，不仅关注输出、输入的正确性，同时也关注程序内部的情况。灰盒测试不像白盒那样详细、完整，但又比黑盒测试更关注程序的内部逻辑，常常是通过一些表征性的现象、事件、标志来判断内部的运行状态。

软件测试根据是否需要人工操作可分为：人工测试和自动化测试。

（1）人工测试：是由测试人员手工逐步执行所有的活动，并观察每一步是否成功完成。人工测试是任何测试活动的一部分，在开发初始阶段软件及其用户接口还未足够稳定时尤其有效，因为这时自动化并不能发挥显著作用。即使在开发周期很短以及自动化测试驱动的开发过程中，人工测试技术依然具有重要的作用。

（2）自动化测试：一般是指软件测试的自动化，软件测试就是在预设条件下运行系统或应用程序，评估运行结果，预先条件应包括正常条件和异常条件。实施自动化测试之前需要对软件开发过程进行分析，以观察其是否适合使用自动化测试。通常需要同时满足以下条件：需求变动不频繁、项目周期足够长、自动化测试脚本可重复使用等。

以下内容阐述了其他测试方法，包括回归测试、冒烟测试和验收测试等。

（1）冒烟测试：冒烟测试是在软件开发过程中的一种针对软件版本包的快速基本功能验证策略，是对软件基本功能进行确认验证的手段，并非对软件版本包的深入测试。冒烟测试也是针对软件版本包进行详细测试之前的预测试，执行冒烟测试的主要目的是快速验证软件基本功能是否有缺陷。如果冒烟测试的测试用例不能通过，则不必做进一步的测试。进行冒烟测试之前需要确定冒烟测试的用例集，对用例集要求覆盖软件的基本功能。这种版本包出包之后的验证方法通常称为软件版本包的门槛用例验证。

（2）回归测试：回归测试是指修改了旧代码后，重新进行测试以确认修改没有引入新的错误或导致其他代码产生错误。自动回归测试将大幅降低系统测试、维护升级等阶段的成本。回归测试作为软件生命周期的一个组成部分，在整个软件测试过程中占有很大的工作量，软件开发的各个阶段都会进行多次回归测试，选择正确的回归测试策略来改进回归测试的效率和有效性是很有意义的。

（3）验收测试：验收测试是检测产品是否符合最终用户的要求，并在软件正式交付前确保系统能够正常工作且可用，同时确定软件的实现是否满足用户需要或者合同的要求，是软件正式交付使用之前的最后一个阶段。验收测试应完成的主要测试工作包括配置复审、合法性检查、文档检查、软件一致性检查、软件功能和性能测试与测试结果评审等工作。验收测试的结果有两种：一种为功能、性能满足用户要求，可以接受；另一种为软件不满足用户要求，用户无法接受。

8.2.2　软件测试常用工具

在软件测试的过程中总会接触到测试工具，掌握测试工具的使用方法可以有效提高测试工作的效率。软件测试工具分为性能测试工具、自动化软件测试工具和测试管理工具。性能测试工具、自动化软件测试工具存在的价值是为了提高测试效率,用软件来代替一些人工输入。测试管理工具的目的在于复用测试用例,以提高软件测试的价值,更有效地管理测试过程。下文列出了测试工具的分类以及每种类型的常用测试工具。

1. 测试管理工具

测试管理工具是在指在软件开发过程中,对测试需求、计划、用例和实施过程进行管理、对软件缺陷进行跟踪处理的工具。测试管理包含的内容有:测试框架、测试计划与组织、测试过程管理、测试分析与缺陷管理。市场上主流的软件测试管理工具包括 jira、禅道、Bugzilla、SVN 等,如图 8-4 所示。

2. 接口测试工具

接口测试是测试系统组件间接口的一种测试。接口测试主要用于检测外部系统与系统之间以及内部各个子系统之间的交互点。测试的重点是要检查数据的交换、传递和控制管理过程,以及系统间的相互逻辑依赖关系等。较为常用的接口测试工具是谷歌开发的一款接口测试插件 Postman,如图 8-5 所示。

(a) jira (b) 禅道 (c) Bugzilla (d) SVN

图 8-4 测试管理工具

图 8-5 接口测试工具

3. 性能测试工具

性能测试是指通过自动化的测试工具模拟多种正常、峰值以及异常负载条件来对系统的各项性能指标进行测试,可分为负载测试和压力测试。负载测试的目标是通过逐渐增加工作负载,来测试系统各项性能指标的变化情况。压力测试是通过确定一个系统的瓶颈或者不能接受的性能点,来获得系统能提供的最大服务级别的测试。市场上常用的性能测试工具有 LoadRunner 和 JMeter,如图 8-6 所示。

4. 代码扫描工具

静态源代码扫描是近年被人提及较多的软件应用安全解决方案之一。它是指在软件工程中,程序员在写好源代码后,无须经过编译器编译,而直接使用一些扫描工具对其进行扫描,找出代码当中存在的一些语义缺陷、安全漏洞的解决方案。这种方案能够发现很多动态测试难以发现的缺陷。常用的工具有 Coverity、Cppcheck 以及 FindBugs 等,如图 8-7 所示。

图 8-6 性能测试工具

(a) Coverity (b) Cppcheck (c) FindBugs

图 8-7 代码扫描工具

5. 网络测试工具

网络测试主要面向的是交换机、路由器、防火墙等网络设备,可以通过手动测试或自动化测试来验证该设备是否能够达到既定功能。常用的网络测试工具是 Wireshark,如图 8-8 所示。

6. 自动化测试工具

自动化测试是把以人为驱动的测试行为转换为机器执行的一种过程。通常,在设计了测试用例并通过评审之后,由测试人员根据测试用例中描述的规程一步步执行测试,得到实际结果与期望结果的比较。在此过程中,为了节省人力、时间或硬件资源,提高测试效率,常使用如图 8-9 所示的自动化测试工具。

图 8-8 网络测试工具

图 8-9 自动化测试工具

8.3 本章实战工具——自动化测试工具 Selenium

Selenium 工具诞生的时间已经超过了十几年,目前已经在软件开发公司中得到大规模的应用,它主要是用于 Web 应用程序的自动化测试,但肯定不只局限于此,同时支持所有基于 Web 的管理任务自动化。Selenium 经历了三个版本:Selenium 1.0、Selenium 2.0 和 Selenium 3.0。Selenium 不是简单的一个工具,而是由几个工具组成,每个工具都有其特点和应用场景,如图 8-10 所示。

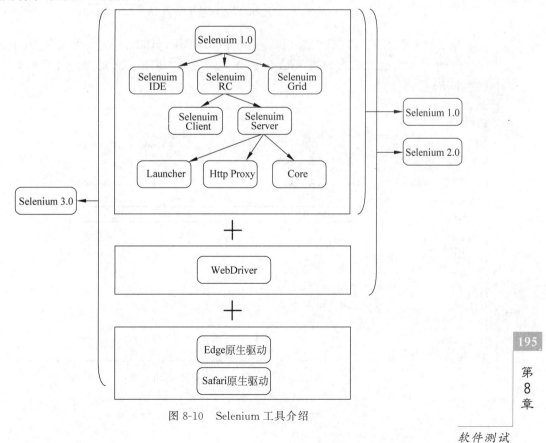

图 8-10 Selenium 工具介绍

8.3.1 Selenium 的下载与配置

1. 基于 Python 3 的 Selenium 测试环境安装

本节介绍 Python 3 环境下 Selenium 测试工具的安装与配置,具体步骤如下。

视频讲解

步骤 1:前往 Python 官方网站(详见本章末二维码)。安装 Python 3 官方文档,选择 Download Windows x86 executable installer,单击"下载"按钮,如图 8-11 所示。

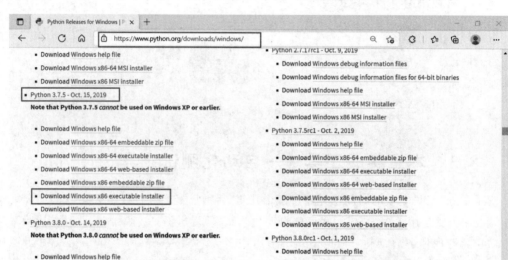

图 8-11　Python 官方网站下载界面

步骤 2:下载成功后,打开安装包所在文件夹,双击 python.exe 文件安装 Python,如图 8-12 所示。在安装界面中勾选 Add Python 3.7 to PATH 复选框,图 8-13 所示。单击 Install Now 按钮。

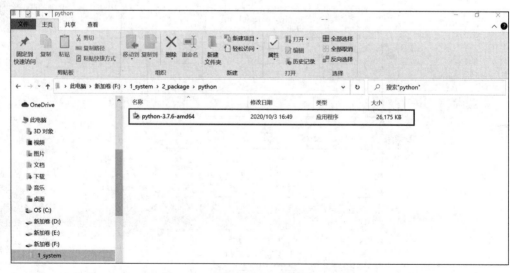

图 8-12　双击 python.exe 安装 Python

图 8-13　勾选安装配置

步骤 3：验证 Python 3 是否安装成功，需要打开命令行工具，在编辑区输入"python"（以小写形式输入），返回如图 8-14 所示结果，则表示安装成功。

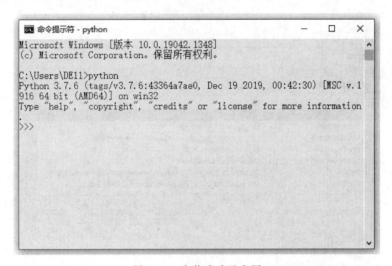

图 8-14　安装成功示意图

步骤 4：配置 Python 环境变量，右击"计算机"按钮，选择"属性"选项，进入"高级系统设置"选项，如图 8-15 所示；单击"系统属性"对话框下方的"环境变量"按钮，在系统变量中找到 path 变量，单击"编辑"按钮后进入"编辑环境变量"页面，如图 8-16 所示。在"编辑环境变量"页面单击"新建"按钮，输入自己所安装的 Python 路径，单击"确定"按钮即可。例如，本书所示的安装路径是 F:\1_system\1_install\python\，如图 8-17 所示。

步骤 5：前往 Selenium 3 官方网站（详见本章末二维码）。下载安装包；单击 Download files 按钮，单击其中的 selenium-3.141.0.tar.gz，如图 8-18 所示，即可下载压缩包，下载成

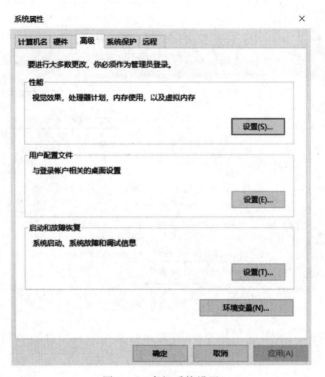

图 8-15　高级系统设置

图 8-16　编辑 path

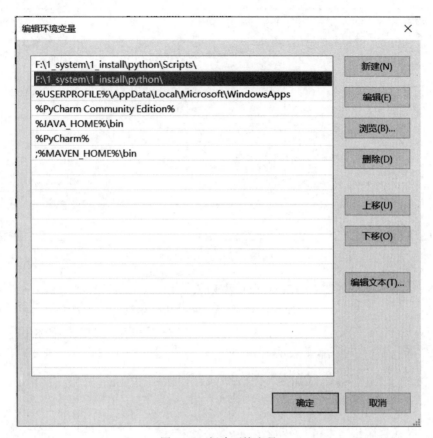

图 8-17　新建环境变量

图 8-18　Selenium 官方网站

功后将其解压,并打开解压后文件所在的文件夹;找到文件夹中的 setup.py 文件,鼠标右键单击的同时按 Shift 键,弹出菜单栏;在弹出的右侧菜单栏中找到"在此处打开 Powershell 窗口"选项,单击此选项打开 Windows PowerShell 窗口,如图 8-19 所示。

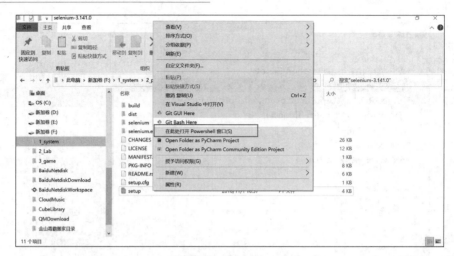

图 8-19 "在此处打开 Powershell 窗口"选项

步骤 6：在 Windows PowerShell 窗口内输入命令"python setup. py install"，按 Enter 键，如图 8-20 所示。当 setup. py 加载成功时，Windows PowerShelli 窗口中将出现如图 8-21 所示的代码。打开先前安装的应用程序 Python 3，在 Python 窗口中输入代码"import selenium"，若控制台未报错，则表示 Selenium 安装成功，如图 8-22 所示。

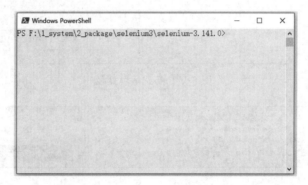

图 8-20 Windows PowerShell 窗口

```
Windows PowerShell                                           —    □    ×
removing 'build\bdist.win-amd64\egg' (and everything under it)
Processing selenium-3.141.0-py3.7.egg
removing 'c:\users\dell\appdata\local\programs\python\python37\lib\site-packages\selenium-3.1
41.0-py3.7.egg' (and everything under it)
creating c:\users\dell\appdata\local\programs\python\python37\lib\site-packages\selenium-3.14
1.0-py3.7.egg
Extracting selenium-3.141.0-py3.7.egg to c:\users\dell\appdata\local\programs\python\python37
\lib\site-packages
selenium 3.141.0 is already the active version in easy-install.pth

Installed c:\users\dell\appdata\local\programs\python\python37\lib\site-packages\selenium-3.1
41.0-py3.7.egg
Processing dependencies for selenium==3.141.0
Searching for urllib3==1.26.7
Best match: urllib3 1.26.7
Processing urllib3-1.26.7-py3.7.egg
urllib3 1.26.7 is already the active version in easy-install.pth

Using c:\users\dell\appdata\local\programs\python\python37\lib\site-packages\urllib3-1.26.7-p
y3.7.egg
Finished processing dependencies for selenium==3.141.0
PS F:\1_system\2_package\selenium3\selenium-3.141.0>
```

图 8-21 setup. py 加载成功

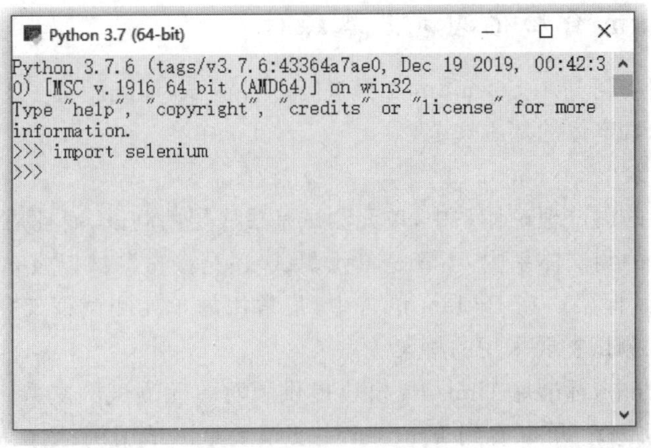

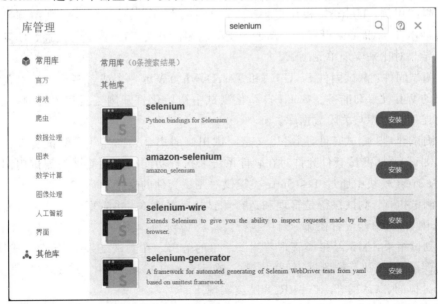

图 8-22　Selenium 安装成功

　　至此,即完成了 Python＋Selenium 自动化测试环境的安装和配置,只要在测试用例中导入相应的 Selenium 包,就可以直接使用 Python 3 编译代码来进行测试操作了。

2. 基于海龟编辑器的 Selenium 测试环境安装

　　传统的 Selenium＋Python 环境配置相对冗杂,对于软件测试小白来说并不友好,而编程猫开发的 Python 学习工具海龟编辑器可以很好地解决这一问题,因为其免去了环境配置的步骤,给初学者提供了一个便利、有效且简洁的平台。海龟编辑器中内置了许多工具库供用户检索与安装,使用起来十分简便,用户只需在库管理中下载 Selenium 工具包,海龟编辑器则自动完成 Selenium 的环境配置。

　　海龟编辑器中 Selenium 包的安装过程非常简单。首先打开海龟编辑器,找到菜单栏中的"库管理"选项,单击后弹出"库管理"页面;然后,在搜索栏中输入"selenuim",进行搜索,选择第一行 Selenium 选项,单击蓝色的"安装"按钮,安装成功后会弹出成功提示,如图 8-23 所示。

图 8-23　海龟编辑器中 Selenium 工具的安装

8.3.2 Selenium 自动化测试基本操作

本节主要介绍如何利用 Selenium 工具进行软件测试,详细阐述了 Unittest 框架,介绍了浏览器操作和元素定位的基本规范。

1. Unittest 框架

在金字塔模型的测试理论体系中,单元测试是最底层的测试,而且是测试覆盖最多的层面。在自动化所有的测试体系中,不管是单元测试,还是接口测试以及基于 UI 的自动化测试,都需要单元测试框架。在 Python 语言中,最常用的单元测试框架是 Unittest,它也是 Selenium 中的单元测试主要采用的框架。

在 Python 语言中,标准库 Unittest 模块提供了对单元测试的支持,Unittest 模块的主要部分,如图 8-24 所示。可以看到 Unittest 主要模块是测试用例、测试固件、测试套件、测试执行、测试报告以及测试断言里面提供的方法。

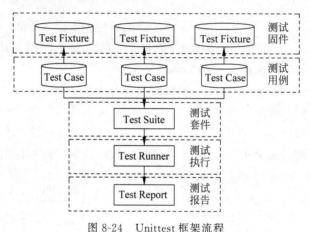

图 8-24　Unittest 框架流程

(1) 测试用例:Unittest 模块提供了 TestCase 类,类 TestCase 为测试用例提供了支持。通过继承 TestCase 来设置一个新的测试类和测试方法,每个测试方法通过实际响应结果与预期结果对比来实现单元测试。

(2) 测试固件:测试固件 SetUp()和 TearDown()表示一个或者多个测试以及清理工作所需要的所有设置和准备。如 UI 自动化测试中初始化打开浏览器和关闭浏览器,数据库测试中连接数据库与关闭数据库。

(3) 测试套件:测试套件,顾名思义是测试用例的集合。当然一个测试套件也可以包含其他的测试套件,测试套件允许对在软件系统上执行功能相似的测试的测试用例进行分组。在 Unittest 模块中通过 TestSuite 类提供对测试套件的支持。

(4) 测试执行:测试执行是管理和运行测试用例的对象,并向测试人员提供结果。可以在 IDE 中直接执行,或者在命令行中执行。

(5) 测试结果:测试结果类管理着测试结果的输出。在测试结果中,保存了成功的、失败的和错误的,以及执行的测试用例的个数。在 Unittest 模块中,由 TestResult 类来实现,它有一个具体的、默认的 TextTestResult 类实现。

使用 Unittest 框架需要注意以下几点:所有类中方法的输入参数均为 self,定义方法的

变量采用"self.变量"形式；以 test 开头命名的方法定义测试用例,方法的输入参数为 self;
Unittest.main()方法会搜索该模块下所有以 test 开头的测试用例方法,并自动执行它们;
编写的.py 文件不能用 Unittest.py 方法命名,否则计算机将找不到 TestCase。更加具体的
操作可自行查阅官方文档。

2. 使用 Selenium 控制浏览器

Selenium 主要提供的是操作页面上各种元素的方法,但它也提供了操作浏览器本身的
方法,比如开启浏览器、打开网页和调整浏览器的尺寸等。

（1）开启浏览器,通过 Selenium 自动打开浏览器,以火狐浏览器为例。

```
browser = webdriver.Firefox();
```

（2）打开网页,通过 Selenium 定位网址,打开网页。

```
browser.get("http://xxx.com");
使用 Python 判断是否正确
打印 browser.title;
```

（3）设置浏览器尺寸,通过 Selenium 设置自动打开的浏览器的界面尺寸。

```
print("设置浏览器宽 480、高 800 显示")
driver.set window size(480, 800)
```

3. 使用 Selenium 进行元素定位

元素的定位和操作是自动化测试的核心部分,其中,操作又是建立在定位的基础上的,
因此元素定位非常重要。一个对象类似一个人,具有各种的特征和属性。例如,可以通过一
个人的身份证号、姓名或者他的住址来找到这个人。那么,元素也有类似的属性,可以通过
这种唯一区别于其他元素的属性来定位这个元素。当然,除了操作元素时需要定位元素外,
有时候为了获得元素的属性（class 属性,name 属性）、text 或数量也需要定位元素。

webdriver 提供了一系列的元素定位方法,按照定位属性的不同分为 8 种定位方式,如
表 8-1 所示。

表 8-1　8 种元素定位方法

属　　性	Pythonwebdriver 中的方法
id	find_element_by_id()
name	find_element_by_name()
class name	find_element_by_class_name()
tag name	find_element_by_tag_name()
link text	find_element_by_link_text()
partial link text	find_element_by_partial_link_text()
xpath	find_element_by_xpath()
css_selector	find_element_by_css_selector()

表 8-1 第一行表示 id 元素定位,id 元素定位意为采用元素的 id 属性进行定位,使用 webdriver 中 find_element_by_id()方法实施定位操作。如果要使用 Selenium 控制浏览器自动检索"华中师范大学",代码如下(需要注意的是:搜索文本输入框的 id 属性值为 kw,"搜索"按钮的 id 属性值为 su)。

```python
# - * - coding: utf - 8 - * -
from selenium import webdriver
#拿到 driver
driver = webdriver.Firefox()
#跳转百度网页
driver.get("http://www.baidu.com")
print(driver.title)
#选中输入框,输入关键词"华中师范大学"
driver.find_element_by_id("kw").send_keys("华中师范大学")
print("输入框定位成功")
#选中按钮,触发单击事件
driver.find_element_by_id("su").click()
print("搜索按钮定位成功")
```

从运行结果可以观察到,火狐浏览器跳转百度首页,鼠标定位到搜索的输入文本框,自动填入"华中师范大学",随后鼠标定位至"搜索"按钮触发单击事件。控制台输出如图 8-25 所示。

图 8-25　网页元素之 id 定位结果

8.4　实战案例 1——Selenium 单元测试实战

视频讲解

单元测试负责对最小的软件设计单元进行验证,对于单元测试中单元的含义,一般来说,要根据实际情况去判定其具体含义。例如,C 语言中的单元是指一个函数,Java 语言中的单元是指一个类,图形化软件中的单元可以指一个窗口或一个菜单等。总的来说,单元是人为规定的最小的被测功能模块,单元测试是在软件开发过程中要进行的最低级别的测试活动。

本实战案例采用海龟编辑器,选用针对 Python 语言的 Unittest 框架进行单元测试,8.3 节已详细介绍了海龟编辑器中 Selenium 的配置。本节通过定义一个类,简单地实现 add 和 sub 两个方法,再对其进行单元测试。具体步骤如下。

步骤 1:打开海龟编辑器,单击"文件"按钮,光标移至列表中的"新建"按钮,单击"新建项目"按钮,双击左侧资源管理栏中的"我的文件",将文件名改为"unit_test",即新建一个单元测试项目,如图 8-26 所示。

图 8-26　新建单元测试项目

步骤 2：在 unit_test 项目下建立 m1.py 文件，单击资源管理器顶部项目名右侧的"加号"标志，即可新建文件，在资源管理器中输入"m1.py"，作为新建文件的名称。m1.py 为待测文件，其中定义了两个函数，分别实现两个数的相加与相乘操作，如图 8-27 所示。

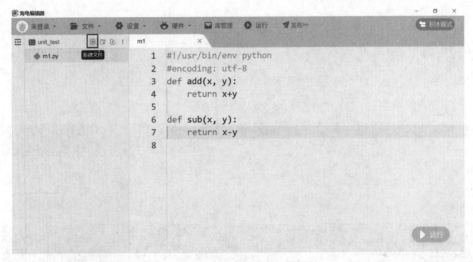

图 8-27　新建 m1.py 文件

步骤 3：在与 m1.py 同级的目录下创建 test.py 测试文件，具体操作参照步骤 2，使用 Unittest 单元测试框架对类的方法进行测试。首先导入 Unittest 框架与 m1 文件中的 MyClass 类；其次，定义 mytest 单元测试类，对 m1 单元进行测试；最后建立 main() 函数，构造测试集并执行测试，如图 8-28 所示。

步骤 4：单击菜单栏中的"运行"按钮，运行测试，测试结果如下，出现一个错误，即 add 函数未通过测试（控制台若打印输出"．F"表示函数测试结果未通过，有 E 的话表示程序自身异常），如图 8-29 所示。

本案例的具体代码如下。

（1）m1.py 文件代码如下。

```
#!/usr/bin/env python
# encoding: utf-8
def add(x, y):
    return x + y
def sub(x, y):
    return x - y
```

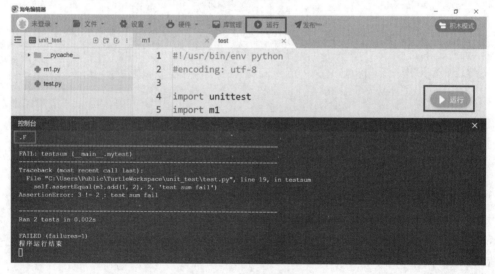

图 8-28　新建 test. py 文件

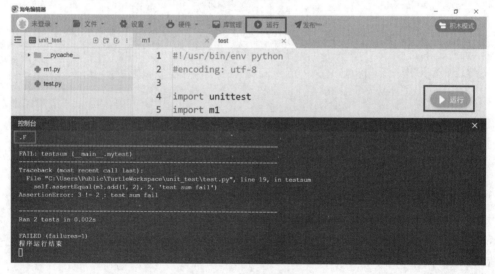

图 8-29　单元测试结果

（2）m2. py 文件代码如下。

```
#!/usr/bin/env python
# encoding: utf - 8
import Unittest
import m1
class mytest(Unittest.TestCase):
    # # 初始化工作
    def setUp(self):
        pass
    # 退出清理工作
```

```
    def tearDown(self):
        pass
# 具体的测试用例,一定要以 test 开头
    def testsum(self):
        self.assertEqual(m1.add(1, 2), 2, 'test sum fail')
    def testsub(self):
        self.assertEqual(m1.sub(2, 1), 1, 'test sub fail')
if __name__ == '__main__':
    Unittest.main()
```

8.5 实战案例 2——自动化网页资料单选实战

本实战采用 Python 3 和 Selenium 工具实现自动化网页资料单选实战。本案例先通过建立离线的单选静态网页,再利用 Selenium 和 Python 编写代码,实现自动打开资料单选网页,并在网页中自动选择"唱歌"单选按钮,2s 后再自动选择"跳舞"单选按钮。具体步骤如下。

步骤 1:新建一个静态网页文件,单击"开始"按钮,找到"记事本",打开记事本,在记事本编辑区输入设置静态网页的代码。再单击记事本菜单栏中的"文件"按钮,在下拉菜单中选择"另存为"选项,选择适当的存储位置,并将文件命名为"webpage.html"。用浏览器打开 webpage.html,如图 8-30 所示。

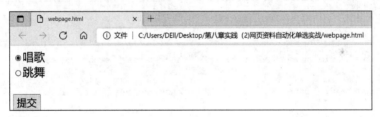

图 8-30 静态资料网页

步骤 2:打开海龟编辑器,单击顶部菜单栏中的"文件"按钮,在下拉菜单中选择"新建文件"选项,双击文件栏中的"我的文件"按钮,将其命名为"test. py"。根据 Python 和 Selenium 的规范,编写测试代码,如图 8-31 所示。

步骤 3:单击"运行"按钮,详细步骤与上一案例相似。可以发现火狐浏览器自动打开,随后进入 webpage.html 页面,网页将自动选择"唱歌",2s 后又自动选择"跳舞",如图 8-32 所示。

代码如下。

(1) webpage.html 文件代码如下。

```
<! DOCTYPE html >
< html >
< body >
< form action = "">
```

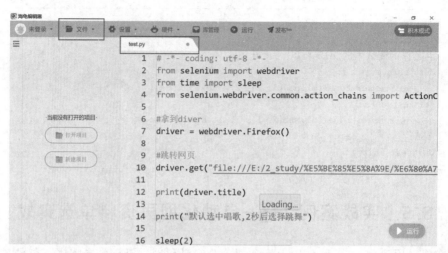

图 8-31　基于 Selenium 的自动化测试文件 test.py

图 8-32　案例(2)效果图

```
< input type = "radio" name = "activity" id = "sing" value = "sing" checked>唱歌
< br >
< input type = "radio" name = "activity" id = "dance" value = "dance">跳舞
< br >< br >
< input type = "submit">
</form >
```

(2) test.py 文件代码如下。

```
#  - * - coding: utf - 8 - * -
from selenium import webdriver
from time import sleep
from selenium.webdriver.common.action_chains import ActionChains
#取到 diver
driver = webdriver.Firefox()
#跳转网页,文件路径填写 webpage.html 文件的路径
driver.get("file:///C:/Users/DEll/Desktop/ % E7 % AC % AC % E5 % 85 % AB % E7 % AB % A0 % E5 %
AE % 9E % E8 % B7 % B5 % EF % BC % 882) % E7 % BD % 91 % E9 % A1 % B5 % E8 % B5 % 84 % E6 % 96 % 99 %
E8 % 87 % AA % E5 % 8A % A8 % E5 % 8C % 96 % E5 % 8D % 95 % E9 % 80 % 89 % E5 % AE % 9E % E6 % 88 % 98/
webpage.html")
```

```
print(driver.title)
print("默认选中唱歌,2 秒后选择跳舞")
sleep(2)
driver.find_element_by_id("dance").click()
```

 本章小结

本章首先介绍了软件测试的概念、特点、原则与过程,其次概括性地介绍了软件测试的方法与步骤,随后对常用的软件测试工具及其使用场景进行了介绍,最后通过两个实战案例详细讲解了 Selenium 工具的使用及测试步骤。

知识拓展

随着软件行业的发展,软件行业越来越精细化,软件测试工程师的岗位也越来越多,市场上对软件测试工程师的需求量也越来越大。软件测试工程师对于很多在校毕业生来说是一个很好的就业方向。很多同学入手学习软件测试的时候,往往搜集大量的书籍,面对海量知识不知从何学起。所以本书列出了软件测试工程师的学习路径,希望能给予志在成为软件工程师的同学们学习指引。

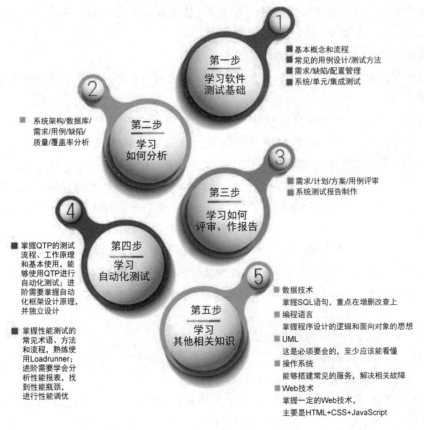

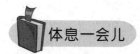

体息一会儿

　　小明,男,25 岁,一个普普通通的大学毕业生,刚刚参加工作两年,在某互联网公司担任测试工程师一职。与其他刚毕业的同学一样,爱好看电影、听音乐、爬山……还有倒腾电子数码产品。他的人生格言是:"我不敢肯定,但是我和胜利有个约定。"目前最大的愿望是:挥洒青春,扎根北京。

　　大熊,男,32 岁,资深测试工程师,在某互联网公司从事测试工作长达 8 年之久,是小明的 Leader。为人严肃认真,平时上班总是板着脸,同事从未见他笑过。爱好不详、婚姻状况不详,因为体重 90kg 再加上脸比较黑,所以人送外号"大熊"。

　　今天的故事是这样的……。

　　大熊:"小明,今天有个测试任务你测一下。"

　　小明:"什么任务?"

　　大熊:"浏览器搜索栏推荐列表的测试任务。"

　　功能需求:当用户单击搜索栏时,搜索栏会向搜索服务器请求最热门搜索词,服务器返回内容后,浏览器将内容以下拉列表的方式展示出来。"

　　小明:"好的。"

　　三天后,该功能测试完毕上线了……

　　出现问题时:因为搜索服务器出现了异常,返回给浏览器的数据格式不是 JSON,而是一段 HTML,而浏览器仍然当作 JSON 去解析,所以发生异常崩溃了。

　　小明:"我知道错了,JSON 格式异常也需要测。"

　　大熊强忍胸中的怒火,在计算机上打开了一份文件,那是一份很长的事故列表,其中的内容是这样写的:

　　2013 年 10 月,一款叫作桌面助手的程序在获取天气预报数据时,由于服务器返回的JSON 格式数据异常,导致桌面助手频繁崩溃。该问题造成了比较大的影响,Leader 被罚1000 元,测试团队上下做了深刻的反省和总结。

　　2012 年 3 月,浏览器升级程序在下载一个升级策略.dll 文件时,该文件在传输过程中被江西运营商加入了一段 HTML 的广告,导致升级程序加载.dll 文件时异常,造成江西一带用户无法升级。

　　2010 年 11 月,公司大 BOSS 川总反馈,在搜狗浏览器搜索栏中输入双引号,浏览器崩溃。崩溃原因是返回的数据因为双引号未转义,将 JSON 数据格式配对破坏,导致解析失败崩溃。事后测试组 Leader 和测试人员被当季度罚绩效考核不合格。

　　……

　　看到这份列表,小明半天没有说出话来。

　　大熊问道:"你从这件事得到了什么教训?"

　　小明思考片刻,理了理头绪,娓娓道来:

　　"测试客户端时,要考虑服务器出现异常情况时,不会对客户端造成影响,例如服务器502 挂掉了。

测试功能时要了解到网络传输过程中的数据格式,除了使用等价类、边界值考虑常见的中英文数字等数据之外,还要对数据格式异常进行测试,例如,JSON 数据缺少 {;XML 数据缺少＜等情况。

接第 2 点,还要考虑返回的数据为空。

测试功能时还要考虑到网络传输过程中的异常情况,如断网、直接拔网线等。”

大熊点点头,继续问道:“如何构造这些异常情况呢?”

小明:“不知道……”

大熊:“用 Fiddler 拦截请求,具体用法去查知识库! 另外,本季度 PM 成绩从 B 开始,以示惩罚。”

后来,该事故的处罚结果为:大熊作为 Leader 被连带罚款 1000 元,小明季度奖金取消。

 材料阅读

中国的载人航天工程成果是我国航天人尊重科学,以科学的精神、科学的理念、科学的方法、科学的机制推动工作,大胆探索创新、自强不息、勇于超越、埋头苦干的结果。飞天梦想、千年夙愿。经过几代航天科研人员的努力和奋斗,中国航天的传奇还在续写。由于中国航天人根据我国实际情况,积极探索和掌握太空前沿技术,目前我国航天事业稳步发展前进,基本上没有走弯路。2011 年 11 月 3 日,天宫一号目标飞行器与神舟八号飞船成功实现首次交会对接。2012 年 6 月 24 日,神舟九号航天员成功驾驶飞船与天宫一号目标飞行器对接。中国在载人航天项目上迈出了重要的一步,成为继美、俄之后,世界上第三个掌握完整的太空对接技术的国家。从神舟一号到神舟九号,每发射一次,就前进一步。“按照计划,神舟八号、神舟九号、神舟十号飞船将在两年内依次与天宫一号完成无人或有人交会对接任务,并建立中国首个空间实验室;再往前发展,中国人探测月球甚至火星,也将不是一个遥不可及的梦想。”

(1) 结合材料,运用辩证唯物论知识,说说中国人的航天梦想能逐步实现的原因。

(2) 软件测试是为了发现程序中的错误而执行程序的过程,对软件项目的质量来说尤为重要,天宫一号的顺利对接需要经历十分严格的软件测试来保障正常运行。结合软件测试的思想,谈谈你的看法。

【本章附件】

以下为国标(GB 8567—1988)所规定的模块开发卷宗内容要求。

测试分析报告(GB 8567——1988)

1 引言

1.1 编写目的

说明这份测试分析报告的具体编写目的,指出预期的阅读范围。

1.2 背景

说明：

a. 被测试软件系统的名称。

b. 该软件的任务提出者、开发者、用户及安装此软件的计算中心,指出测试环境与实际运行环境之间可能存在的差异以及这些差异对测试结果的影响。

c. 本文件中各处引用的文件、资料,包括所要用到的软件开发标准。列出这些文件的标题、文件编号、发表日期和出版单位,说明能够得到这些文件资料的来源。

2 测试概要

用表格的形式列出每一项测试的标识符及其测试内容,并指明实际进行的测试工作内容与测试计划中预先设计的内容之间的差别,说明作出这种改变的原因。

3 测试结果及发现

3.1 测试1(标识符)

把本项测试中实际得到的动态输出(包括内部生成数据输出)结果同对于动态输出的要求进行比较,陈述其中的各项发现。

3.2 测试2(标识符)

用类似本报告3.1条的方式给出第2项及其后各项测试内容的测试结果和发现。

4 对软件功能的结论

4.1 功能1(标识符)

4.1.1 能力

简述该项功能,说明为满足此项功能而设计的软件能力以及经过一项或多项测试已证实的能力。

4.1.2 限制

说明测试数据值的范围(包括动态数据和静态数据),列出就这项功能而言,测试期间在该软件中查出的缺陷、局限性。

4.2 功能2(标识符)

用类似本报告4.1的方式给出第2项及其后各项功能的测试结论。

5 分析摘要

5.1 能力

陈述经测试证实了的本软件的能力。如果所进行的测试是为了验证一项或几项特定性能要求的实现,应提供这方面的测试结果与要求之间的比较,并确定测试环境与实际运行环境之间可能存在的差异对能力的测试所带来的影响。

5.2 缺陷和限制

陈述经测试证实的软件缺陷和限制,说明每项缺陷和限制对软件性能的影响,并说明全部测得的性能缺陷的累积影响和总影响。

5.3 建议

对每项缺陷提出改进建议,如：

a. 各项修改可采用的修改方法;

b. 各项修改的紧迫程度;

c. 各项修改预计的工作量;

d. 各项修改的负责人。

5.4 评价

说明该项软件的开发是否已达到预定目标,能否交付使用。

6 测试资源消耗

总结测试工作的资源消耗数据,如工作人员的水平级别数量、机时消耗等。

【第8章网址】

第9章　项目管理

【本章简介】

软件项目管理是为了使软件项目能够按照预定的成本、进度、质量顺利完成,而对人员(People)、产品(Product)、过程(Process)和项目(Project)进行分析和管理的活动,其根本目的是让软件项目尤其是大型项目的整个软件生命周期(从分析、设计、编码到测试、维护全过程)都能在管理者的控制之下。

本章将简要介绍项目管理的相关概念以及实际应用,然后通过3个简单的案例实践项目详细描述项目管理中的关键模块,从而掌握项目管理技术的基本工具和方法。

【知识导图】

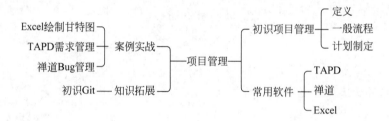

【学习目标】

- 了解项目管理的相关概念。
- 了解项目管理的常用工具。
- 熟悉甘特图的基本概念,并学会使用 Excel 绘制甘特图。
- 熟悉 TAPD 和禅道的基本使用。

趣味小知识

1986 年 4 月 11 日,美国东部得克萨斯州,一位患有面部皮肤癌的男性正在使用 Therac-25 做放射性治疗,因为依然是同一个操作员操作,操作的过程几乎完全相同。刚刚开始治疗,一团巨大的光亮就出现在他的眼前,耳边响起了煎鸡蛋的声音,其实这是机器灼烧了他的大脑和脑干的右侧额叶。可怜的病人感觉自己的脸上仿佛着火了一下,他剧痛地大声喊叫。因为严重的辐射,三周后这名病人就死亡了。

因为之前的案例没有得到 AECL 和医院的重视,悲剧一再发生。类似的悲剧一共发生了 6 起,直到 1987 年雅基马谷医院的最后一次事故,整个悲剧事件才结束。

后期调查表明,全部医疗事故都是因为软件包含严重的 Bug,放射性治疗的机器在正常情况下只会发射低能量的电子束,旧型号的机器为了保证不出意外,使用硬件互锁的机制确保能量不会升高。而新的型号 Therac-25 为了降低成本,改用了软件锁机制。可该程序本身包含的一个一字节的计数器常常会溢出,如果操作员恰好在溢出位输入命令,软件锁的机制就会失效,导致了悲剧,患者受到 100 倍的辐射剂量,痛苦地死亡。

这份带有严重错误的代码因为工程师的过度自信和错误的编码习惯,没有通过充分的测试就被安装到设备中,因为缺少标准的质量体系,代码的质量无法保证。本应该有个"熔断机制"保证无论如何不能发生辐射量过大的情况,这也在开发中没有实现。

这个故事告诉我们,问题软件所带来的后果可能是灾难性的。是否能通过正确的项目管理手段来将风险降至最低呢?

9.1 项目管理概述

9.1.1 项目管理相关概念

软件项目管理是结合了计算机软硬件、系统工程学、心理学、社会学、经济学乃至法律等多领域知识的综合性技术。软件项目的特点在于:软件产品没有物理属性,是一个物理系统的逻辑映射,因此难以理解,但它确实是把思想、概念、算法、流程、组织、效率、优化等融合在一起;文档编制的工作量在整个项目研制过程中占了很大的比重,但往往人们并不重视,从而直接影响了软件质量;软件开发工作技术性很强,要求参加工作的人员具有一定的技术水平和实际工作的经验;此外,人员的流动对项目的影响很大,离去的人员不但带走了重要信息,还带走了工作经验。软件项目管理的困难和主要职能如表 9-1 和表 9-2 所示。

表 9-1 软件项目管理的困难

困　　难	说　　明
智力密集,可见性差	充满了大量高强度的脑力劳动。产品质量的尺度难以衡量
单位生产	开发人员各司其职,独自开发自己的模块
劳动密集,自动化程度低	软件开发过程中渗透了大量的手工劳动,复杂且容易出错
使用方法烦琐,维护困难	软件人员的情绪和他们的工作环境对他们的工作有很大的影响

表 9-2 软件项目管理的主要职能

职能名称	说　　明
制定计划	规定待完成的任务、要求、资源和进度等
建立组织	为实施计划,保证任务完成,需要建立分工明确的责任制度
配备人员	任何各种层次的技术人员和管理人员
指导 && 检验	指导完成工作 && 对照计划和标准,监督和检查实施的情况

9.1.2 项目管理的一般流程

为使软件项目开发获得最终成功,必须对软件项目的工作范围、可能遇到的风险、需要的资源(人,软/硬件)、要实现的任务、花费的工作量(成本)以及进度的安排做到心中有数。这种管理在技术工作开始之前就应开始,在软件从概念到实现的过程中继续进行,当软件工程过程最后结束时才终止。

软件项目管理包括以下过程，如图 9-1 所示。

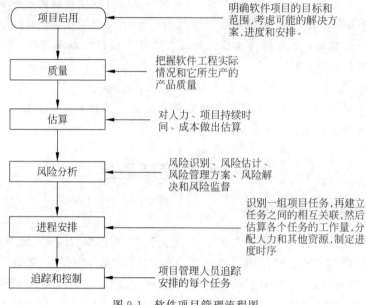

图 9-1　软件项目管理流程图

9.1.3　项目计划

（1）项目计划的主要要素。

计划是管理工作的重要职能，在软件项目管理中，软件项目从制定项目计划开始。项目计划中需要确定目标和范围、时间地点和资金以及人员和技术 3 项内容，如图 9-2 所示。

图 9-2　项目管理主要内容

（2）项目计划的主要类别如表 9-3 所示。

表 9-3　项目计划类别

类　　别	说　　明
项目实施计划	这是软件开发的综合性计划，包括人物、进度、人力、环境、资源、组织等
质量保证计划	把软件开发的质量要求具体规定为在每个开发阶段中可以检查的质量保证活动
软件测试计划	规定测试活动的人物、测试方法、进度、资源、人员职责等
文档编制计划	规定所开发的项目应编制的文档种类、内容、进度、人员职责等
用户培训计划	规定对用户进行培训的目标、要求、进度、人员职责等
综合支持计划	规定软件开发过程中所需要的支持，以及如何获得和利用这些支持
软件分发计划	软件项目完成后，如何提交给客户

在以上各类计划中,软件项目实施计划是综合性的,进行工作的划分是该计划应首先解决的问题,常用的计划结构有按阶段进行项目的计划,任务分解结构和人物责任矩阵。

（3）如何安排项目计划的进度。

进度安排的准确程度可能比成本估算程度更重要。如果进度安排落空,会导致市场机会的丧失,使得用户不满意,而且也会导致成本的增加。因此,在考虑进度安排时,要把人员的工作量与花费的时间联系起来。对于一个小型软件开发项目,一个人就可以完成需求分析、设计、编码和测试工作。而对于一个稍大型的软件项目,一个人单独开发,时间太长。因此,软件开发组是必要的。一般软件开发组的规模不能太大,人数不能太多,2~8人较合适,当参加同一软件工程项目的人数超过一人的时候,开发工作就会出现并行情况。甘特图是人们常用来进行项目进度安排的一种工具。

（4）甘特图

甘特图以图示通过活动列表和时间刻度表示出特定项目的顺序与持续时间。横轴表示时间,纵轴表示项目,线条表示期间计划和实际完成情况。甘特图可直观表明计划何时进行,以及进展与要求的对比,便于管理者弄清项目的剩余任务,评估工作进度。

甘特图是以作业排序为目的,最早尝试将活动与时间联系起来的工具之一,帮助企业描述工作中心、超时工作等资源的使用。

甘特图包含以下三个含义。

① 以图形或表格的形式显示活动。

② 通用的显示进度的方法。

③ 构造时含日历天和持续时间,不将周末节假日算在进度内。

甘特图简单、醒目、便于编制,在管理中应用广泛。图9-3给出了一个甘特图实例。

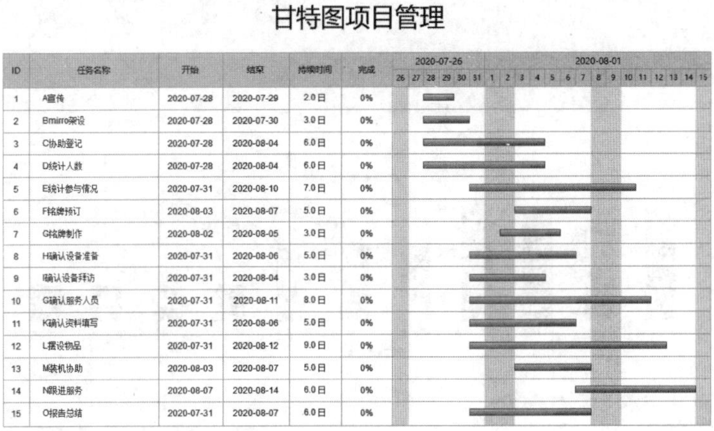

甘特图项目管理

图 9-3 甘特图实例

9.2 项目管理常用软件

项目管理的常用软件种类较多,功能也各有特色。项目管理软件常用的有 Excel、腾讯 TAPD 和禅道等。Excel 作为常用的办公软件之一,因功能简单、使用方便、广泛应用于小规模情境下的项目管理中。TAPD 和禅道作为企业级的线上办公平台,集成人员管理、进度安排等多功能于一身,功能齐全且强大,适用于复杂场景下大规模的项目管理。

（1）TAPD 相关介绍。

TAPD 提供轻量、灵活和简单的团队协作解决方案,适合多行业的小团队轻量协作,其下载地址请扫描本章末二维码。该软件通过看板简单直观地跟进工作事项,通过文档进行团队协作编辑和知识分享,通过报表清晰掌握工作进度,如图 9-4 和图 9-5 所示。

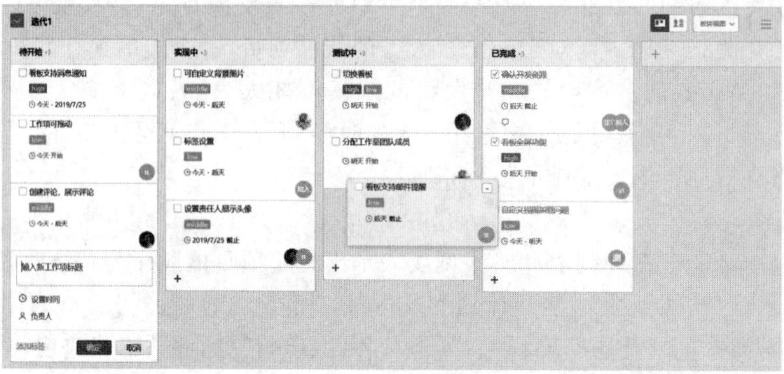

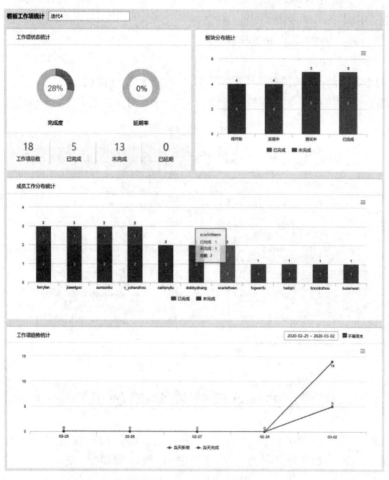

图 9-4　TAPD 人员看板

图 9-5　TAPD 进度看板

（2）禅道相关介绍。

禅道由青岛易软天创网络科技有限公司开发，是国产开源项目管理软件。其下载地址请扫描本章末网址二维码。它集产品管理、项目管理、质量管理、文档管理、组织管理和事务管理于一体，是一款专业的研发项目管理软件，完整覆盖了研发项目管理的核心流程。禅道管理思想注重实效，功能完备丰富，操作简洁高效，界面美观大方，搜索功能强大，统计报表丰富多样，软件架构合理，扩展灵活，有完善的 API 可以调用。

禅道项目管理软件的主要管理思想基于国际流行的敏捷项目管理方法——Scrum。Scrum 方法注重实效，操作性强，非常适合软件研发项目的快速迭代开发。但它只规定了核心的管理框架，还有很多细节流程需要团队自行扩充。禅道在遵循其管理方式基础上，结合国内研发现状，整合了 Bug 管理、测试用例管理、发布管理、文档管理等功能，完整地覆盖了软件研发项目的整个生命周期。在禅道软件中，明确地将产品、项目、测试三个概念区分开，产品人员、开发团队、测试人员，三者分立，互相配合，又互相制约，通过需求、任务、Bug 来进行交相互动，最终通过项目拿到合格的产品。禅道项目管理软件的主要功能如下。

视频讲解

① 产品管理：包括产品、需求、计划、发布、路线图等功能。

② 项目管理：包括项目、任务、团队、版本、燃尽图等功能。

③ 质量管理：包括 Bug、测试用例、测试任务、测试结果等功能。

④ 文档管理：包括产品文档库、项目文档库、自定义文档库等功能。

⑤ 事务管理：包括 todo 管理、我的任务、我的 Bug、我的需求、我的项目等个人事务管理功能。

⑥ 组织管理：包括部门、用户、分组、权限等功能。

⑦ 统计功能：丰富的统计表。

⑧ 搜索功能：强大的搜索，帮助找到相应的数据。

⑨ 扩展机制：几乎可以对禅道的任何地方进行扩展。

⑩ API 机制：所见皆 API，方便与其他系统集成。

9.3　项目管理案例实战

本节将利用 9.2 节所介绍的工具软件来进行甘特图的绘制、需求管理和 Bug 管理的实战。

9.3.1　实战案例 1——Excel 绘制甘特图

（1）准备原始数据。

先分析一下这个计划：从 2022 年 6 月 1 日到 2022 年 7 月 1 日，总共 31 天，原始数据如图 9-6 所示。

（2）制作图表。

任意找一个单元格，输入 0～30 的任意数字（共 31 天），如在 D13 单元格输入 11，然后在 C13 单元格输入公式＝D13＋C3，在这种情况下，显示的是 2022/6/12，如图 9-7 所示。

在 F、G 两列中插入辅助系列：已完成和未完成，如图 9-8 所示。

	A	B	C	D	E
1					
2			计划开始日	天数	
3		项目确定	2022/6/1	5	
4		问卷设计	2022/6/4	3	
5		试访	2022/6/6	3	
6		问卷确定	2022/6/10	1	
7		实地执行	2022/6/12	10	
8		数据录入	2022/6/15	5	
9		数据分析	2022/6/18	3	
10		报告提交	2022/6/23	5	
11					
12					

图 9-6　甘特图原始数据

	A	B	C	D	E	F	G
1							
2			计划开始日	天数			
3		项目确定	2022/6/1	5			
4		问卷设计	2022/6/4	3			
5		试访	2022/6/6	3			
6		问卷确定	2022/6/10	1			
7		实地执行	2022/6/12	10			
8		数据录入	2022/6/15	5			
9		数据分析	2022/6/18	3			
10		报告提交	2022/6/23	5			
11							
12				2022/6/12	12		
13							
14							
15							
16							

图 9-7　输入公式

已完成系列的公式,以 F3 单元格为例:

```
= IF(C3 > = $ C $ 13,0,IF(C3 + D3 > = $ C $ 13, $ C $ 13 - C3,D3))
```

未完成系列的公式,以 G3 单元格为例:

```
= D3 - F3
```

	A	B	C	D	E	F	G	H
1								
2			计划开始日	天数		已完成	未完成	
3		项目确定	2022/6/1	5		5	0	
4		问卷设计	2022/6/4	3		3	0	
5		试访	2022/6/6	3		3	0	
6		问卷确定	2022/6/10	1		1	0	
7		实地执行	2022/6/12	10		3	7	
8		数据录入	2022/6/15	5		0	5	
9		数据分析	2022/6/18	3		0	3	
10		报告提交	2022/6/23	5		0	5	
11								
12						辅助列		
13			2022/6/15	12				
14								
15								

图 9-8　添加辅助列

选中 B、C、F、G 列相应数据,插入堆积条形图,如图 9-9 所示。

一个简单的项目管理甘特图就制作完成了,横轴为时间,纵轴为需求名称。矩形块左端

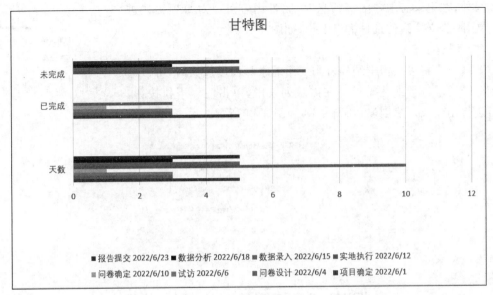

图 9-9　甘特图实例

为需求开始时间,右端为结束时间,若矩形块有灰色部分,即为需求尚未完成。

9.3.2　实战案例 2——TAPD 进行需求管理

视频讲解

(1)创建需求。

从上方导航栏进入需求页面,单击"创建需求"按钮即可进入创建页面,填写标题、内容与各字段信息。或单击需求列表上方的"快速创建"按钮,则无须跳转至新页面,只须在当前页面填写标题等最基础的字段,即可快速创建需求,如图 9-10 所示。

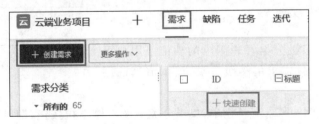

图 9-10　快速创建需求

当前位于项目内其他页面上时,也可以单击项目导航栏中的＋号图标,快捷跳转至需求创建页面,如图 9-11 所示。

图 9-11　单击＋号创建需求

另外,在记录需求缺陷等信息时,附件内容可以对事项描述进行有效补充,支持附件批量拖曳上传,如图 9-12 所示。

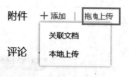

图 9-12　批量创建需求

(2) 创建子需求。

TAPD 支持多层需求结构。当一个需求颗粒度过大时,可以通过创建子需求进行细化需求。在需求列表中,单击左侧下拉按钮,即可进行创建或快速创建,如图 9-13 和图 9-14 所示。

图 9-13　创建子需求

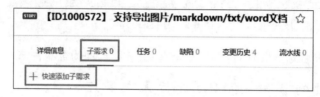

图 9-14　快速添加子需求

设置需求父子关系：将需求转为子需求的使用方式,只需要进入目标需求详情页面,在右侧基本信息栏,单击查找父需求,输入父需求的标题或者需求 ID 确认即可,如图 9-15 所示。

(3) 设置需求分类。

TAPD 提供了多级分类管理需求的功能。用户可以根据产品特点,管理需求的多级分类,展示清晰的层次和脉络结构。

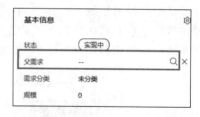

图 9-15　设置需求父子关系

在需求页面左侧的需求分类栏中,单击分类标题右侧下拉按钮,即可创建子分类、修改或删除分类,如图 9-16 所示。

在分类栏中,也可以直接拖曳分类标题以调整层级关系。

(4) 导入与导出需求。

在需求列表上方,单击"更多操作",在下拉选项中选择对应选项,即可进行需求的批量导入与导出,如图 9-17 所示。

其中,批量导入时支持新建与更新两种模式。请下载导入模板后,按照相应的格式以 Excel 形式上传。

批量导出则将视图与过滤后的需求列表导出为本地 Excel。导出时也可以自由选择需要导出的字段。

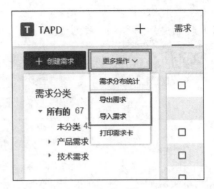

图 9-16　设置需求分类　　　　　　　　　　　　图 9-17　导入导出需求

9.3.3　实战案例 3——禅道进行 Bug 管理

视频讲解

禅道官网地址见全书网址汇总文件。

（1）创建产品。

使用 Bug 管理功能之前,需要先创建产品。添加产品的入口有多个,可以在产品视图中的 1.5 级导航下拉菜单中直接单击"添加产品"按钮,也可以在所有产品页面单击右侧的"添加产品"按钮,如图 9-18 所示。

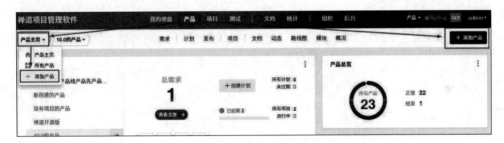

图 9-18　创建产品

新增产品的时候,需要设置产品的名称、代号、几个负责人信息,如图 9-19 所示。

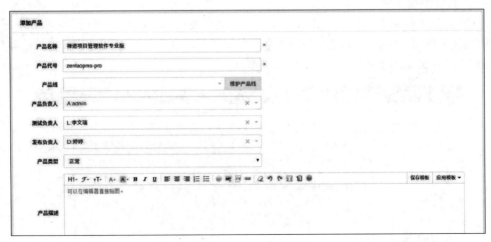

图 9-19　添加产品详细信息

(2) 提出 Bug。

有了产品之后,就可以来创建 Bug 了,如图 9-20 所示。

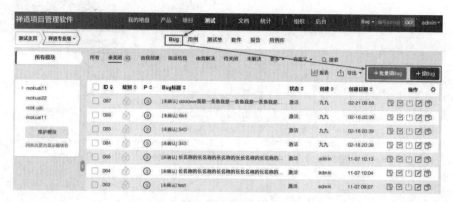

图 9-20　提出 Bug

在创建 Bug 的时候,必填的字段是:影响版本,Bug 标题,所属模块,如图 9-21 所示。所属项目、相关产品、需求可以忽略。创建 Bug 的时候,可以直接指派给某个人员去处理。如果不清楚的话,可以保留为空。

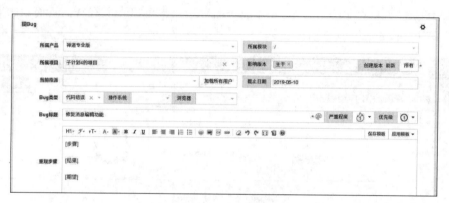

图 9-21　添加 Bug 详细信息

(3) 处理 Bug。

当一个 Bug 指派给某位研发人员之后,他可以来确认、解决这个 Bug。在对 Bug 进行处理之前,先找到需要自己处理的 Bug。禅道提供了各种各样的检索方式,如"指派给我"可以列出所有需要自己处理的 Bug,如图 9-22 所示。

图 9-22　处理 Bug

① 确认 Bug：确认该 Bug 确实存在后，可以将其指派给某人，并指定 Bug 类型、优先级、备注、抄送等。

② 解决 Bug：当 Bug 修复解决后，单击"解决"按钮，指定解决方案、日期、版本，并可将其再指派给测试人员。

③ 关闭 Bug：当研发人员解决了 Bug 之后，Bug 会重新指派到 Bug 的创建者头上。这时候测试人员可以验证这个 Bug 是否已经修复。如果验证通过，则可以关闭该 Bug(Bug 列表页和详情页中都有"关闭"按钮)。

④ 编辑 Bug：对 Bug 进行编辑操作。

⑤ 复制 Bug：复制创建当前 Bug，在此基础上再做改动，避免重新创建的麻烦。

 **本章小结**

本章首先介绍了项目管理的基础概念，主要包括项目管理的定义，项目管理的一般流程和计划制定，让读者对项目管理有一定的认知；接着介绍了项目管理的常用软件，并以主流的 TAPD 和禅道两款软件进行详细描述；最后带领读者通过三个简单的案例实战体验如何进行有效的项目管理。

 **材料阅读**

查看本章阅读材料，并思考以下问题：Git 的主要功能是什么？

不知道你工作的时候有没有遇到过这样的情况，例如，做 BIM 建模，你手中有一份模型初稿，但现在需要在上面进行修改。

(1) 你怕修改之后万一出现什么错误，把原来的文件也弄坏了。

(2) 你修改到一定程度，改错了，想撤销，但你不小心保存了，保存之后是不能撤销的。

于是你不得不复制出一个副本，如图 9-23 所示。

名称	修改日期
地形2.0	2019/12/7 11:01
地形3.0	2019/12/7 11:01
地形4.0	2019/12/7 11:02
地形5.0	2019/12/7 11:02
地形6.0	2019/12/7 11:02
廊道.dgn	2019/10/28 19:24
文件版本说明.txt	2019/12/7 11:04
组装测试.dgn	2019/10/30 18:15

图 9-23　文件目录

每个版本有各自的用处，当然最终只会有一个地形。

但在此之前的工作都需要这些不同版本的地形，于是每次都是复制粘贴副本，产生的文件就越来越多，文件多不是问题，问题是：随着版本数量的增多，你还记得这些版本各自都是修改了什么吗？

为了能够更方便地管理这些不同版本的文件,便有了版本控制器。如何使用 Git 进行版本控制?

在新建了一个文件夹后,原本里面用于存放之前的各种版本文件,现在要用 Git 对该文件夹进行接管。当修改了文件单击保存之后,可用 Git 的相关命令,提交给 Git,让 Git 帮助管理,Git 会产生一个快照,记录文件现在保存的状态,之后不论对原文件进行任何修改(包括删除),只要没有删除 Git 文件,就都可以随时恢复。

如图 9-24 所示,当前只显示一个文件,但如果使用 git log 命令,就可以看到之前保存的各种版本的文件。

图 9-24 查看 Git 日志

每个版本的文件,都会显示该版本修改的内容,当然这个内容是自己添加的说明。

每个版本都有独特的一串代码(黄色字体),要恢复对应版本的,就用那个代码。

现在你手中就只需要管理一个文件,其他的文件只是备用,可能用到,可能用不到。到最终它们都用不到,因为地形就只有一个。

以上只是介绍大致的一个情况,Git 可以控制计算机上所有格式的文件,如 doc、xls、dwg、dgn、rvt 等。

体息一会儿

很多人都知道,Linus 在 1991 年创建了开源的 Linux,从此,Linux 系统不断发展,已经成为最大的服务器系统软件了。Linus 虽然创建了 Linux,但 Linux 的壮大是靠全世界热心的志愿者参与的,这么多人在世界各地为 Linux 编写代码,那 Linux 的代码是如何管理的呢?

事实上,在 2002 年以前,世界各地的志愿者把源代码文件通过 diff 的方式发给 Linus,然后由 Linus 本人通过手工方式合并代码!你也许会想,为什么 Linus 不把 Linux 代码放到版本控制系统里呢?不是有 CVS、SVN 这些免费的版本控制系统吗?因为 Linus 坚定地反对 CVS 和 SVN,这些集中式的版本控制系统不但速度慢,而且必须联网才能使用。有一些商用的版本控制系统虽然比 CVS、SVN 好用,但却是付费的,和 Linux 的开源精神不符。不过,到了 2002 年,Linux 系统已经发展了十年了,其代码库之大让 Linus 很难继续通过手工方式管理了,社区的弟兄们也对这种方式表达了强烈不满,于是 Linus 选择了一个商业的版本控制系统 BitKeeper。BitKeeper 的东家 BitMover 公司出于人道主义精神,授权 Linux 社区免费使用这个版本控制系统。安定团结的大好局面在 2005 年就被打破了,原因是 Linux 社区牛人聚集,不免沾染了一些梁山好汉的江湖习气。开发 Samba 的 Andrew 试图破解 BitKeeper 的协议(这么干的其实也不只他一个),被 BitMover 公司发现了,于是 BitMover 公司怒了,要收回 Linux 社区的免费使用权。

Linus 可以向 BitMover 公司道个歉,保证以后严格管教弟兄们,但这是不可能的。实际情况是这样的:Linus 花了两周时间自己用 C 写了一个分布式版本控制系统,这就是 Git! 一个月之内,Linux 系统的源码已经由 Git 管理了! Git 迅速成为最流行的分布式版本控制系统,尤其是 2008 年,GitHub 网站上线了,它为开源项目免费提供 Git 存储,无数开源项目开始迁移至 GitHub,包括 jQuery、PHP、Ruby 等。

历史就是这么偶然,如果不是当年 BitMover 公司威胁 Linux 社区,可能现在就没有免费而超级好用的 Git 了。

【第 9 章网址】

第9章

项目管理

第 10 章　软件工程实践

【本章简介】

本章通过运动员竞赛注册管理信息系统与疫情地图小程序这两个项目实战案例，分别从项目的实际背景出发，对项目进行可行性和需求分析，然后进行架构设计和详细设计，最后进行系统运行及测试，通过完整的项目案例引导读者了解掌握软件工程的一般流程。

【知识导图】

【学习目标】

- 了解掌握软件工程的一般流程。
- 锻炼软件工程实践的思维能力。
- 提高通过实际问题分析出具体需求的能力。
- 提升编程素养，培养产品思维。

趣味小知识

有一个物理学家、工程师和一个程序员驾驶着一辆汽车行驶在阿尔卑斯山脉上，在下山的时候，忽然，汽车的刹车失灵了，汽车无法控制地向下冲去，眼看前面就是一个悬崖峭壁，但是很幸运的是在这个悬崖的前面有一些小树让他们的汽车停了下来，而没有掉到下山去。三个人惊魂未定地从车里爬了出来。物理学家说："我觉得我们应该建立一个模型来模拟在下山过程中刹车片在高温情况下失灵的情形。"工程师说："车的后备厢里有个扳手，要不我们把车拆开看看到底是什么原因。"程序员说："为什么我们不找个相同的车再来一次以重现这个问题呢？"这个故事告诉我们，不同职业人群解决问题的方式可能大不相同，作为一名软件开发工作者，解决问题的思路又是怎样的呢？下面一起来探讨吧。

10.1 项目实战一 运动员竞赛注册管理信息系统

10.1.1 概述

1. 开发背景

随着计算机技术的发展,特别是计算机网络技术与数据库技术的发展,人们的生活与工作方式发生了很大的改变。网络技术的应用使得计算机之间通信、信息共享成为可能,而数据库技术的应用则为人们提供了数据存储、信息检索、信息分析等功能,从而使得工作更加高效。

视频讲解

在体育方面,随着体育部门规模的不断扩大和招生人数的不断增加,需要处理大量的运动员数据信息。如何更好地组织运动员信息,更加快捷地管理运动员信息显得尤为重要。

由于某省体育局青少年运动员的竞赛注册报名长期以来是采用线下的方式,流程十分烦琐,动用的人力物力财力也比较庞大,现委托我团队研发一个线上的某省青少年运动员竞赛注册管理信息系统。

2. 项目目标

以某省运动员信息管理为依托,结合全国运动员信息管理系统,设计并开发一个运动员竞赛注册报名系统,提供一个信息更新快捷、管理方便、功能设置合理的运动员信息管理解决方案。系统目标如下。

(1) 通过对运动员注册信息的网上管理,确保信息的准确、可靠。

(2) 提供灵活、方便的操作。

(3) 节约运动员竞赛管理的成本,提高体育部门管理的效率。

(4) 对系统提供必要的权限管理。

(5) 完成运动员注册模块。

3. 开发环境

开发此系统需要用到以下软件环境。

(1) JDK:JDK 1.8 及以上版本。

(2) 开发工具:IntelliJ IDEA 集成开发环境。

(3) 操作系统:Windows 10 旗舰版 64 位。

(4) 数据库:MySQL 5.7 及 Navicat for MySQL 管理工具。

4. 可行性分析

(1) 经济角度。

现在,计算机的价格已经十分低廉,性能却有了长足的进步。而本系统的开发,为体育局的工作效率带来了一个质的飞跃,主要表现有以下 3 方面。

① 本系统的运行可以代替人工进行许多繁杂的劳动。

② 本系统的运行可以节省许多资源。

③ 本系统的运行可以大大提高体育局的工作效率。

(2) 操作角度。

本系统作为一个开发常见的系统,所消耗的资源非常小,各体育局单位的计算机无论是硬件还是软件方面都能够满足条件,因此,本系统在运行上是可行的。

（3）技术角度。

根据客户提出的系统功能、性能及实现系统的各项约束条件,根据新系统目标来衡量所需的技术是否具备,现有的技术已较为成熟,硬件、软件的性能要求、环境条件等各项条件良好。利用现有技术条件完全可以达到该系统的功能目标。同时,考虑给予的开发期限也较为充裕,预计系统可以在规定期限内完成开发。

视频讲解

10.1.2　系统分析与系统设计

1. 需求分析

本项目的基本任务是注册模块的实现。此系统有四类用户,下面具体说明每类用户的需求及基本任务。

（1）注册单位。

注册单位主要完成运动员信息注册的工作。

① 线上登记运动员身份证。

② 线上录入运动员详细信息。

③ 打印某省青少年儿童运动员资格注册登记表并签字。

④ 现场确认。

（2）项目中心。

项目中心主要完成对录入运动员信息审核的工作。

① 线上审核运动员注册情况。

② 线上审核完成后打印运动员审核表。

③ 查看运动员审核情况。

④ 查看运动员详细信息。

（3）省体科所。

① 线上录入运动员骨龄。

② 线下注册单位或项目变更时收取该运动员变更材料。

③ 线上填写相应的变更表。

（4）省体育局。

① 线上指定注册系统开放时间。

② 线下收取注册单位提交的变更申请及问题申请,审核通过后交由体科所进行修改并线上查看所有运动员信息。

2. 系统设计

（1）总体设计。系统总体流程图如图 10-1 所示。

（2）详细设计。如图 10-2～图 10-4 所示给出了系统主要模块的详细设计。

（3）概要设计。

① 人员分类。

注册系统的人员分为注册单位人员、项目中心人员、省体科所人员和省体育局人员这四类,如图 10-5 所示。

② 权限分配。

注册单位:只能看到自己单位的所有运动员信息,待审批运动员和已审批运动员只能

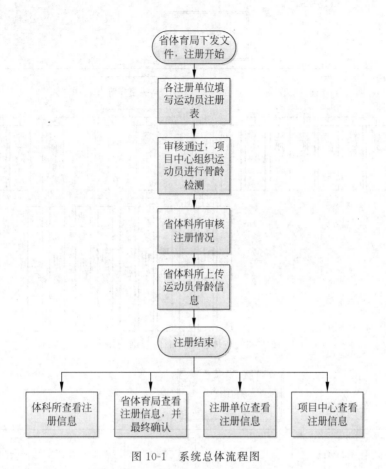

图 10-1　系统总体流程图

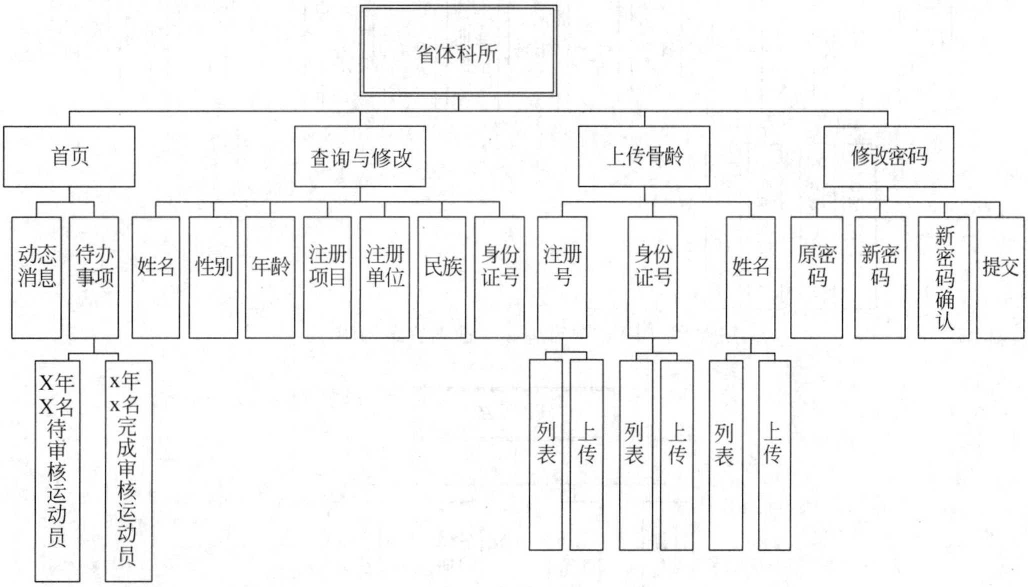

图 10-2　省体科所界面内容结构图

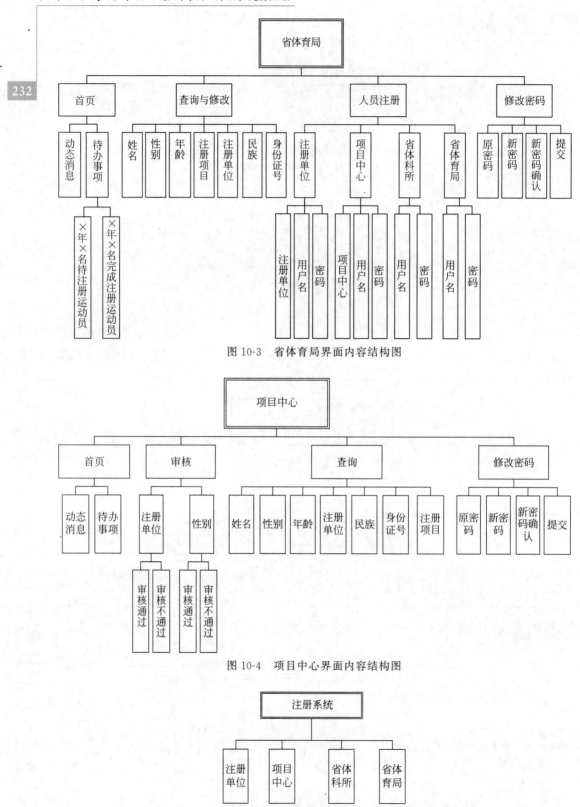

图 10-3　省体育局界面内容结构图

图 10-4　项目中心界面内容结构图

图 10-5　注册系统人员分类

查询,不能修改;保存后的信息不能修改;退回的运动员信息可以修改基本信息。

项目中心:仅有查看权限。查看内容为报名该项目的运动员身份证信息。

省体科所:可以查看所有运动员信息,无修改权限。

省体育局:可以查看所有运动员信息,有修改权限。

(4)业务流程设计。

原则1(确定实体):在业务中能独立存在的现实事物,当其有多个由基本项描述的特性需要关注时,就把它作为实体。

原则2(确定联系):在业务中实体集之间的关联与结合需要长期保存时,应作为联系并确定其类型。

原则3(确定属性):实体的属性是实体的本质特征。实体应有标识属性(能把不同个体区分开来的属性组),并指定其中一个作为主标识。

原则4(一事一地原则):业务的所有基本项在其E-R图中作为属性要在且仅在一个地方出现。

根据以上原则分析可得出该E-R图的实体分别有:用户(省体育局、省体科所、项目中心码、注册单位)、运动员和教练。

用户的属性是:编号、账号、密码。

运动员的属性有:编号、姓名、性别、身份证号、身高、体重、出生日期。

教练的属性有:编号、姓名、电话号码。

系统E-R图如图10-6所示。

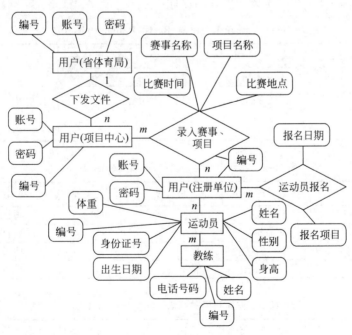

图 10-6　系统 E-R 图

(5)数据库设计。

系统数据库总体结构如图10-7所示。

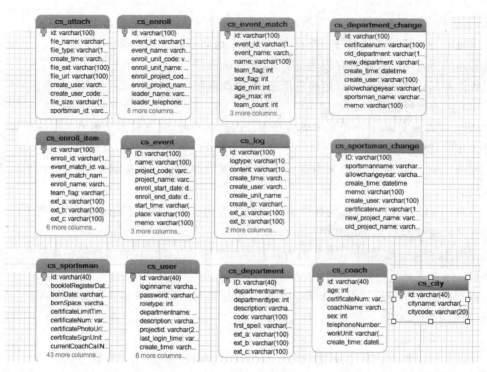

图 10-7 数据库总体表

表 10-1~表 10-5 给出了部分表的详细设计。

表 10-1 注册单位关系表(Regist_Ration_UnitInfo)

域 名	域 类 型	域 长 度	域 属 性	说 明
id	Varchar	40	主键	注册单位 Id
registrationUnitName	Varchar	40		注册单位名称
registrationUnitCode	Int	20		注册单位代码
description	Varchar	200		描述信息

表 10-2 项目中心关系表(Project_Center_Info)

域 名	域 类 型	域 长 度	域 属 性	说 明
id	Varchar	40	主键	项目中心 Id
projectCenterName	Varchar	50		项目中心名称
projectCenterCode	Int	20		项目中心代码
description	Varchar	200		描述信息

表 10-3 省体科所关系表(Body_branch_Info)

域 名	域 类 型	域 长 度	域 属 性	说 明
id	Varchar	40	主键	体科所 Id
bodyBranchName	Varchar	50		体科所名称
bodyBranchCode	Varchar	20		体科所代码
description	Varchar	200		描述信息

表 10-4　省体育局关系表（Sports_Bureau_Info）

域　　　名	域 类 型	域 长 度	域 属 性	说　　　明
id	Varchar	40	主键	省体育局 Id
sportsBureauName	Varchar	50		省体育局名称
sportsBureauCode	Int	20		省体育局代码
description	Varchar	200		描述信息

表 10-5　运动员信息表（Sports_Main_Info）

域　　　名	域 类 型	域 长 度	域 属 性	说　　　明
id	Varchar	40	主键	运动员 id
realName	Varchar	40		姓名
formerName	Varchar	40		曾用名
englishName	Varchar	40		英文名
sex	Int	2		性别（1-男，2-女）
nation	Varchar	20		民族
certificateNum	varchar	20		身份证号
certificateSignUnit	varchar	50		签证单位
certificateLimitTime	varchar	30		身份证有效期
bornDate	Varchar	30		出生日期
studyNum	Varchar	20		学籍号
school	Varchar	40		就读学校（年级）
registrationProject	Varchar	50		注册项目
registrationUnit	Varchar	50		注册单位
registrationUnit2	Varchar	50		双重注册单位
trainingUnit	Varchar	50		在训单位
bornSpace	Varchar	40		户籍所在地
bookletRegisterDate	Varchar	30		户口簿登记日期
houseHoldCertificateUrl	Varchar	60		户口簿登记证明（图片 URL）
currentBookletPlace	Varchar	40		现户口所在地
relationShipWithHouseHolder	Varchar	20		与户主关系
telephoneNum	Varchar	12		个人联系方式
fatherId	Varchar	30		父亲
motherId	Varcahr	30		母亲
currentCoachId	Varchar	30		现任教练
enlightenmentCoachId	Varchar	30		启蒙教练
fingerPrint1	Varchar	60		指纹 1（存 URL）
fingerPrint2	Varchar	60		指纹 2（存 URL）
certificatePhotoUrl	Varchar	60		身份证照片（存 URL）
latestPhotoUrl	Varchar	60		近期照片
historyCompetitionResult	Varchar	500		历史竞赛成绩履历
Weight	Varchar	60		体重
height	Varchar	60		身高

3. 核心功能实现

（1）异常数据清洗。

数据清洗的步骤可以简化为数据分析、数据检测及数据修正。由于无法判定运动员所填信息的真假，需要项目中心人员人工判定，因此需要开发出一个通用的数据检测模块。模块采用KNN算法对数据进行校验，过滤出异常数据信息，在运动员录入信息之时，若数据正常则入库，若不可用则进行过滤，并进行相应提醒。通过这种数据清洗，可以提高录入数据的可用性和准确性。具体的原理总结如图10-8所示。

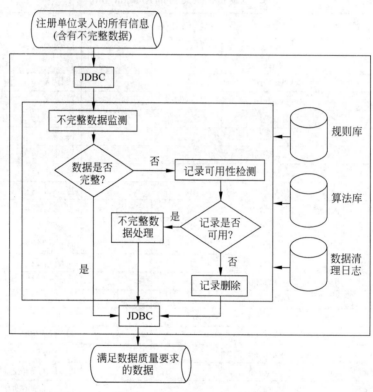

图 10-8　异常数据清洗流程图

（2）ActiveX 控件的开发和自动上传的实现。

在运动员注册信息之时，需要对身份证及指纹信息进行录入，在此采用 ActiveX 控件进行客户端功能实现。ActiveX 控件在注册单位浏览器里，会直接与服务器联系，根据身份证照片文件在注册单位客户端本地的地址，将文件上传到 Web 服务器上，再通过 Web 服务器上的 URL 地址，将身份证照片文件从 Web 服务器下载到注册单位客户端，具体实现流程如图 10-9 所示。

（3）批量录入身份证。

由于某省内青少年运动员数量巨大，但能参加比赛的运动员数量较少，若要求所有的运动员都在同一年份完成完整的信息注册，将大大增加注册单位和项目中心工作人员的工作量。为了更合理地完成注册工作，体育局要求：完成所有青少年运动员的身份证信息录入工作和部分参赛运动员的详细信息录入工作。但若使用二代身份证指纹阅读器开发包内提供的方法完成此项工作，在刷取身份证时，由于浏览器无法完成身份验证，必须通过读取本

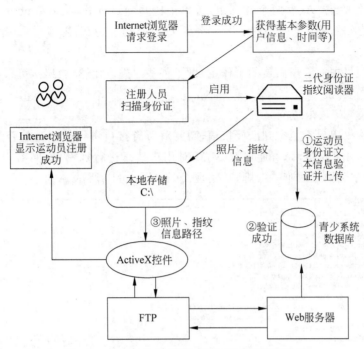

图 10-9　ActiveX 控件的开发和自动上传流程图

地文件夹的方式,将已经存储在本地的身份证照片传到阿里云的数据库中。这样操作将大大影响读取身份证的操作复杂度。

针对此问题,本系统设计了基于 ActiveX 控件的流程。

(4) 批量导入运动员详细信息。

由于各个市的运动员数量众多,单个运动员需要注册的信息量大,注册时间短,任务量大,注册单位工作人员很难保质保量地按时完成注册工作。为了减少注册单位录入工作量,采取了批量导入的方法来解决上述问题。首先,根据需求制作了包含所有信息的 Excel 表格,并对除姓名外的表格设置了数据有效性,有效地保证了数据的可靠性。其次,通过将表格里输入的身份证号和姓名与已录入的身份证号和姓名进行比对,当两项数据完全一致时,才会将 Excel 表格中的内容读入到数据库对应项中。最后,在现场确认前和现场确认时,工作人员可通过页面查看完整的运动员信息,确认是否有误,并签字提交。

(5) 批量增加附件。

为了保证运动员信息的正确性,保证比赛公正公开地进行,需要多项信息来证明运动员身份的存在性。为了防止"假"身份证的存在,要求运动员上传本人户口本扫描件、父母户口本扫描件、学籍扫描件、户口迁移证明材料等附件。为了方便工作人员操作,减少错传少传现象的发生,给附件部分添加了批量上传和批量删除功能。

(6) 批量增加比赛项目。

考虑到青少年的生长发育规律,分析当前项目的技术特点,我国青少年比赛多采用分年龄段比赛规则,以便于体育管理部门更科学地培养和选拔青少年运动员。由于青少年比赛的特殊性,比赛时不但会存在传统的性别分组,比赛方式分组,还会有复杂的年龄段设置。以田径赛事为例,若想增加 100 米相关的比赛项目,需要增加 7～9、9～11、11～13、13～15、

15~17 岁 5 个年龄组,男、女两个性别组,若单个比赛项目设置,共需要设置十个小项。而 100 米项目仅是田径赛事里很小的子项。比赛项目的设置次数将随着项目、年龄组、性别的变化呈指数增加。

为了减小项目中心工作人员的工作量,做了一些改进。比赛项目处,可只在一个页面内完成十个小项的设置。

(7)"水平越权"攻击防范。

为保证未授权用户不能拿到已授权信,需要对所有接口进行校验其是否为已登录用户发送的请求。采用 JWT 策略,通过双 MD5 对用户信息进行加密,返回给用户唯一 token 值,用作客户端拿到数据的唯一令牌,其实现代码如图 10-10 所示。

```java
public class JWTUtils {
    private static final  String SUBJECT = "lxc";
    private static final  long EXPIRE = 60*1000;
    private  static  final String SECRET = "hello lxc";
    private static  final String TOKEN_PREFIX = "lxc_hello";
    public static String geneJsonWebToken(User user){
        String token = Jwts.builder().setSubject(SUBJECT)
                .claim( s: "id",user.getId())
                .claim( s: "name",user.getName())
                .setIssuedAt(new Date())
                .setExpiration(new Date(System.currentTimeMillis() + EXPIRE))
                .signWith(SignatureAlgorithm.HS256,SECRET).compact();
        token = TOKEN_PREFIX + token;
        return token;
    }
    /**
     * 校验token的方法
     * @param token
     * @return
     */
    public static Claims checkJWT(String token){
        try{

            final  Claims claims = Jwts.parser().setSigningKey(SECRET)
                    .parseClaimsJws(token.replace(TOKEN_PREFIX, replacement: "")).getBody();

            return claims;

        }catch (Exception e){
            return null;
        }

    }
}
```

图 10-10　"水平越权"攻击防范代码实现代码

(8)"垂直越权"攻击防范。

因用户角色有多种,为保证低级权限用户无法获取到高级权限用户的数据,利用 filter 机制,校验每一接口所携带的 token 值,与数据库对应权限进行比对,一旦发现高频越权行为,立刻告警,其实现代码如图 10-11 所示。

10.1.3　系统测试

1. 注册单位篇

注册单位详细步骤如下。

(1) 登记身份证:收集运动员信息→刷取身份证。

(2) 录入详细信息。

(3) 现场确认:打印注册登记表并签字→刷取身份证→拍照→指纹→提交给项目中心。

```
@Configuration
public class InterceptorConfig implements WebMvcConfigurer {

    @Bean
    CorsInterceptor corsInterceptor() { return new CorsInterceptor(); }
    @Bean
    LoginInterceptor loginInterceptor(){
        return new LoginInterceptor();
    }

    @Override
    public void addInterceptors(InterceptorRegistry registry) {
        //跨域配置 拦截全部接口
        registry.addInterceptor(corsInterceptor()).addPathPatterns("/**");
        registry.addInterceptor(loginInterceptor()).addPathPatterns("/api/v1/pri/*/**")
                .excludePathPatterns("/api/v1/pri/user/login","/api/v1/pri/user/register");
        WebMvcConfigurer.super.addInterceptors(registry);

    }
}
```

图 10-11　"垂直越权"攻击防范实现代码

（4）其他功能，如图 10-12 所示。

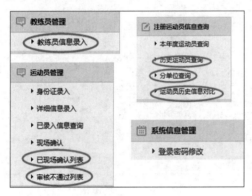

图 10-12　其他功能

注册单位部分功能截图分别如图 10-13～图 10-15 所示。

图 10-13　身份证信息录入

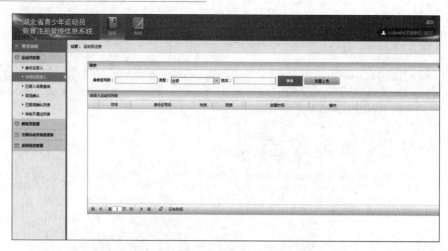

图 10-14　详细信息录入

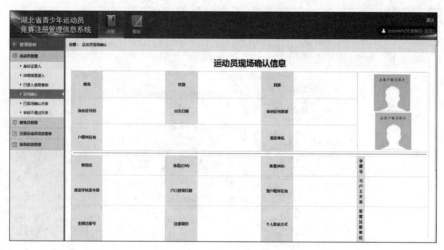

图 10-15　现场确认

2. 项目中心篇

项目中心部分功能截图分别如图 10-16～图 10-18 所示。

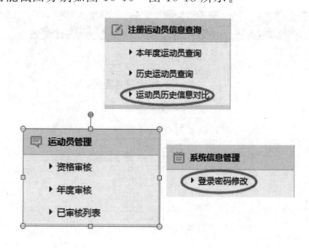

图 10-16　项目中心主要功能

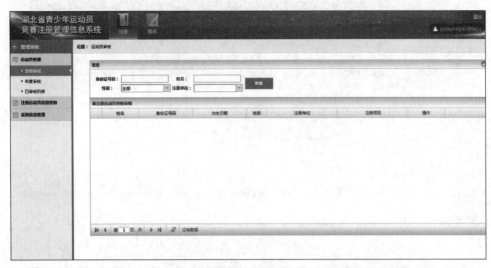

图 10-17　审核首次注册运动员

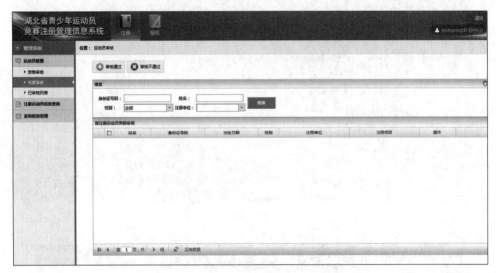

图 10-18　审核历史注册运动员

3. 体科所篇

体科所部分功能与前面相似,其中录入骨龄功能截图如图 10-19 所示。

4. 体育局篇

(1)指定注册系统开放时间。

(2)收取注册单位提交的变更申请及问题申请,审核通过后交由体科所进行修改。

(3)查看所有运动员信息。

(4)制定各个用户账号密码。

体育局部分功能截图分别如图 10-20～图 10-22 所示。

242

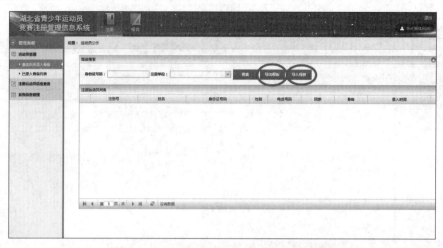

图 10-19　录入骨龄

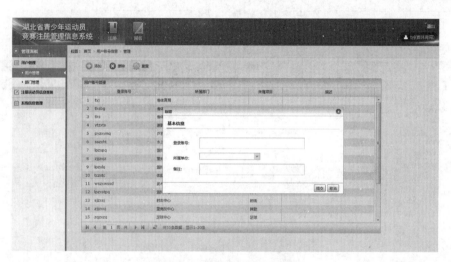

图 10-20　管理用户账号密码

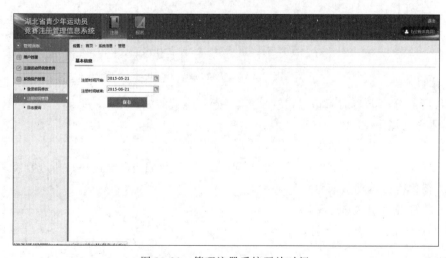

图 10-21　管理注册系统开放时间

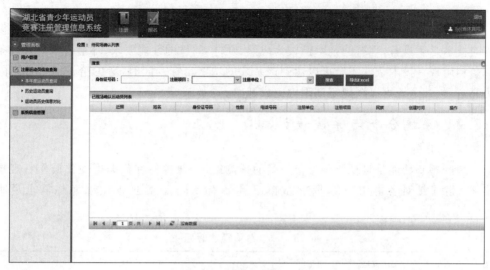

图 10-22　查看运动员信息

10.2　项目实战二　疫情地图小程序

10.2.1　概述

视频讲解

1. 开发背景

春秋季节是每年传染病多发时段,其对社会的正常生活、工作生产都造成了严重危害,所以传染病的防治和预警是一个重要课题。虽然有相关防疫宣传及措施,但是大多人群没有渠道了解流感知识和信息,无法做到提前预防以降低感染率。因此一个可视化疫情数据的在线疫情地图变得尤为重要。

2. 开发环境

开发此系统需要用到以下软件环境。

(1) 开发工具:微信小程序开发工具(LTS)。

(2) 操作系统:Windows 10 旗舰版 64 位。

3. 可行性分析

(1) 经济角度。

现在,手机的价格已经十分低廉,性能却有了长足的进步。而本系统的开发,极大降低了获取疫情数据的门槛,主要表现在以下 3 方面。

① 本系统的运行可以代替人工进行许多繁杂的劳动。

② 本系统的运行可以节省许多资源。

③ 本系统的运行可以大大地降低获取最新疫情数据的难度。

(2) 操作角度。

本系统作为一个开发常见的系统,所消耗的资源非常小,普通用户的手机无论是硬件还是软件方面都能够满足条件,因此,本系统在运行上是可行的。

(3) 技术角度。

根据实际场景提出系统功能、性能及实现系统的各项约束条件,根据新系统目标来衡量所需的技术是否具备,现有的技术已较为成熟,硬件、软件的性能要求、环境要求等各项条件良好。利用现有技术条件完全可以达到该系统的功能目标。同时,考虑给予的开发期限也较为充裕,预计系统可以在规定期限内完成开发。

10.2.2 系统分析与系统设计

1. 需求分析

系统的主要功能是呈现给用户传染病的预测结果,通过各种数据可视化操作直观地展示出来。除了针对各类用户的部分功能,还需要有其他后台处理功能,总体需求说明如表 10-6 所示。

表 10-6 总体需求说明

功能类别	功能名称	描述
系统后台处理	数据采集	系统自动获取气象数据、社会经济数据、疾病统计数据
	数据预处理	使数据变得适用于模型输入
	预测	预测各地区未来一段时间的发病人数
	预警通知	预测值大于预警阈值时,生成预警信号并发送预警通知
数据可视化	各地区发病强度及预警值展示	将预测结果通过地图热力图展示各地区发病强度,以及通过折线图展示各地区对应的预警阈值
	各地区疾病发展趋势及超过历史水平展示	通过折线图反映未来一段时间发病人数趋势变化以及超过历史水平程度
	各地区已患病人数分布情况展示	根据疾病登记表中患者登记的地址显示各个地区患者分布的情况
预警信号处理与分析	预警信号核实管理	确定预警信号的正确性
	分地区统计预警信号	统计不同地区的预警信号
系统管理	预警阈值百分位设定	用户根据各个地区实际情况设定用于计算预警阈值的移动百分位算法所需要的百分位数
	预警通知用户管理	管理预警信号需要发送的人员信息

2. 系统设计

(1) 总体设计。

系统总体框架包括基础设施层、接口层、应用层、交互层,具体架构如图 10-23 所示。

系统的主要功能包括后台处理模块、数据展示模块、预警信号处理统计模块以及系统管理模块,功能结构如图 10-24 所示。

(2) 详细设计。

① 数据收集与预处理。

在预测前,不仅需要大量的疾病数据,还需要获取之前分析到的人口、经济等影响因素。其中,疫情数据是通过 SQL 语句从某省 CDC 数据库中检索得到的,气象数据是通过网络爬虫方式获取的,剩余的社会因素是通过深市的数据开放平台调用 API 直接获取得到的。数据获取的流程图如图 10-25 所示。

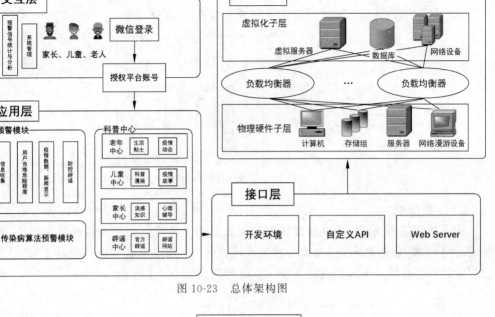

图 10-23　总体架构图

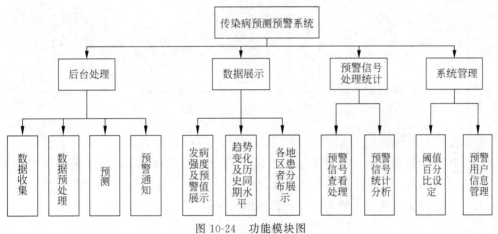

图 10-24　功能模块图

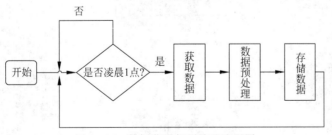

图 10-25　数据获取与预处理流程图

245

② 预测功能。

本功能是整个系统的关键。需要从数据库中获取预先经过处理的疫情数据以及对应的社会影响因素。但由于修正模型输入的格式与数据库的数据格式存在差异,所以需要进行修改。其处理流程图如图 10-26 所示。获取深圳市数据后,将数据转换成 LSTM 网络要求的三维矩阵。由于在修正过程中还需要对应已经预测出的结果,所以将数据再次修改为四维数据。将四维数据输入神经网络中得到预测结果,并存储结果。

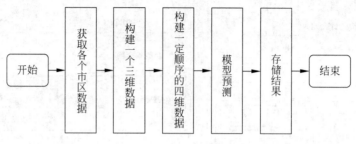

图 10-26　预测功能流程图

③ 预警功能。

这个功能需要调取之前功能的预测结果加上预先计算得到的预警阈值来完成,若预测值超过阈值,则生成预警信号并通知相关人员或部门。在后台设定时间进行定时预测,本文设定的时间是每周一早 8 点进行预警。其流程图如图 10-27 所示。

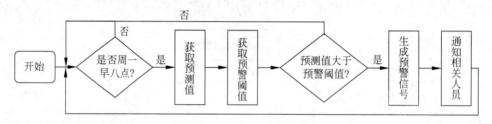

图 10-27　预测功能流程图

(3) 数据库设计。

数据库设计是系统运行很重要的环节,它关系到数据存储是否安全、数据调用是否高效。本系统使用 MySQL 数据库存储数据,由于列举所有的数据库表所占幅度过多,所以这里只列举部分重要疫情相关的表设计。具体的 E-R 图设计如图 10-28 所示。

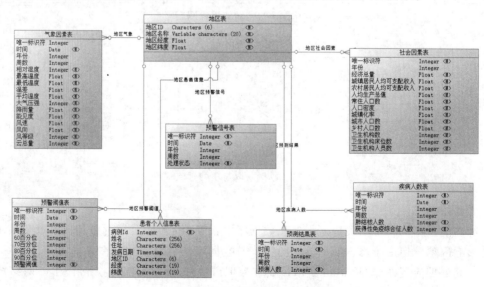

图 10-28　系统主要 E-R 图

本项目不仅要针对疾病数据表存储信息,还有用于患者信息存储的数据表,还需要对地区信息、气象因素、经济等社会因素进行存储。同时,系统还需要将计算出来的各个地区预测人数、预警阈值存储下来。表 10-7～表 10-14 列出了此项目涉及的主要数据表。

表 10-7 疾病人数表(disease)

列	列 名	编码类型	允许空值	主 键
唯一标识符	ID	INT	否	是
时间	time	DATE	否	否
年份	year	INT	否	否
周数	week	INT	否	否
地区 ID	areaId	INT	否	否
肺结核人数	num_tuberculosis	INT	否	否
获得性免疫综合征人数	num_biv	INT	否	否

表 10-8 患者个人信息表(patient 表)

列	列 名	编码类型	允许空值	主 键
病例 ID	ID	INT	否	是
姓名	name	CHAR(256)	否	否
地区编码	areaId	CHAR(6)	否	否
地址	address	VARCHAR(256)	否	否
发病日期	warning_population	INT	否	否
经度	lng	CHAR(17)	是	否
纬度	lat	CHAR(17)	是	否

表 10-9 地区信息表(area 表)

列	列 名	编码类型	允许空值	主 键
地区 ID	areaId	CHAR(8)	否	是
地区名称	areaName	VARCHAR(20)	否	否
地区经度	Iatitude	FLOAT	否	否
地区纬度	Longitude	FLOAT	否	否

表 10-10 气象因素表(weather)

列	列 名	编码类型	允许空值	主 键
唯一标识符	ID	INT	否	是
时间	time	DATE	否	否
年份	year	INT	否	否
周数	week	INT	否	否
地区 ID	areaId	INT	否	否
相对湿度	hunidity	INT	否	否
最高温度	max_temperature	FLOAT	否	否
最低温度	min_temperature	FLOAT	否	否
温差	temperature_difference	FLOAT	否	否
平均温度	average_temperature	FLOAT	否	否

列	列　名	编码类型	允许空值	主　键
大气压强	press	INT	否	否
降雨量	rainfall	FLOAT	否	否
能见度	visible	FLOAT	否	否
风速	wind_direct	FLOAT	否	否
负向	wind_direct	FLOAT	否	否
风等级	wind_level	INT	否	否
云总量	cloud_amount	INT	否	否

表 10-11　社会经济表

列	列　名	编码类型	允许空值	主　键
唯一标识符	ID	INT	否	是
地区 ID	areaId	CHAR(8)	否	否
年份	year	CHAR(4)	否	否
经济总量	gdp	FLOAT	否	否
人均生产总值	per_gdp	FLOAT	否	否
城镇居民人均可支配收入	city_per_income	FLOAT	否	否
农村居民人均可支配收入	country_per_income	FLOAT	否	否
常住人口数	population	FLOAT	否	否
人口密度	pop_density	FLOAT	否	否
城市人口数	city_pop	FLOAT	否	否
乡村人口数	country_pop	FLOAT	否	否
卫生机构数	num_health_care	INT	否	否
卫生机构人员数	num_people_in_health_care	INT	否	否
卫生机构床位数	num_beds_in_health_care	INT	否	否

表 10-12　结果预测表

列	列　名	编码类型	允许空值	主　键
唯一标识符	ID	INT	否	是
时间	time	DATE	否	否
年份	year	INT	否	否
周数	week	INT	否	否
地区 ID	areaId	INT	否	否
预测人数	prediction_population	INT	否	否
疾病种类	disease_type	CHAR(256)	否	否

表 10-13　预警阈值表(warning)

列	列　名	编码类型	允许空值	主　键
唯一标识符	ID	INT	否	是
时间	time	DATE	否	否
年份	year	INT	否	否

列	列　名	编码类型	允许空值	主　键
周数	week	INT	否	否
地区 ID	areaId	INT	否	否
60 百分位	60 百分位	INT	否	否
70 百分位	70 百分位	INT	否	否
80 百分位	80 百分位	INT	否	否
90 百分位	90 百分位	INT	否	否
预警阈值	warning_population	INT	否	否
疾病种类	disease_type	CHAR(256)	否	否

表 10-14　预警信号表（warning_signal）

列	列　名	编码类型	允许空值	主　键
唯一标识符	ID	INT	否	是
预警信号时间	time	DATE	否	否
年份	year	INT	否	否
周数	week	INT	否	否
地区 ID	areaId	INT	否	否
处理状态	status	INT	否	否
疾病种类	disease_type	CHAR(256)	否	否

10.2.3　系统测试

完成各个功能模块的实现，并进行功能测试以及系统性能测试。

1. 测试环境

在功能测试时使用的环境如表 10-15 所示。

表 10-15　测试环境

软硬件配置	服　务　器	客　户　端
CPU	2.3GHz	HUAWEI Kirin 985
内存	32GB	8GB
硬盘	100GB	256GB
网络带宽	100M	100M
操作系统	Ubuntu 18.04 LTS	Android
其他	Tomcat	Wechat 7.0.12、LoadRunner

2. 系统核心功能实现

此处仅说明流行疾病预警系统中重要的功能，例如，气象数据的收集、数据预处理、用户当地疾病强度、用户当地的患者分布展示。

（1）数据收集。

本文的数据收集分为 3 种方法，其中，疾病患者数据通过 SQL 语句，人口、经济等社会因素通过调用深圳市数据开放平台的 API 获取。下面主要介绍气象数据的网络爬取过程。

首先,通过 Chrome 的调试页面获取目标 URL,同时存储 Cookie 等相关参数,页面如图 10-29 所示。

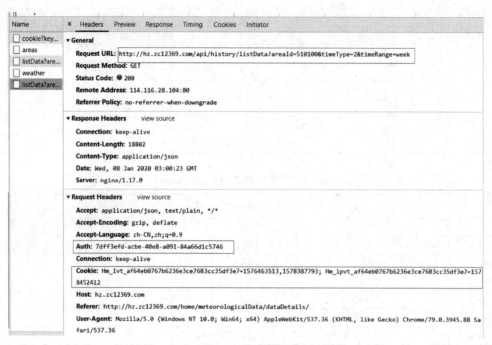

图 10-29　气象数据调试界面

访问获取到的 URL 会得到一串 JSON 数据,具体如图 10-30 所示。

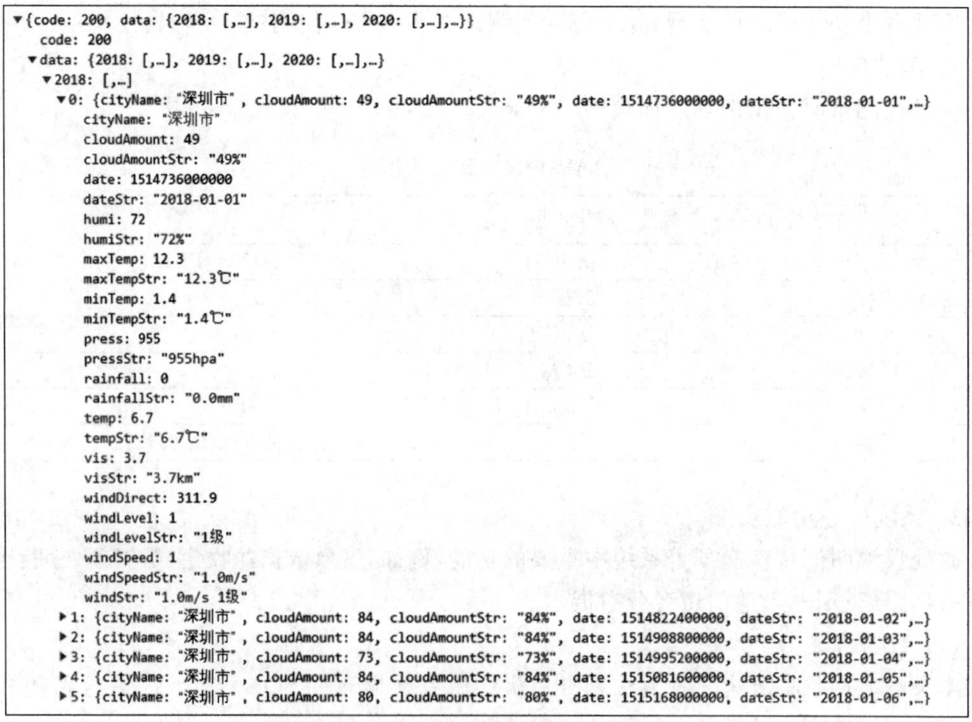

图 10-30　气象 JSON 数据串

分析可知,data 结构下的字符串就是本文的目标数据。设置与之对应的数据获取格式就可以解析得到需要的天气数据。这里通过 Python 的 urllib 库中的 requests 函数实现,将上文得到的 Cookie 和 Auth 两个参数当作函数输入就可以了。部分代码如图 10-31 所示。

```
cookie = 'Hm_lvt_af64eb0767b6236e3ce7683cc35df3e7=1574340695; Hm_lpvt_af64eb0767b6236e3ce7683cc35df3e7=1574664170'
headers = {
    'User-Agent': 'Mozilla/5.0 (Windows NT 6.1; rv:24.0) Gecko/20100101 Firefox/24.0',
    'cookie': cookie,
    'auth': '4f2d4762-f1dd-4829-990f-92f54c9acd09'
}

def first(url):
    req = urllib.request.Request(url, headers=headers)
    text = urllib.request.urlopen(req,timeout=3).read()
    a = text.decode("utf-8")
    js = json.loads(a)
    return js
```

图 10-31   网络爬虫部分代码

(2) 各地区发病强度及预警值展示。

在收集到用户当地的疾病、人口、经济等数据后,将部分疫情数据以数据、图表的形式展现在界面之中。而得到的数据经过数据预处理作为预测算法的输入。完成了传染病的预测之后,调用预先设置的预警阈值,通过比较得到当地的危险程度。其界面如图 10-32 所示。

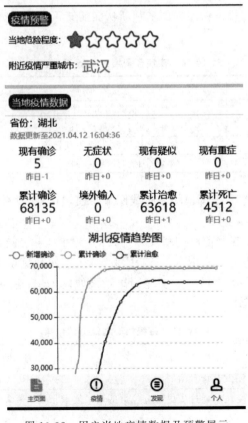

图 10-32   用户当地疫情数据及预警展示

（3）各个地区患者分布。

该功能的核心在于获取用户周围疫情数据。在微信小程序授权得到用户的地理位置之后,在患者数据中进行比对,得到周围的患者位置,并将1.5km内的患者加重表示。在此界面还可以放上部分国内相关疫情的总体代码,其界面如图10-33所示。

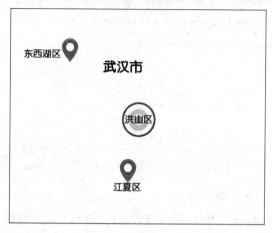

图10-33　当地患者分布图

3. 功能测试

使用微信小程序访问相关功能界面来判断功能能够正常使用。疾病预警展示功能测试结果如表10-16所示。

表 10-16　疾病预警展示功能测试结果

输入/动作	预 期 输 出	是 否 通 过
单击该网页	地图、柱状图与折线图正常显示	通过
单击地图具体区域	显示区域名称及预测值	通过
单击桩状折线混合图	显示该地区预测值与预警值	通过
比较地图和折线图的预测值	两类图中的预测值一样	通过

通过表10-16可以看出,地图模块和折线图显示模块正常,没有出现逻辑上的错误。

4. 性能测试

性能测试是为了判断在当前时刻瞬发并行数据量大时,系统能否满足用户需求、是否还能正常运行。性能测试使用LoadRunner工具来完成,并发数据量为50,测试5000次获得的测试结果如图10-34所示,系统核心功能测试结果如表10-17所示。由上文分析可知,系统能够满足基本的性能需求。

表 10-17　系统核心功能测试结果

测试用例序号	测 试 用 例	响应时间/s	结　果
1	各地区发病强度及预警值展示	0.055	通过
2	传染病趋势变化及超过历史百分位数的水平展示	0.075	通过
3	各地区患者分布显示	0.064	通过

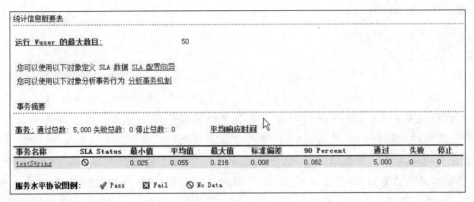

统计信息概要表

运行 Vuser 的最大数目:　　　　　　　50

您可以使用以下对象定义 SLA 数据 SLA 配置向导
您可以使用以下对象分析事务行为 分析事务机制

事务摘要

事务:通过总数:5,000 失败总数:0 停止总数:0　　　平均响应时间

事务名称	SLA Status	最小值	平均值	最大值	标准偏差	90 Percent	通过	失败	停止
testString	⊘	0.025	0.055	0.216	0.008	0.062	5,000	0	0

服务水平协议图例:　☑ Pass　☒ Fail　⊘ No Data

图 10-34　LoadRunner 测试结果

 本章小结

　　本章通过两个项目实战案例,带领读者了解掌握软件工程开发的一般流程。两个项目实践从项目的实际背景出发,进行可行性与需求分析,然后进行架构设计和详细设计,最后进行了系统实现。

 知识拓展

　　作为一名优秀的软件开发者,解决项目中已发现或是隐藏问题的能力必不可少,下面介绍几个开源的代码社区,和千千万万的开发者一起探讨程序的奥妙吧!
　　(1) GitHub。
　　(2) StackOverFlow。
　　(3) 掘金。
　　(4) CSDN。
　　(5) 开源中国。
　　(6) 博客园。

体息一会儿

　　在一个漆黑的夜晚,大老鼠带领着一群小老鼠外出觅食。这群老鼠来到一户人家的厨房内,发现垃圾桶中有很多剩余的饭菜,它们好像人类发现了宝藏一样兴奋不已。正当一大群老鼠围着垃圾桶饱餐一顿之际,突然传来了一阵令它们肝胆俱裂的声音,那就是一只大花猫的叫声。老鼠震惊之余,便四散逃命,但大花猫毫不留情,穷追不舍,终于逮到了两只小老鼠。就在小老鼠快要葬身猫腹之际,突然传来了连串凶恶的狗吠声,令大花猫措手不及,狼狈而逃。大花猫走后,大老鼠从垃圾桶后面走出来说:"我早就对你们说,多学一种语言有利无害,这次我就因而救了你们一命。"这个故事给程序员的启示是多学一门技能,多一条出路,有时还能救命。程序员也是如此,多掌握几门技术(语言),不但能帮助你的工作,在关键

时刻,还能保住你的饭碗。

 材料阅读

很久以前,曾有一位画师收了几名徒弟,为了考验徒弟们的天赋,画师给每名徒弟一张白纸,并出一道题目,要求大家在白纸上用最简单的笔墨尽可能地画出最多只的骆驼。结果当徒弟们交卷时,画师发现,这几名徒弟的画法存在很大的差异。

几名年龄较大的徒弟想法很普通,有的徒弟在纸上画了许多只小骆驼,有的徒弟干脆用细笔,密密麻麻地在纸上画了大量的圆点,用圆点表示骆驼。画师认为这些画都缺乏创意。因为这几幅画的思路是一样的,即在这张纸上尽可能地画出更多的骆驼。可问题是每名徒弟只有一张纸,无论在这张纸上画多少只骆驼,数量都是有限的。

直到画师看到了一幅来自小徒弟创作的画,他的画被画师认为是这些答卷中最有独创性的一幅画。这名徒弟画了一条弯弯的曲线用于表示山峰和山谷,一只正从山谷中走出来的骆驼和另一只只露出一个头和半截脖子的骆驼。相信看到这幅画的人,都不会知道最终会从山谷里走出多少只骆驼,或许就是这一只、两只,又或许是三只,甚至是一个庞大的骆驼群。

这个故事告诉我们:作为致力于互联网前沿科技的程序员,有时要学会打破常规思维、勇于创新,即要求思维具有批判性和求异性。

【第 10 章网址】

第 11 章　软件工程中的"黑科技"工具

【本章简介】

本章首先总结了前面章节所描述的一些软件工程工具,然后为读者详细补充介绍了软件工程中的一些"黑科技"工具,包括相应软件的简介、软件使用方法等,并以案例实战的方式引导读者认识并感受这些软件的魅力;最后,额外介绍了软件工程中一些实用的小技巧,以帮助读者开阔视野,增长技能。

【知识导图】

【学习目标】

* 总结书中所讲述过的软件工程工具。
* 介绍并引导读者快速上手一些实用的软件工程黑工具。
* 介绍一些软件工程中常用的小技巧。

趣味小知识

1989 年,吉多·范罗苏姆为了在阿姆斯特丹打发假期时间,决心开发一个新的解释程序,作为 ABC 语言的一种继承。ABC 是由吉多参加设计的一种教学语言,就吉多本人看来,ABC 这种语言非常优美和强大,是专门为非专业程序员设计的。但是 ABC 语言并没有成功,究其原因,吉多认为是非开放造成的。吉多决心在 Python 中避免这一错误,并获取了非常好的效果。之所以选中 Python(蟒蛇)作为程序的名字,是因为他是 BBC 电视剧——蒙提派森的飞行马戏团(Monty Python's Flying Circus)的爱好者。1991 年,第一个 Python 解释器诞生,它是用 C 语言实现的,并能够调用 C 语言的库文件。

11.1　工　具　总　结

前面十章从可行性研究、需求分析、软件设计、UI 设计、可视化、软件测试以及软件工程等多个领域介绍了各类实用的工具,如图 11-1 所示。

除图 11-1 中所列工具之外,后续章节将为各位读者介绍一些比较小众却非常实用的"黑科技"工具。

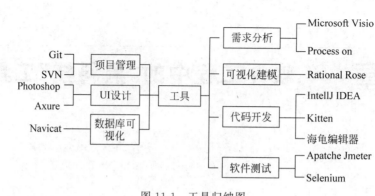

图 11-1　工具归纳图

11.2　集成式开发工具——Cloud Studio

　　Cloud Studio 是基于浏览器的集成式开发环境(IDE),为开发者提供了一个永不间断的云端工作站。用户在使用 Cloud Studio 时无须安装,可随时随地打开浏览器使用,初始界面如图 11-2 所示。

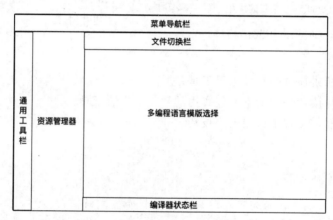

图 11-2　Cloud Studio 初始界面图

1. Cloud Studio 软件优势

相较于传统的智能编译器,Cloud Studio 软件的优势如下。

(1) 全功能:无须下载安装,随时随地开发编码,拥有媲美本地 IDE 的流畅编码体验。

(2) 多环境:内置 Node. js、Java、Python 等环境,也可以连接到云主机进行资源管理。

(3) 在线预览:快速生成预览链接,方便分享他人展示项目或在线调试。

(4) 兼容:兼容 VS Code 等插件,支持在线安装。

(5) 持久化且快速加载:随开随写,随时保存,断电保护。

(6) 个性化:丰富拓展 API,包含音乐、游戏,打造个性化工作空间。

2. Cloud Studio 的应用场景

在上述优势的支持下,Cloud Studio 的应用场景如下。

(1) 快速启动项目:使用 Cloud Studio 的预置环境,可以直接创建对应类型的工作空间,快速启动项目进入开发状态,无须进行繁琐的环境配置。

(2) 实时调试网页:Cloud Studio 内置预览插件,可以实时显示网页应用。当代码发生改变后,预览窗口会自动刷新,这样就可以在 Cloud Studio 内实时开发调试网页。

(3) 远程访问云服务器:Cloud Studio 支持用户连接自己的云服务器,这样就可以在编辑器中查看云服务器上的文件,进行在线开发部署工作。

11.2.1 工具使用教程

视频讲解

CloudStudio 在线使用地址详见本章末二维码。

本节将按照一般开发流程介绍 Cloud Studio 中各模块的使用,模块按照下文写作顺序包括:登录,创建工作空间,工作空间的使用,使用 Git 进行版本控制,连接到云主机。

(1) 登录。

登录页面如图 11-3 所示。

图 11-3 Cloud Studio 登录界面

支持使用 CODING 账号和 GitHub 账号登录。

(2) 创建工作空间。

一个工作空间是一个虚拟计算单元,它包括独立的存储、计算资源以及开发环境。具体创建步骤如下。

① 开始创建。方式1:单击"模版"选项直接创建。方式2:单击"新建工作空间"选项。

② 填写工作空间信息,与上述两种方式对应。方式1:可自动生成工作空间名称,并运行模板的预置环境及样本代码;方式2:可选择预置环境,填写工作空间名、描述,并选择允许环境和代码来源,如图 11-4 所示。

(3) 工作空间的使用。

视频讲解

用户可以在工作空间内存放自己的项目代码,安装所需要的软件环境,运行或编译项目。工作空间如图 11-5 所示。

如图 11-5 所示,工作空间是主要的工作区域,它主要由顶部菜单栏、左侧操作面板、右侧代码编辑区和底部状态栏组成。可以根据自己的习惯设置界面外观,安装自己需要的插件。需要注意的是,偏好设置和插件在每个工作空间中相互隔离,这样可在不同的工作空间

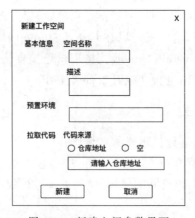

图 11-4　新建空间参数界面

图 11-5　工作空间界面

设置不同的偏好。

对于工作空间中的环境使用,每个工作空间都包含一个完整的云端开发环境,通过终端来进行管理操作。

(4) 使用 Git 进行版本控制。

工作空间支持从代码仓库创建,不过在此之前需要用户将工作空间的 SSH Key 添加至对应的代码拓宽平台的个人公钥列表。

(5) 连接到云主机。

除了预置环境,用户还可以将工作空间连接至自己的云服务器。在连接之前需要确保满足以下条件。

① 有一台正在运行中且可以使用 SSH 连接的云服务器。

② 云服务器在支持列表中。

③ 该云服务器的 SSH 连接端口没被防火墙拦截。

④ 需要提前将 Cloud Studio 公钥添加至云服务器中。

11.2.2　工具案例实践

接下来,将利用 Cloud Studio 作一个全方位 3D 旋转的甜甜圈。下面登录网页,注册账号,动手进行案例实践。

源代码如下。

```
# include < math. h >
           k;double sin()
     ,cos();main(){float A =
    0,B = 0,i,j,z[1760];char b[
   1760];printf("\x1b[2J");for(;;
 ){memset(b,32,1760);memset(z,0,7040)
 ;for(j = 0;6.28 > j;j += 0.07)for(i = 0;6.28
> i;i += 0.02){float c = sin(i),d = cos(j),e =
sin(A),f = sin(j),g = cos(A),h = d + 2,D = 1/(c *
h * e + f * g + 5),l = cos    (i),m = cos(B),n = s\
in(B),t = c * h * g - f *    e;int x = 40 + 30 * D *
(l * h * m - t * n),y =      12 + 15 * D * (l * h * n
+ t * m),o = x + 80 * y,     N = 8 * ((f * e - c * d * g
) * m - c * d * e - f * g - l    * d * n);if(22 > y&&
y > 0&&x > 0&&80 > x&&D > z[o]){z[o] = D;;;b[o] =
".,-~:;=!*#$@"[N > 0?N:0];}}/ * # **** !! - * /
  printf("\x1b[H");for(k = 0;1761 > k;k++)
  putchar(k % 80?b[k]:10);A += 0.04;B +=
    0.02;}}/ ***** # # # # ******* !!= ;:~
      ~::==!!!*********!!!==::-
       .,~~;;;========;;;:~ -.
         ..,-------,*/
```

代码可前往 GitHub 直接下载(下载地址详见本章末二维码),接下来操作步骤如下。

(1) 新建工作空间,在"来源"处选择"无来源"选项,输入自定义工作名,"模板"选择 Blank 选项,如图 11-6 所示。

图 11-6　参数配置图

259

第 11 章

软件工程中的"黑科技"工具

（2）进入编辑器页面，在左侧的文件树区域新建文件，命名为"Donut.cn"，复制源代码进去并保存。

（3）在编辑器下方的终端区域输入"gcc donut.c -0 donut -lm"命令编译文件。

（4）在终端输入"./donut"执行编译文件，就可以看到炫酷的动画了，如图11-7所示。

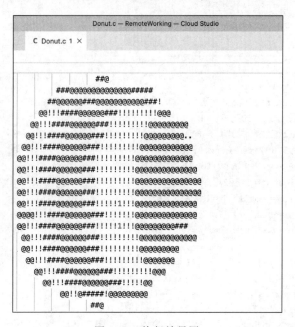

图 11-7　执行效果图

11.3　企业级可扩展图分析平台——TigerGraph

数字化转型需要更好的人工智能技术和关联数据，这些技术需要利用强大的数据引擎来连接、分析和发现，甚至在云平台的架构中得以实现。TigerGraph 作为唯一的企业级可扩展图分析平台，借助它可以释放数据互联的力量，收获更深刻的洞察和更卓越的成果。

TigerGraph 的一些经过验证的性能亮点如下。

（1）原生分布式图数据库。

（2）Advanced Analytic(高级分析)。

（3）OLTP(高并发，低延迟)。

（4）OLAP(大数据量全图计算)。

（5）HTAP(混合事物与分析处理)。

（6）ML(机器学习)。

接下来将详细描述前两点，其余模块请参照官网文档资料(网址详见本章末二维码)。

11.3.1　原生分布式图数据库

1. 键值数据库分布式方案的瓶颈

由于关系型数据库太慢太僵化，才掀起了 NoSQL 革命。大数据用户需要大容量、高速度地吸收各种不同结构化的数据,并以最少的麻烦横向扩展物理基础设施。键值存储作为最简单因而也是最快速的 NoSQL 架构应运而生。键值数据库基本上是一个两列哈希表,每行有一个唯一键(ID)和一个与该键关联的值。搜索键域可以非常快速地返回单数据值,比关系型数据库快得多。键值存储也能很好地扩展到非常大型的数据集。

但在键值存储之上设计应用级图是一项代价高昂且复杂的工作,不会产生高性能的结果。虽然键值存储在单键值事务中表现优异,但它们缺少 ACID 特性以及图更新所需的复杂事务功能。因此,在键值存储之上构建图数据库会导致数据不一致、查询结果错误、多步查询速度缓慢、部署成本高而且机制僵化。

2. 原生分布式图数据库

图数据库擅长解决有关大数据集内关系的复杂问题。但当数据量变得巨大,或问题需要深度关联分析,又或者必须实时提供答案时,大多数图数据库都会在性能和分析能力上碰壁。这是因为前几代图数据库缺乏能满足当今速度和规模需求的技术和设计。有的不是以并行性或分布式数据库概念为核心构建的,有的则是在 NoSQL 存储之上创建图视图,虽然可以扩展到巨大的规模,但这一附加层使之丧失了巨大的潜在性能。

如果没有原生图设计,执行多步查询的代价会很高,因此许多 NoSQL 平台只能提供很高的读取性能,而不支持实时更新。原生分布式图可实现深度关联分析,加快数据加载速度以快速构建图,加快图算法执行速度,能够实时流式处理更新和插入,能够将实时分析与大规模离线数据处理统一起来,能够纵向扩展和横向扩展分布式应用。选取其中几种主流数据库进行性能测试对比,如图 11-8 所示。

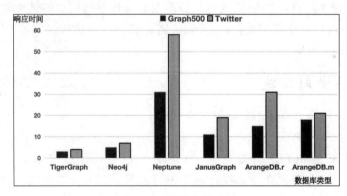

图 11-8　测试性能对比

横轴为七类数据库,纵轴为响应时间,两种颜色的图例分别表示数据来源 Graph500 和 Twitter 两大数据集,我们在此基础上进行包括查询、存储、加载和扩展四类任务。

(1) 查询:对于两条路径查询,TigerGraph 比其他图数据库快 40～337 倍。

(2) 存储:在比较相同原始数据的存储需求时,其他图数据库所需的磁盘空间是 TigerGraph 的 5～13 倍。

(3) 加载:TigerGraph 的数据加载速度是其他图数据库的 1.8～58 倍。

(4) 扩展:TigerGraph 在其他计算机上几乎可以线性扩展,使用 8 台计算机可实现 6.7 倍加速,以实现计算密集型 PageRank 算法。

软件工程中的"黑科技"工具

11.3.2 Advanced Analytic

1. 传统高级分析(Advanced Analytic)的瓶颈

(1) 模型建立困难:传统技术方案中,多用表模型来描述业务,倾向于建立一个模型来描述现在和未来。但遗憾的是,难以通过一张表简单地将所有数据囊括在内,复杂的数仓模型需要精心设计,但变化却十分困难。

(2) 难以追根溯源:问题发生的原因错综复杂,表模型长于进行简单的业务处理,在进行复杂分析时,已经丢掉了业务中的重要关系,无论是描述业务还是追溯业务,都存在明显的短板。

(3) 预测依赖于统计特征:传统技术方案中,预测更多地依赖于统计数据,而忽略了事物之间的关系,这会使得预测成为统计特征的堆叠,或多种统计特征的简单组合。

(4) what-if 实验困难:需要进行业务优化时,多种方案的对比显得尤为重要,当业务模型复杂时,调整其中一项对全局影响巨大,传统的技术方案难以给出令人满意的回答。

2. 基于图模型的高级分析

(1) 图模型可随意调整。

(2) 追根溯源:数据本来就是自然连接的,当建立一个图模型之后,可以很自然地通过图遍历追溯到所有相连的业务实体,而无须固定搜索范围。

(3) 补充图特征:当业务情况复杂时,可以补充图特征,将数据之间的关系及统计信息结合使用,更准确预测未来业务的发展变化。

(4) what-if 快速实验:在图中,无论业务涉及的实体及连接如何错综复杂,都可以通过点边表示,当其中的一个点发生变化时,可以快速计算其影响范围及影响程度,性能及易用性上远高于传统解决方案。

11.3.3 工具案例实践

下面将实践一些图数据库的创建以及查询的 Demo。

(1) 创建一个顶点类型。

使用 CREATE VERTEX 命令定义一个名为 person 的顶点类型。这里,PRIMARY_ID 是必需的:每个人都必须有一个唯一的标识符。其余部分是描述每个人顶点的可选属性列表,格式为 attribute_name data_type,attribute_name data_type。

(2) 创建一个边类型,代码如下。

```
GSQL > CREATE UNDIRECTED EDGE friendship (FROM person, TO person, connect_day DATETIME)
The edge type friendship is created.
GSQL >
```

(3) 创建一个图。

使用 CREATE GRAPH 命令创建一个名为 social 的图。这里列出了想要在这个图中包含的顶点类型和边类型。GSQL 将在几秒钟后确认第一个图的创建,在此期间,它将目录信息推送给所有服务,如 GSE、GPE 和 RESTPP,代码如下。

```
GSQL > CREATE GRAPH social (person, friendship)
Restarting gse gpe restpp ...
Finish restarting services in 16.554 seconds!
The graph social is created.
```

（4）加载数据，代码如下。

```
RUN LOADING JOB load_social
GSQL > run loading job load_social
[Tip: Use "CTRL + C" to stop displaying the loading status update, then use "SHOW LOADING
STATUS jobid" to track the loading progress again]
[Tip: Manage loading jobs with "ABORT/RESUME LOADING JOB jobid"]
Starting the following job, i.e.
JobName: load_social, jobid: social_m1.1528095850854
Loading log: '/home/tigergraph/tigergraph/logs/restpp/restpp_loader_logs/social/social_
m1.1528095850854.log' Job "social_m1.1528095850854" loading status [FINISHED] m1
(Finished: 2 / Total: 2)
```

结果显示如图 11-9 所示。

```
+----------------------------------------------------------------------------+
|                         FILENAME |  LOADED LINES |  AVG SPEED |   DURATION|
||/home/tigergraph/friendship.csv |             8 |       8 l/s |     1.00 s|
|      /home/tigergraph/person.csv |             8 |       7 l/s |     1.00 s|
+----------------------------------------------------------------------------+
```

图 11-9　加载数据结果

（5）使用内置的 SELECT 进行查询。

首先选择顶点，如果想查看关于特定顶点集的详细信息，可以使用“SELECT ＊”和 WHERE 子句来指定谓词条件。以下是一些可以尝试的语句

```
SELECT * FROM person WHERE primary_id == "Tom"
SELECT name FROM person WHERE state == "ca"
SELECT name, age FROM person WHERE age > 30
```

结果返回 JSON 格式数据。

以同样的方式可以选择边，命令语句如下。

```
SELECT * FROM person-(friendship)->person WHERE from_id == "Tom"
SELECT * FROM person-(ANY)->ANY WHERE from_id == "Tom"
```

返回结果显示如图 11-10 所示。

软件工程中的“黑科技”工具

```
GSQL                                                                    ⌐

 1 GSQL > SELECT * FROM person-(friendship)->person WHERE from_id =="Tom"
 2 [
 3   {
 4     "from_type": "person",
 5     "to_type": "person",
 6     "directed": false,
 7     "from_id": "Tom",
 8     "to_id": "Dan",
 9     "attributes": {"connect_day": "2017-06-03 00:00:00"},
10     "e_type": "friendship"
11   },
12   {
13     "from_type": "person",
14     "to_type": "person",
15     "directed": false,
16     "from_id": "Tom",
17     "to_id": "Jenny",
18     "attributes": {"connect_day": "2015-01-01 00:00:00"},
19     "e_type": "friendship"
20   }
```

图 11-10　查询结果

(6) 案例总结。

① 创建包含多个顶点类型和边类型的图模式。

② 定义一个加载作业,它接收一个或多个 CSV 文件,并将数据直接映射到图的顶点和边。

③ 编写并运行简单的参数化查询,这些查询从一个顶点开始,然后遍历一个或多个跳点,生成最终的顶点集。

11.4　原型设计工具——Pop

Pop(Prototyping on paper)下载地址详见本章末二维码。

Pop 交互设计 App 是一款能实现纸上原型交互的智能图片热点交互工具,该软件体积小巧轻便,操作过程简单轻松,不需要任何复杂的学习就能超快上手。用户只需用手机拍下手绘草稿,在软件内设计好链接区域,简单拖动添加链接跳转,即可实现动态交互,让用户的点子不再是纸上谈兵,讨论起来更加实际与直观,非常适合设计师、产品经理及学生,用于团队之间沟通以及简单的 UX/UI 设计。

目前,该软件已经被多家公司采用,包括 Quora、Sina、豆瓣、36氪等,是一款市场上主流的软件,值得读者一起去了解,学习一下。

11.4.1　工具使用教程

该工具的特性就是超快上手,其操作轻巧简单,主要分为以下 3 个步骤。

(1) 先用手机拍下草图原型或者导入已经画好的图。

（2）开始编辑图片的区域以及链接的页面，添加跳转链接热区。

（3）在 Pop 中给热区增加内嵌的交互动作，如侧滑、展开、消失等，满足一般动态演示的需要。

接下来，按照上述步骤一起动手实践吧！

11.4.2　工具案例实践

本节将用 Pop 完成一次原型的页面交互功能。

首先下载 Pop App，登录软件，界面如图 11-11 所示。

完成注册登录后进入初始界面，如图 11-12 所示。

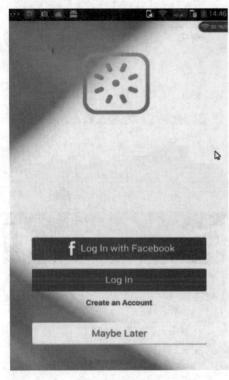

图 11-11　登录界面

图 11-12　初始界面

在此处添加自己手绘的草图或者已存在的图片，打开一张图，进入编辑页面，如图 11-13 所示。

双击任意位置会出现"锚点"，"锚点"可以拉伸扩大，上面显示三个功能按键：删除、链接跳转以及手势。删除即删除该锚点，链接跳转则是页面交互的一种表现形式，若单击 Link to 选项，则会显示需要链接的图片，即页面交互的对象，单击任意图片即可完成链接，如图 11-14 所示。

若单击 Gesture 选项，即可个性化设置每次跳转的手势，如图 11-15 所示。

最后单击"原始锚点"按钮，跳转页面如图 11-16 所示。

至此，就完成了一次个性化的页面交互，请读者继续探索其他有趣的功能吧！

软件工程中的"黑科技"工具

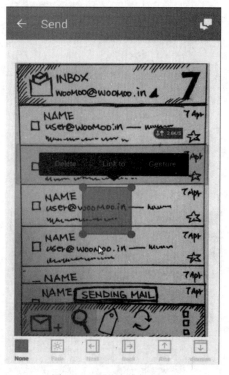

图 11-13　图片编辑界面

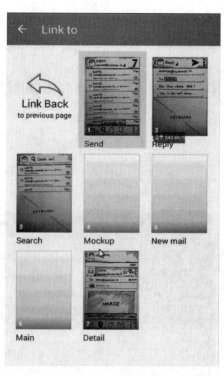

图 11-14　链接界面

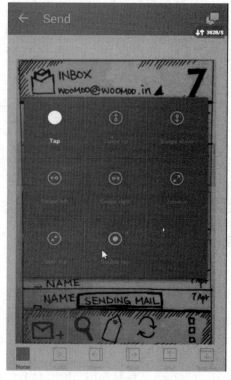

图 11-15　手势页面

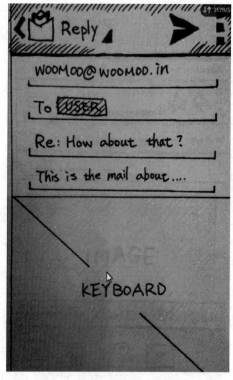

图 11-16　页面跳转

11.5 实用小技巧

11.5.1 浏览器兼容

在互联网发展初期,当用户需要去取数据时,就直接去主机拿,从此时开始就分离出了客户端与服务器端,也就诞生了 C/S 结构。C/S 结构即客户机/服务器结构,属于桌面级应用,响应速度快,安全性强,但面临着跨平台兼容以及客户维护困难等问题,借此进一步诞生了 B/S 结构,即浏览器/服务器结构。

B/S 结构尽管在一定程度上缓解了跨平台的兼容问题,然而浏览器在今天也存在多种,彼此之间存在浏览器互不兼容问题,这也是软件工程系统开发时面临的巨大挑战。就此,本节将总结浏览器常见的兼容问题场景,并给予相应的解决方式以供参考。

市场上浏览器的内核不尽相同,所以各个浏览器对网页的解析存在一定差异。浏览器内核主要有 Trident、Gecko、Blink、Webkit,分为两类,其一是渲染引擎,其二是 JS(JavaScript)引擎。分类总结如表 11-1 所示。

表 11-7 浏览器内核描述

浏览器名词	内核描述
IE	Trident,也称为 IE 内核
Chrome	低版本 Webkit,高版本 Blink
Firefox	Gecko
Safari	Webkit
Opera	低版本 Preston,高版本 Blink
360	IE+Chrome 双内核
猎豹	IE+Chrome 双内核
百度	IE
QQ	Trident+WebKit

常见的浏览器开发兼容性问题及对应的解决方案如下。

问题 1:IE 如何向下兼容低版本。

解决方案:在 head 标签中添加 location. href。

问题 2:选择何种浏览器作为前端调试对象。

解决方案:建议使用 Google 或者火狐浏览器。

问题 3:不同浏览器默认的外边距和内边距不同,导致页面元素位置排列不整齐。

解决方案:在 CSS 里增加通配符。

问题 4:IE6 双边距问题,同时设置 float 和 margin 元素时出现。

解决方案:设置 Display:infine。

问题 5:设置较小高度标签,在 IE6、IE7 中会出现高度 Bug。

解决方案:给超出高度的标签设置 overflow:hidden。

问题 6:超链接访问过后 hover 样式 Bug。

解决方案:改变 CSS 属性排列顺序:L-V-H-A。

11.5.2　SDK 调用

视频讲解

视频讲解

视频讲解

　　人工智能的浪潮愈演愈烈,深切地影响着软件工程等多个学科领域。例如,阿里巴巴、百度、腾讯开源出了成熟便捷的工具及配套文档。掌握如何去使用这些工具文档会为后期的科研学习提供不小的便利。本节将手把手引导读者如何去调用人工智能开源 SDK。

　　首先进入百度 AI 平台官网详见本章末二维码。

　　选择"开放能力"→"自然语言处理"→"对话情绪识别"选项,如图 11-17 所示。

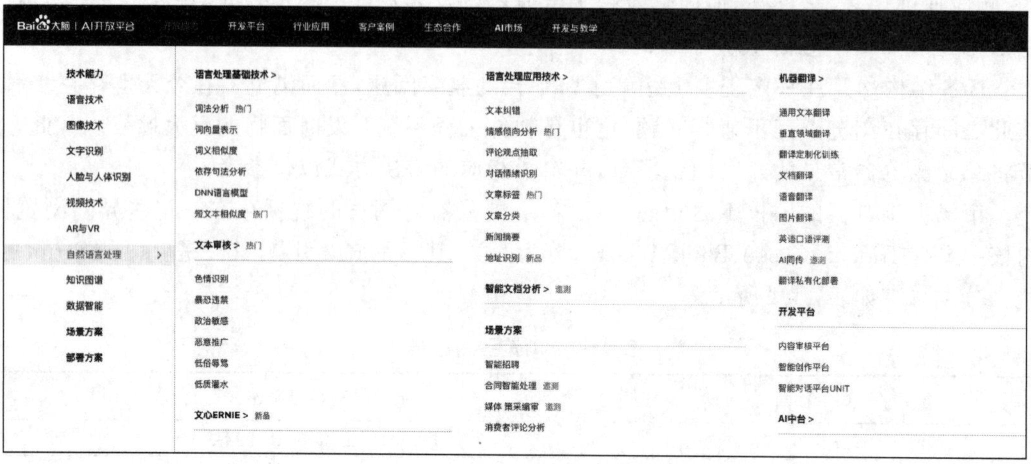

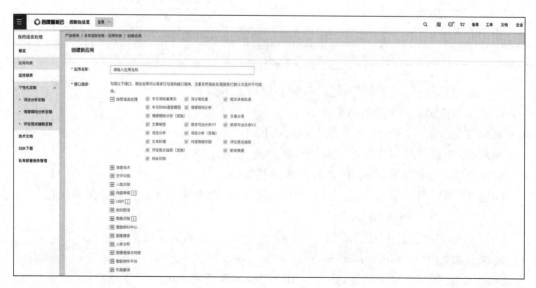

图 11-17　SDK 领域页面

　　由于科研中使用次数较少,在选择产品定价模块时,可直接选择免费额度。进入创建应用,按照提示勾选所需要的 SDK,如图 11-18 所示。

图 11-18　创建应用页面

　　本次需要使用的是对话情绪识别 SDK,属于自然语言处理模块,默认是勾选的,无须再勾选,可直接创建。创建成功后,平台会分配 ID 和 Key,如图 11-19 所示。

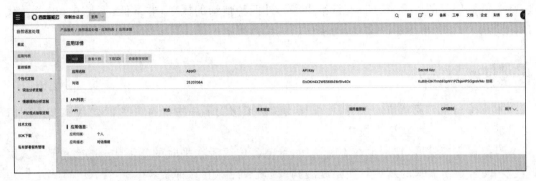

图 11-19　应用管理页面

下面开始编写代码,本节以 Pycharm 编译器为例,详细步骤如下。

步骤 1:利用 Pip 安装包,即 Pip install baidu-api。

步骤 2:填入自己的 ID 和 Key。

步骤 3:给定想要识别情绪的文本。

步骤 4:调用对话情绪识别接口。

步骤 5:设置参数。

步骤 6:带参数调用对话情绪识别接口。

完整代码,注解如下。

```
from aip import AipNlp
# 用户的 APPID AK SK
APP_ID = '25207064'
API_KEY = 'ElsOKH4X2W6S66kE6rStv4Gx'
SECRET_KEY = 'KuB8H3H7hmbE0pNV1PZbjaHPSGgeaVMu'
client = AipNlp(APP_ID, API_KEY, SECRET_KEY)
# 文本
text = "今天好开心"
# 调用对话情绪识别接口
client.emotion(text);
# 如果有可选参数
options = {}
options["scene"] = "talk"
# 带参数调用对话情绪识别接口
result = client.emotion(text, options)
print(result)
```

返回结果如下。

```
{'text': '今天好开心',           # 文本
'items': [{'prob': 0.999329, 'label': 'optimistic',      # 情绪 1
'subitems': [{'prob': 0.999329, 'label': 'hAppy'}],
'replies': ['你的笑声真欢乐']},
{'prob': 0.000584711, 'label': 'neutral', 'subitems': [], 'replies': []}, # 情绪 2
{'prob': 8.65829e-05, 'label': 'pessimistic', 'subitems': [], 'replies': []}], # 情绪 3
'log_id': 1462617536475711862}
```

软件工程中的"黑科技"工具

返回结果第一行表示所接收的文本,第二行是识别出的最大概率情绪是 optimistic,第三行为机器回复的语言,第四、五行给出了另外两种情绪的概率,非常低,不足 0.001%。代码至此结束,读者可以更改文本,动手试试观察效果吧!

 **本章小结**

本章总结了前面章节的工具,并引导读者认识感受了一些新的软件工程"黑科技"工具,最后额外介绍了一些实用小技巧。

科技在飞速发展,技术也在不断迭代,希望各位读者在平时的学习中,也能勇于尝试探索一些契合自身需求的新工具。路漫漫其修远兮,吾将上下而求索!

 **材料阅读**

通常将编程语言按照特性分为解释性语言以及编译性语言。随着集成式开发工具的不断发展成熟,跨语言开发的技术门槛也就越来越低。你认为未来是否会出现集成多种语言的统一框架?其所面临的难点有哪些?

 **体息一会儿**

一群老鼠为了求生存,研制出一种机械老鼠来对付出没无常的大花猫。这些老鼠每次出洞前,先放出机械老鼠,让大花猫疲于奔命地去追赶,然后它们才一个个钻出洞来,大胆地去觅食。

日子一天天地过去了,老鼠们也慢慢习惯了没有大花猫威胁的生活,每天只要放出机械老鼠之后,便大摇大摆地走出洞口,四处搬运食物。

这一天,它们还和往常一样,放出机械老鼠后,又在洞中静静等待大花猫离去的脚步声。过了一会儿,只听得大花猫的脚步声越来越远,小老鼠便想走出洞去。

可大老鼠说:"等等,今天大花猫的脚步声不大对劲,小心其中有诈!"

老鼠们又等了一会儿,洞外又传来一阵阵狗叫声。既然有狗儿在附近,那只大花猫一定逃之天天了。老鼠们这才放心地钻出洞口。

哪想到大花猫居然还守在那里,当它们出来后,全落入大花猫的爪下,无一幸免。

大老鼠心中不服,挣扎地问大花猫:"我们明明听见狗的叫声,你怎么还敢待在洞口?"

大花猫笑着说:"你们都会用机械老鼠了,我怎么就不能学会狗叫呢!"

【第 11 章网址】

参 考 文 献

[1] 田淑梅,廉龙颖,高辉.软件工程——理论与实践[M].北京:清华大学出版社,2011.

[2] 陈明.软件工程实用教程[M].北京:清华大学出版社,2012.

[3] 陶华亭.软件工程实用教程[M].2版.北京:清华大学出版社,2012.

[4] 吕云翔,王昕鹏,邱玉龙.软件工程理论与实践[M].北京:人民邮电出版社,2012.

[5] 耿建敏,吴文国.软件工程[M].北京:清华大学出版社,2012.

[6] 张燕,洪蕾,钟睿,等.软件工程理论与实践[M].北京:机械工业出版社,2012.

[7] 刘冰.软件工程实践教程[M].2版.北京:机械工业出版社,2012.

[8] 李军国,吴昊,郭晓燕,等.软件工程案例教程[M].北京:清华大学出版社,2013.

[9] 许家珀.软件工程方法与实践[M].2版.北京:电子工业出版社,2011.

[10] 吴艳,曹平.软件工程导论[M].北京:清华大学出版社,2021.

[11] 贾铁军,李学相,王学军,等.软件工程与实践[M].北京:清华大学出版社,2019.

[12] 梁洁,金兰,张硕,等.软件工程实用案例教程[M].北京:清华大学出版社,2019.

[13] 李代平.软件工程实践与课程设计[M].北京:清华大学出版社,2017.

[14] 韩万江.软件工程案例教程——软件项目开发实践[M].3版.北京:机械工业出版社,2017.

[15] 吴军华.软件工程——理论、方法与实践[M].西安:西安电子科技大学出版社,2010.

[16] 赵池龙.实用软件工程实践教程[M].5版.北京:电子工业出版社,2020.

[17] 孙昌爱,金茂忠,刘超.软件体系结构研究综述[J].软件学报,2002(07):1228-1237.

[18] 李代平.软件工程实践与课程设计[M].北京:清华大学出版社,2017.

[19] 刘春爽,王志海.计算机软件工程管理与应用解析[J].通讯世界,2017(19):26-27.

[20] 孙昌爱,金茂忠,刘超.软件体系结构研究综述[J].软件学报,2002(07):1228-1237.

[21] 张海藩,吕云翔.实用软件工程[M].北京:人民邮电出版社,2015.

[22] 冀振燕.UML系统分析与设计教程[M].北京:人民邮电出版社,2014.

[23] 黄磊.面向对象开发参考手册[M].北京:人民邮电出版社,2014.

[24] 杨洋,刘全.软件系统分析与体系结构设计[M].南京:东南大学出版社,2017.

[25] Miriam A M Capretz, Luiz Fernando Capretz. Object-oriented Software: Design And Maintenance[M]. World Scientific Publishing Company,1996.

[26] Ahmed Ashfaque, Prasad Bhanu. Foundations of Software Engineering[M]. Taylor and Francis: CRC Press,2016-08-25.

[27] Adair Dingle, Thomas Hildebrandt. Model Based Software Design[M]. Taylor and Francis: CRC Press,2012.

[28] Carlos Otero. Software Engineering Design: Theory and Practice[M]. CRC Press,2012.

[29] 陈根.UI设计入门一本就够[M].北京:化学工业出版社,2017.

[30] 陈根.交互设计及经典案例点评[M].北京:化学工业出版社,2016.

[31] 宋方昊.交互设计[M].北京:国防工业出版社,2015.

[32] 吕云翔,杨婧玥,等.UI交互设计与开发实战[M].北京:机械工业出版社,2020.

[33] 刘畅.移动App自然化用户界面设计[J].大众文艺,2016(14):66.

[34] 王涵.视界·无界2.0:写给UI设计师的设计书(全彩)[M].北京:电子工业出版社,2019.

[35] 张欣悦.App开发中的UI设计技巧[J].电脑知识与技术,2016,12(02):82-83.

[36] 姚广灿.基于用户体验的App交互界面动画设计研究[J].艺术科技,2016,29(03):96.

[37] 任悦.基于用户体验的购物App界面视觉设计研究[M].沈阳建筑大学,2020.

[38] 吴丰.移动端App UI设计与交互基础教程(微课版)[M].北京:人民邮电出版社出版,2020.

[39] 刘晶,张立荣.计算机软件数据库设计的原则及问题研究[J].无线互联科技,2021,18(09):65-66.

［40］ 薛伟.软件工程专业数据库课程教学改革探究［J］.安徽工业大学学报(社会科学版),2021,38(02)：67-68,73.

［41］ 邓慧萍.计算机软件开发与数据库管理［J］.电子技术与软件工程,2021,(06)：46-48.

［42］ 肖睿,程宁,田崇峰,等.MySQL 数据库应用技术及实战［M］.北京：人民邮电出版社,2018.

［43］ 陈志泊,许福,韩慧,等.数据库原理及应用教程［M］.北京：人民邮电出版社,2017.

［44］ 张洪举,王晓文.锋利的 SQL［M］.北京：人民邮电出版社,2015.

［45］ 孔祥盛.MySQL 数据库基础与实例教程［M］.北京：人民邮电出版社,2014.

［46］ 张权,郭天娇.SQL 查询的艺术［M］.北京：人民邮电出版社,2014.

［47］ 唐汉明,翟振兴,关宝军,等.深入浅出 MySQL［M］.北京：人民邮电出版社,2014.

［48］ 马忠贵,宁淑荣,曾广平,等.数据库原理与应用［M］.北京：人民邮电出版社,2013.

［49］ 韩利凯.软件测试［M］.北京：清华大学出版社,2013.

［50］ 吕云翔.软件测试实用教程［M］.北京：清华大学出版社,2014.

［51］ Paul.软件测试基础［M］.北京：机械工业出版社,2018.

［52］ 于涌.Selenium 自动化测试实战——基于 Python［M］.北京：人民邮电出版社,2021.

［53］ 郎珑融.Web 自动化测试与 Selenium 3.0 从入门到实践［M］.北京：机械工业出版社,2020.

［54］ 胡铮.软件自动化测试工具实用技术［M］.北京：科学出版社,2011.

［55］ 成虎,陈群.工程项目管理［M］.北京：中国建筑工业出版社,2013.

［56］ 宋淑启,杨奎清.现代项目管理论与方法［M］.北京：水利水电出版社,2006.

［57］ Roger SPressman.软件工程——实践者的研究方法［M］.8 版.黄柏素,梅宏,译.北京：机械工业出版社,2015.

［58］ 程杰.大话设计模式［M］.北京：清华大学出版社,2007.

［59］ Martin Fowler.重构：改善既有代码的设计：improving the design of existing code［M］.北京：人民邮电出版社,2010.

［60］ 施瓦伯.Scrum 敏捷项目管理［M］.李国彪,译.北京：清华大学出版社,2007.

图书资源支持

感谢您一直以来对清华版图书的支持和爱护。为了配合本书的使用，本书提供配套的资源，有需求的读者请扫描下方的"书圈"微信公众号二维码，在图书专区下载，也可以拨打电话或发送电子邮件咨询。

如果您在使用本书的过程中遇到了什么问题，或者有相关图书出版计划，也请您发邮件告诉我们，以便我们更好地为您服务。

我们的联系方式：

地　　址：北京市海淀区双清路学研大厦 A 座 714

邮　　编：100084

电　　话：010-83470236　　010-83470237

客服邮箱：2301891038@qq.com

QQ：2301891038（请写明您的单位和姓名）

资源下载：关注公众号"书圈"下载配套资源。

资源下载、样书申请

书圈

图书案例

清华计算机学堂

观看课程直播